高职高专系列教材

建筑工程施工组织与项目管理

Construction Organization and Project Management of Architectural Engineering

王　辉　魏国安　姚玉娟　主　编
梅　杨　主　审

中国建筑工业出版社

图书在版编目（CIP）数据

建筑工程施工组织与项目管理＝Construction Organization and Project Management of Architectural Engineering/王辉，魏国安，姚玉娟主编．—北京：中国建筑工业出版社，2020.6
高职高专系列教材
ISBN 978-7-112-25712-6

Ⅰ．①建… Ⅱ．①王… ②魏… ③姚… Ⅲ．①建筑工程-施工组织-高等职业教育-教材②建筑工程-项目管理-高等职业教育-教材 Ⅳ．①TU7

中国版本图书馆 CIP 数据核字（2020）第 244335 号

本书章节内容按照建筑施工项目的建设程序编排，依据《建设工程项目管理规范》GB/T 50326—2017、《建筑施工组织设计规范》GB/T 50502—2009、《工程网络计划技术规程》JGJ/T 121—2015，全面系统地编写了建筑施工组织与项目管理的内容，同时针对建筑类职业教育的特点，并结合职业资格考试的有关要求，注重理论联系实际。采用“互联网＋”教材形式，图文并茂，突出了以培养职业能力为核心的高职特色。

本书共分 12 章，内容包括：绪论、采购与投标管理、建设工程施工合同管理、单位工程施工组织设计、建筑工程施工项目现场管理、建筑工程施工项目进度管理、建筑工程施工项目质量管理、建筑工程施工项目安全管理、建筑工程施工项目成本管理、资源管理、其他管理及建筑工程验收管理等内容。

本书内容系统，与建筑施工技术、建筑工程经济、建筑工程计量与计价和质量验收及资料整理互为整体，前后呼应，实用性强，可作为高职高专院校以及应用型本科院校工程造价专业、工程管理专业、建筑工程技术专业、工程监理专业等土建类相关专业的“建筑工程施工组织与项目管理”课程教材，也可供工程技术人员、工程造价人员以及相关专业大中专院校师生学习参考。

责任编辑：李笑然　李天虹
责任校对：王　瑞

高职高专系列教材
建筑工程施工组织与项目管理
Construction Organization and Project Management of Architectural Engineering
王　辉　魏国安　姚玉娟　主　编
梅　杨　主　审

*
中国建筑工业出版社出版、发行（北京海淀三里河路 9 号）
各地新华书店、建筑书店经销
霸州市顺浩图文科技发展有限公司制版
北京市密东印刷有限公司印刷
*
开本：787 毫米×1092 毫米　1/16　印张：18½　字数：462 千字
2021 年 1 月第一版　2021 年 1 月第一次印刷
定价：**49.00** 元
ISBN 978-7-112-25712-6
（35929）

本书编委会

主　　编：王　辉　魏国安　姚玉娟

副 主 编：田俊杰　贾广征

参编人员：（按姓氏笔画排序）

王珺泽　齐丽君　闫利辉　时　萍　陈会萍

林泽昕　魏留明

主　　审：梅　杨

前　言 / PREFACE

施工组织与项目管理是建筑工程项目顺利实施的关键，在工程技术类和工程管理类专业课程教学体系中具有举足轻重的作用。随着信息化教学手段的普及和“四新技术”的日新月异，以及当前我国工程建设领域正处于建造方式全面升级转型、项目建设管理模式变革以及管理技术手段创新等交叠冲击的大背景下，各兄弟院校深感《建筑工程施工组织与项目管理》教材建设的必要性和紧迫性。所以我们行动起来，遴选了具有丰富教学经验和实践经验的双师型教师深入企业一线，置身实际工程，用心去感悟建筑工程施工组织与项目管理的内涵及实际工程应用，与企业中经验丰富的工程师反复探讨、仔细斟酌，共同编写了这本教材，仅作为抛砖引玉。本书具有以下特点：

1. 遵循“以基本理论和标准规范为基础，以工程实践内容为主导”的指导思想，坚持“与高职教育人才培养目标相结合，与现行法律法规、规范标准相结合，与当前先进的工程建造模式及管理模式相结合，与用人企业的实际需求相结合”的原则，力求在标准规范的基础上，从工程项目实践出发，重点培养学生解决实际问题的能力。

2. 精简陈述性知识，以“必需、够用”原则选取，删繁就简，简单实用。教材知识零距离对接工作岗位，使学生学习针对性更强，少走弯路。

3. “互联网+”教材形式，扫描二维码观看建筑工程施工现场质量问题的各种图片，以彩图形式精致排列，图文并茂，使图书脉络更加清晰，观感更加清新。

本书由河南建筑职业技术学院王辉、魏国安、姚玉娟任主编，河南建筑职业技术学院田俊杰、贾广征任副主编。王辉、魏国安、姚玉娟负责全书统稿、定稿工作。参加本书编写工作的还有河南建筑职业技术学院齐丽君、陈会萍、魏留明、闫利辉、林泽昕、王珺泽，郑州康桥房地产开发有限责任公司时萍。本书编写工作的具体分工如下：王辉（任务1.1）、魏国安（任务7、任务8）、姚玉娟（任务1.2）、田俊杰（任务6、任务9.2）、贾广征（任务10、任务11.1）、齐丽君（任务2.1、任务2.2、任务3）、陈会萍（任务4）、魏留明（任务2.3、任务5）、闫利辉（任务11.4、任务12）、林泽昕（任务9.1、任务9.3、任务9.4、任务9.5、任务9.6）、王珺泽（任务1.3、任务2.4、任务11.2、任务11.3）、时萍（任务11.5）。

特别感谢河南建筑职业技术学院梅杨副院长！梅杨副院长主审了全书，提出了许多宝贵意见，并在本书的选题和写作过程中给予极大的指导和帮助。在编写过程中，我们借鉴和参考了有关书籍、工程案例和相关高职院校的教学资源，谨此一并致谢。

本书可作为高职高专院校以及应用型本科院校工程造价专业、工程管理专业、建筑工程技术专业、工程监理专业等土建类相关专业的“建筑工程施工组织与项目管理”课程教材，也可供工程技术人员、工程造价人员以及相关专业大中专院校师生学习参考。

本书为河南省高等职业学校青年骨干教师培养计划（2019GZGG073）资助项目。

限于编者水平和经验，书中不妥之处在所难免。嘤其鸣矣，求其友声，我们诚恳地希望广大读者和同行专家批评指正。

编　者

2020年5月

目　录 /

CONTENTS

任务 1

绪论

任务 1.1 建设工程项目概述

1.1.1 建设工程项目

1. 定义

建设工程是指为人类生活、生产提供物质技术基础的各类建筑物和工程设施的统称。按照自然属性可分为建筑工程（各类房屋建筑及其附属设施，即工民建）、土木工程（除房屋建筑工程以外地上、地下、水上、水下工程）和机电工程。

建设工程项目是指为完成依法立项的新建、扩建、改建工程而进行的、有起止日期的、达到规定要求的一组相互关联的受控活动，包括策划、勘察、设计、采购、施工、试运行、竣工验收和考核评价等阶段，简称为项目。

2. 分类

为了适应科学管理需要，可从不同角度对建设工程项目进行分类。

（1）按建设性质划分

工程项目可分为新建项目、扩建项目、改建项目、迁建项目和恢复项目。

（2）按投资作用划分

工程项目可分为生产性项目和非生产性项目。

（3）按项目规模划分

为适应分级管理的需要，基本建设项目分为大型、中型、小型三类；更新改造项目分为限额以上和限额以下两类。

（4）按投资效益和市场需求划分

工程项目可划分为竞争性项目、基础性项目和公益性项目。

（5）按投资来源划分

工程项目可划分为政府投资项目和非政府投资项目。

3. 组成

（1）从工程造价的角度

工程项目可分为单项工程、单位（子单位）工程、分部（子分部）工程和分项工程。

1）单项工程

单项工程是指具有独立的设计文件，建成后能够独立发挥生产能力、投资效益的一组配套齐全的工程项目。单项工程是工程项目的组成部分，一个工程项目有时可以仅包括一个单项工程，也可以包括多个单项工程。

2）单位（子单位）工程

单位工程是指具备独立施工条件并能形成独立使用功能的工程。对于建筑规模较大的单位工程，可将其能形成独立使用功能的部分作为一个子单位工程。

3）分部（子分部）工程

分部工程是指将单位工程按专业性质、建筑部位等划分的工程。

4）分项工程

分项工程是指将分部工程按主要工种、材料、施工工艺、设备类别等划分的工程。

（2）从质量验收的角度

建筑工程施工质量验收应划分为单位工程、分部工程、分项工程和检验批。

1）单位工程应按下列原则划分：

① 具备独立施工条件并能形成独立使用功能的建筑物或构筑物为一个单位工程；

② 对于规模较大的单位工程，可将其能形成独立使用功能的部分划分为一个子单位工程。

2）分部工程应按下列原则划分：

① 可按专业性质、工程部位确定；

② 当分部工程较大或较复杂时，可按材料种类、施工特点、施工程序、专业系统及类别将分部工程划分为若干子分部工程。

3）分项工程可按主要工种、材料、施工工艺、设备类别进行划分。

4）检验批可根据施工、质量控制和专业验收的需要，按工程量、楼层、施工段、变形缝进行划分。

1.1.2 建设工程项目建设程序

建设程序是指工程项目从策划、评估、决策、设计、施工到竣工验收、投入生产或交付使用整个过程中，各项工作必须遵循的先后次序。工程项目建设程序是工程建设过程客观规律的反映，是工程项目科学决策和顺利实施的重要保证。

按照我国现行规定，政府投资项目建设程序可以分为以下阶段：

（1）根据国民经济和社会发展长远规划，结合行业和地区发展规划的要求，提出项目建议书；

（2）在勘察、试验、调查研究及详细技术经济论证的基础上编制可行性研究报告；

（3）根据咨询评估情况，对工程项目进行决策；

（4）根据可行性研究报告，编制设计文件；

（5）初步设计经批准后，进行施工图设计，并做好施工前各项准备工作；

（6）组织施工，并根据施工进度做好生产或动用前的准备工作；

（7）按批准的设计内容完成施工安装，经验收合格后正式投产或交付使用；

（8）生产运营一段时间（一般为 1 年）后，可根据需要进行项目后评价。

任务 1.2　建设工程项目管理概述

1.2.1　建设工程项目管理的概念

建设工程项目管理是指运用系统的理论和方法，对建设工程项目进行的计划、组织、指挥、协调和控制等专业化活动，简称项目管理。

建设工程项目管理的内涵是：自项目开始至项目完成，通过项目策划和项目控制，以使项目的费用目标、进度目标和质量目标得以实现。

“自项目开始至项目完成”指的是项目的实施期；“项目策划”指的是目标控制前的一系列筹划和准备工作。

“费用目标”对业主而言是投资目标，对施工方而言是成本目标。

项目决策期管理工作的主要任务是确定项目的定义，而项目实施期管理的主要任务是通过管理使项目的目标得以实现。

1.2.2　建设工程项目管理的类型

按建设工程项目不同参与方的工作性质和组织特征划分，项目管理有如下几种类型：

（1）业主方的项目管理——总组织者，业主方的项目管理是管理的核心；

（2）设计方的项目管理；

（3）施工方的项目管理；[施工总承包（管理）方和分包方]

（4）供货方的项目管理；

（5）建设项目工程总承包方的项目管理等。

投资方、开发方和由咨询公司提供的代表业主方利益的项目管理服务都属于业主方的项目管理。

1.2.3　业主方项目管理的目标和任务

业主方项目管理服务于业主的利益，其项目管理的目标包括项目的投资目标、进度目标和质量目标。投资目标指的是项目的总投资目标。

进度目标指的是项目动用的时间目标，也即项目交付使用的时间目标，如工厂建成可以投入生产、道路建成可以通车、办公楼可以启用、旅馆可以开业的时间目标等。

项目的质量目标不仅涉及施工的质量，还包括设计质量、材料质量、设备质量和影响项目运行或运营的环境质量等。质量目标包括满足相应的技术规范和技术标准的规定，以及满足业主方相应的质量要求。

项目的投资目标、进度目标和质量目标之间既有矛盾的一面，也有统一的一面，它们之间是对立统一的关系。

建设工程项目的全寿命周期包括项目的决策阶段、实施阶段和使用阶段。项目的实施阶段包括设计前的准备阶段、设计阶段、施工阶段、动用前准备阶段和保修期，如图 1-1

所示。招标投标工作分散在设计前的准备阶段、设计阶段和施工阶段中进行，因此可以不单独列为招标投标阶段。

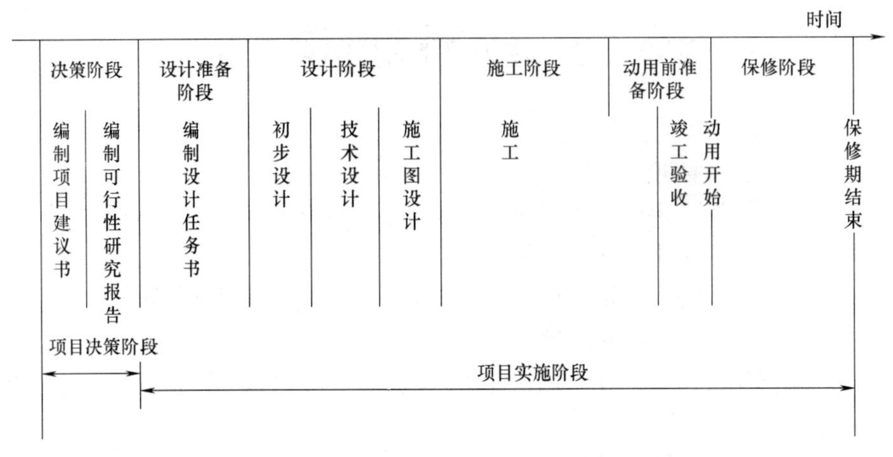

图1-1 建设工程项目的决策阶段和实施阶段

业主方的项目管理工作涉及项目实施阶段的全过程（五个阶段），分别进行如下工作：

(1) 安全管理；

(2) 投资控制；

(3) 进度控制；

(4) 质量控制；

(5) 合同管理；

(6) 信息管理；

(7) 组织和协调。

其中，安全管理是项目管理中最重要的任务，因为安全管理关系到人身的健康与安全，而投资控制、进度控制、质量控制和合同管理等则主要涉及物质利益。

1.2.4 设计方项目管理的目标和任务

设计方项目管理主要服务于项目的整体利益和设计方本身的利益。其项目管理的目标包括设计的成本目标、设计的进度目标和设计的质量目标，以及项目的投资目标。项目的投资目标能否实现与设计工作密切相关。

设计方的项目管理工作主要在设计阶段进行，但它也涉及实施期其他四个阶段。

设计方项目管理的任务包括：

(1) 与设计工作有关的安全管理；

(2) 设计成本控制和与设计工作有关的工程造价控制；

(3) 设计进度控制；

(4) 设计质量控制；

(5) 设计合同管理；

(6) 设计信息管理；

(7) 与设计工作有关的组织和协调。

1.2.5　供货方项目管理的目标和任务

供货方项目管理主要服务于项目的整体利益和供货方本身的利益。其项目管理的目标包括供货方的成本目标、供货的进度目标和供货的质量目标。

供货方的项目管理工作主要在施工阶段进行，但它也涉及实施期其他四个阶段。

供货方项目管理的主要任务包括：

（1）供货的安全管理；

（2）供货方的成本控制；

（3）供货的进度控制；

（4）供货的质量控制；

（5）供货的合同管理；

（6）供货的信息管理；

（7）与供货有关的组织与协调。

1.2.6　建设项目工程总承包方项目管理的目标和任务

建设项目工程总承包方项目管理主要服务于项目的利益和建设项目总承包方本身的利益。其项目管理的目标包括项目的总投资目标和总承包方的成本目标、项目的进度目标和项目的质量目标。

建设项目工程总承包方项目管理工作涉及项目实施阶段的全过程，即五个阶段。

参考《建设项目工程总承包管理规范》GB/T 50358—2017，建设项目工程总承包方的管理工作涉及：

（1）项目设计管理；

（2）项目采购管理；

（3）项目施工管理；

（4）项目试运行管理和项目收尾等。

工程总承包方项目管理的任务包括：

（1）项目风险管理；

（2）项目进度管理；

（3）项目质量管理；

（4）项目费用管理；

（5）项目安全、职业健康与环境管理；

（6）项目资源管理；

（7）项目沟通与信息管理；

（8）项目合同管理等。

建设项目工程总承包的基本出发点是借鉴工业生产组织的经验，实现建设生产过程的组织集成化，以克服由于设计与施工的分离致使投资增加，以及克服由于设计和施工的不协调而影响建设进度等弊病。

建设项目工程总承包的主要意义并不在于总价包干，也不是“交钥匙”，其核心是通过设计与施工过程的组织集成，促进设计与施工的紧密结合，以达到为项目建设增值的目的。

1.2.7 施工方项目管理的目标和任务

1. 施工方项目管理的任务

施工方作为项目建设的一个参与方，其项目管理主要服务于项目的整体利益和施工方本身的利益。其项目管理的目标包括施工的成本目标、施工的进度目标和施工的质量目标。

施工方的项目管理工作主要在施工阶段进行，但它也涉及设计准备阶段、设计阶段、动用前准备阶段和保修期。在工程实践中，设计阶段和施工阶段往往是交叉的，因此施工方的项目管理工作也涉及设计阶段。

施工方项目管理的任务包括：

（1）施工安全管理；

（2）施工成本控制；

（3）施工进度控制；

（4）施工质量控制；

（5）施工合同管理；

（6）施工信息管理；

（7）与施工有关的组织与协调。

施工方是承担施工任务的单位的总称谓。它可能是施工总承包方、施工总承包管理方、分包施工方、建设项目总承包的施工任务执行方或仅仅提供施工劳务的参与方。

2. 施工总承包方的管理任务

施工总承包方对所承包的建设工程承担施工任务的执行和组织的总的责任，它的主要管理任务如下：

（1）负责整个工程的施工安全、施工总进度控制、施工质量控制和施工的组织与协调等。

（2）控制施工的成本（这是施工总承包方内部的管理任务）。

（3）施工总承包方是工程施工的总执行者和总组织者，它除了完成自己承担的施工任务以外，还负责组织和指挥它自行分包的分包施工单位和业主指定的分包施工单位的施工（业主指定的分包施工单位有可能与业主单独签订合同，也可能与施工总承包方签约。不论采用何种合同模式，施工总承包方应负责组织和管理业主指定的分包施工单位的施工，这也是国际惯例），并为分包施工单位提供和创造必要的施工条件。

（4）负责施工资源的供应组织。

（5）代表施工方与业主方、设计方、工程监理方等外部单位进行必要的联系和协调等。

采用施工总承包或施工总承包管理模式，分包方（不论是一般的分包方，或由业主指定的分包方）必须接受施工总承包方或施工总承包管理方的工作指令，服从其总体的项目管理。

3. 施工总承包管理方的主要特征

施工总承包管理方对所承包的建设工程承担施工任务组织的总责任，它的主要特征如下：

（1）一般不承担施工任务，它主要进行施工的总体管理和协调。如果施工总承包管理方通过投标（在平等条件下竞标），获得一部分施工任务，则它也可参与施工。

（2）一般情况下，施工总承包管理方不与分包方和供货方直接签订施工合同，这些合同都由业主方直接签订。应业主方的要求，其参与的工作深度由业主方决定。

（3）不论是业主方选定的分包方，还是经业主方授权由施工总承包管理方选定的分包方，施工总承包管理方都承担对其的组织和管理责任。

（4）施工总承包管理方和施工总承包方承担相同的管理任务和责任。业主方选定的分包方应经施工总承包管理方的认可。

（5）负责组织和指挥分包施工单位的施工，并为分包施工单位提供和创造必要的施工条件。

（6）与业主方、设计方、工程监理方等外部单位进行必要的联系和协调等。

1.2.8　推行建设工程项目管理的发展历程

推行建设工程项目管理是中国工程建设体制和管理模式改革的重大里程碑。20 世纪 80 年代以来，中国经济体制经历了巨大的变革和发展。由于传统的工程项目建设管理模式存在诸多弊端，建筑业率先开启了对工程项目管理模式的改革，大致上经历了如下四个阶段：

1. 学习试点阶段（1986—1992 年）

1986 年，国务院提出学习推广鲁布革工程管理经验，1987 年之后，国家计划委员会多次召开“推广鲁布革工程管理经验试点工作会议”，指导试点方案，研究试点工作的方向、方法和步骤，逐步形成了以“项目法施工”为特征的国有施工企业生产方式和项目管理模式，不仅极大地解放和发展了建筑业生产力，而且为 21 世纪中国工程项目管理的新发展奠定了坚实的基础。1992 年 8 月 22 日，“中国建筑业协会工程项目管理委员会”正式成立，标志着项目法施工的推行走上一个新台阶。

2. 总结规范阶段（1993—2002 年）

1993 年 9 月，中国建筑业协会工程项目管理委员会以邓小平 1992 年南方谈话为指导，开始系统地总结 50 家试点施工企业进行工程项目管理体制改革的经验，并注重推动企业加快工程项目管理与国际惯例接轨步伐。2000 年 1 月，中国建筑业协会工程项目管理委员会组织有关企业、大专院校、行业协会等 30 多家单位编制中国建设工程领域第一部《建设工程项目管理规范》，并于 2002 年 5 月 1 日起颁布施行。

3. 国际化发展阶段（2003—2010 年）

在我国加入世界贸易组织之后，随着“走出去”战略的实施，建筑企业积极开拓国际承包市场，中国建设工程项目管理的国际化步伐不断加快，国际竞争力不断提高。这期间，中国建筑业协会工程项目管理委员会牵头组织国际项目管理协会、英国皇家特许建造学会 CIOB 香港分会、韩国建设事业协会、新加坡项目经理协会、印度项目管理协会等国家和地区的工程管理协会签署了《国际工程项目管理工作合作联盟协议》，进一步加强了各方在国际项目管理领域的交流和合作。同时，中国建筑业协会工程项目管理委员会组织会员企业积极贯彻落实科学发展观，加快转变发展方式，工程建设成就显著。

4. 创新引领发展阶段（2011年至今）

进入“十二五”以来，在党的十八大和历次全会精神指引下，中国建设工程项目管理步入创新引领发展的新阶段。建设工程领域先后完成了一系列设计理念超前、结构造型复杂、科技含量高、质量要求严、施工难度大、令世界瞩目的重大工程。在这个阶段，通过工程质量治理两年行动，进一步强化了项目经理责任制。通过推行工程总承包制，项目管理的集成化、信息化水平有了较大提高。通过推广10项新技术，提高了工程建造水平。通过实施绿色施工示范工程，“四节一环保”日益普及。通过实施注册建造师继续教育培训，进一步提高了工程项目管理人才队伍整体素质。

1.2.9 建设工程项目管理规范化的基本框架体系

工程项目管理理论的建立是基于全生命期管理。我国建设工程项目管理规范化的主要依据就是结合工程项目的特点，在认真总结推广鲁布革工程管理经验的基础上，通过不断探索，努力实践，形成一套具有中国特色并能与国际接轨的建设工程项目管理基本框架体系。

1. 建设工程项目管理规范化基本框架体系的内容

（1）主要原则是：“目标控制，优化配置，动态管理，节点考核”。

（2）基本内容是：“四控制，三管理，一协调”，即进度、质量、成本、安全控制，合同、要素、信息管理和组织协调。

（3）运行机制是：总部宏观调控，项目委托管理，专业施工保障，社会力量协作。

（4）组织模式是：“两层分离，三层关系”，即管理层与作业层分离，项目层次与企业层次的关系、项目经理与企业法人代表的关系、项目经理部与劳务作业层的关系。

（5）管理重点是：“两制建设，三个升级”，即项目经理责任制和项目成本核算制；技术进步、科学管理升级，总承包管理能力升级，智力结构和资本运营升级。

（6）管理目标是：“四个一”，即一套新方法、一支新队伍、一代新技术、一批好工程。

特别强调全生命期管理理念，即工程建设项目应该服从、满足项目使用期的需求。这是衡量工程建设项目是否成功的关键性指标。

2. 建设工程项目管理规范化基本框架体系的特征

随着知识、经济、信息的全球化，现代项目管理正在世界范围内逐步普及。中国正处于社会、经济、文化、科技的大变革时代，项目遍布每一个领域，项目管理正在成为驱动社会经济发展的新型生产力。中国特色建设工程项目管理的规范化的特征和生命力在于国际化、本土化、专业化的“三化融合”所迸发出的智慧和能量，“三化融合”也能够为项目管理创新衍生新的途径。

（1）坚持国际化方向

以PMI、IPMA、ISO等为代表的国际组织先后发布了国际项目管理知识体系、国际项目管理专业资格认证标准、项目管理指南等重要文献，这些文献是建立在长期的社会生产和管理实践的基础上，研究、总结而形成的一整套科学的现代项目管理理论和方法体系，代表着国际项目管理的发展趋势，对于推动国际项目管理的实践应用和项目管理人才培养都产生了积极的影响。《建设工程项目管理规范》只有坚持国际化方向，才能更好地学习先进的项目管理技术和方法，顺应现代项目管理的发展潮流，提高项目管理水平。

（2）基于本土化国情

现代项目管理的体系构架来自于大量项目实践的理论提炼，具有基本原理的普遍适用性。在引入现代国际项目管理体系时，要充分考虑民族文化、思维模式、行为惯性等本土化的适应问题，在推广应用的范畴和程度上应当紧密结合本国发展水平和实际情况。因此，在面向国际化加快我国工程项目管理的实践应用、理论研究时，应当立足于我国国情，并且特别要注意总结多年来国内项目管理理论成果和实践经验。只有将项目管理基本原理与本土化国情相结合，《建设工程项目管理规范》才能产生推动建筑业持续健康发展的实际效果。

（3）反映专业化特色

在现代社会，从各种不同专业的角度，项目可以划分为多种类型。正是因为项目类型的多样化，项目的范围、经历的时间、难易程度、涉及的资源要素等差别很大，从而出现了专业化的项目管理。由于不同行业的专业技术要求不同，也使得项目管理的专业化特征存在差异。例如，对于建设工程项目管理，除了要做好进度、质量、成本等常规的 10 个领域的管理工作，还特别要重视做好安全生产管理、绿色建造管理、合同管理、劳务管理等。因此，能够反映出专业化特色的《建设工程项目管理规范》才具有现实的竞争力。

这里有必要指出的是，国际上的项目管理体系属于广义上的项目管理，对中国建筑业企业来说，还需要提高专业适用性。因此，国际项目管理理论的本土化成为我国工程建设项目管理的重要课题。我国《建设工程项目管理规范》不但吸收了国际项目管理的通用标准，具有国际通用性和先进性，而且最重要的一点是结合我国建设工程项目管理体制改革的经验，比较注重专业管理活动的系统性，与国际上有关项目管理比较，更加具体化、专业化，具有实用性和操作性。

任务 1.3 建筑工程信息化管理概述

1.3.1 我国建筑业信息化概念

建筑业信息化是指运用信息技术，特别是计算机技术、网络技术、通信技术、控制技术、系统集成技术和信息安全技术等，提高建筑业主管部门的管理、决策和服务水平，提高建筑企业管理水平和核心竞争能力，推动建筑业快速发展。建筑业属于传统产业，用信息化等高新技术改造传统产业，是传统产业持续发展的必由之路，是建筑业实现跨越式发展的重要途径。我国建筑业信息技术的应用虽已取得了一定的成绩，但与发达国家相比还有一定的差距。为了适应建筑业发展的新形势，引导、指导和规范行业的信息化建设，住房和城乡建设部制定了规划纲要，规范纲要从企业资质就位方面，对施工企业的信息化建设提出了具体要求。

1.3.2 建筑业信息化起源

我国最初的建筑业信息化是从设计和施工两个领域开始的：

1. 设计领域

20世纪60年代末，我国开始建造一些复杂化和大型化的建筑工程，这些工程在结构设计方面需要复杂的力学分析，而传统的解析方法难以用于解决这样的复杂问题。当时，在制造业中计算机已经得到应用。在这样的背景下，在设计领域中，一些设计者也开始尝试使用计算机来进行建筑结构分析。设计领域信息化可以分为3个阶段：

第一阶段：20世纪60年代至80年代中期，结构分析与计算开始借助计算机完成工作；

第二阶段：20世纪80年代中期至21世纪初，建筑设计与建筑施工绘图开始利用计算机平台完成绘制并逐渐普及，基本实现了“甩掉图板”；

第三阶段：21世纪初期至今，企业间的协同设计和管理开始借助计算机和互联网平台完成工作。

2. 施工领域

施工领域信息化起源于20世纪90年代初。在20世纪80年代末期，计算机已经逐步在施工企业中得到应用，这就为施工管理创造了必要条件。其中，财务管理和概预算是至关重要的工作。由于建筑施工企业的蓬勃发展，财务部门的工作量也大幅度增加。然而，计算机的应用能够大大减少财务管理和概预算中大量的重复性工作并提高效率。因此，信息化开始在施工企业中得到顺利开展。施工领域信息化的发展历程可分为6个阶段，为初始阶段、传播阶段、控制阶段、集成阶段、数据管理阶段、成熟阶段。

“十二五”期间，住房和城乡建设部《2011—2015年建筑业信息化发展纲要》（以下简称《纲要》）要求建筑业信息化进入高速发展期。《纲要》提出：“十二五”期间，基本实现建筑企业信息系统普及应用。加快建筑信息模型（BIM）、网络平台的协同工作和新技术在工程中的应用，推动信息化建设，促进具有自主知识产权软件的产业化，建成一批信息技术应用达到世界先进水平的建筑企业。逐步实现建设信息化向整个企业集成、共享、协同转变，重点完善设计集成、项目管理、运营管理、电子文档管理、材料控制与采购管理等系统。遵循国家数据中心和信息基础设施信息安全等级保护要求，对重要应用系统实现分级保护，建立和完善标准体系，支撑信息系统开发维护，提升信息安全防护能力和应用。重点建设信息基础设施、信息安全、信息编码、信息资源（如数据模型、模板等）以及信息系统应用等方面的标准。

1.3.3 BIM概念及起源

自20世纪70年代以来，BIM概念的雏形已经存在。“建筑模型（BM）——Building Model”一词最初用于20世纪80年代中期的论文：1986年Simon Ruffle发表的论文和同年Robert Aish发表的论文中都已经提到BM。而BIM“建筑信息模型（BIM）——Building Information Model”的术语首次出现在1992年的Van Nederveen G. A.论文上，但是直到10年后才得到普遍使用。2002年，Autodesk公司发布了一份题为“建筑信息建模（Building Information Model）”的白皮书，其他软件供应商也开始参与该领域。通过Autodesk公司、Bentley Systems公司和Graphisoft公司的贡献，以及2003年的其他行业观察员，Jerry Laiserin帮助了该术语的普及和定义。

美国国家建筑信息模型标准项目委员会有以下定义：建筑信息建模（BIM）是设施的

物理和功能特征的数字表示。BIM 是一个共享知识资源，用于有关设施的信息，在其生命周期期间形成可靠的决策基础。传统建筑设计在很大程度上依赖于二维技术图纸，而 BIM 技术可以在 3D 中构建信息模型，在 3D 中，三个主要空间尺寸（宽度、高度和深度），随时间作为第四维度（4D），以及成本作为第五维度（5D）的添加，使得 BIM 在原有的基础上功能变得更加强大和全面。最近，代表建筑环境和可持续性分析的第六维度（6D），以及用于生命周期设施管理方面的第七维度（7D）的概念也添加到了 BIM 技术中。因此，BIM 技术不仅仅涵盖了几何建筑模型，还涵盖了建筑施工过程中的管理后期的应用，是一个十分广泛和全面的平台。

BIM 设计工具允许从建筑模型中提取不同的视图，而且不同的视图能够保持自动一致。BIM 软件还可以通过参数来定义对象，使得模型中的组件能够完全体现属性，使得模型在虚拟世界中可以进行检测。也就是说，每个模型元素都承载属性，提供成本估计以及材料跟踪和订购。对于参与项目的专业人士，BIM 使虚拟信息模型能够从设计团队（建筑师、景观建筑师、测量师、结构和建筑服务工程师等）递给主要承包商和分包商，然后转向所有者/运营商；每个专业人员都会为单个共享模型添加特定的数据，使得工程项目能够在虚拟的数字世界得到完全、精确的展现。这减少了传统上发生的信息损失，当新的团队需要“所有权”项目时，其广泛的信息量能够充分地展现复杂建筑物所包含的所有信息。BIM 技术应用的 Bew Richards 成熟度图解释的三个层次（英国）见表 1-1。

BIM 技术应用的 Bew Richards 成熟度图解释的三个层次（英国）　　表 1-1

第 0 级	此级别仅涉及使用 2D CAD。在此阶段尚无协作的方法。分发传送是通过纸或电子印刷
第一级	包括在 2D 和 3D 下工作。3D 将用于概念设计工作；2D 将用于起草法定批准文件以及生产信息；这是大多数组织的运作水平。在此阶段，将协作与 CAD 标准结合使用。使用通用数据环境（CDE），但是，并非所有团队成员都共享项目模型
第二级	在此级别，使用协作工作。各方都使用 3D CAD，大多数人通过以下方式使用共享模型软件系统：设计信息使用通用文件格式，使用户能够共享和合并自己检查数据的同时，使用的数据是 IFC（Industry Foundation Class，建筑对象的工业基础类）或 CoBie（Construction Operation Building information exchange，施工运营建筑信息交换标准）。这是英国政府为公共部门所有工作设定的目标水平，是在 2016 年引入的
第三级	也称为“Open BIM”，在此级别上，使用了各方的全面协作。使用并持有单个共享项目模型。在 1 个集中存储库中，与设计有关的所有各方都可以访问和修改相同的模型。这消除了任何冲突的风险信息

1.3.4　应用系统架构及平台

目前，BIM 技术平台被视为落实建筑业信息化的最重要组成部分，是指旨在促进模块协调和项目协作的软件应用程序的数字集合，也被视为在开发设计和施工管理之前在计算机上虚拟构建建筑物的技术。BIM 是一个多维模型［3D、4D（时间）和 5D（成本）］，其中无限范围的视觉和非视觉项目以及与建筑物的相关信息可以标记到每个模型上。BIM 能够把复杂的项目方面虚拟模拟，直接以 3D 模型的形式开发设计元素（类似于 2D CAD 工程图中的线、弧和块）。作为开发项目，BIM 的特点在于，即时 3D 设计可视化加强协调，能够很容易看到系统之间的冲突并在流程早期进行解决。

目前，世界上较为通用的BIM软件见表1-2。

世界上较为通用的BIM软件　　表1-2

类　型	软　件
Architectural Design 建筑设计	Autodesk Revit Architecture，Bentley Architecture，Graphisoft ArchiCAD，Nemetschek，Vectorworks Architect
MEP Design 水电暖通设计	Autodesk Revit MEP，Bentley Building Mechanical Systems，Graphisoft MEP Modeler
Structural Design 结构设计	Autodesk Revit Structure，Tekla Structures，Bentley Structural Modeler
Inter-Disciplinary Coordination and Clash Detection 跨部门协调与冲突检测	Navisworks Manage，Solibri Model Checker，Code Checking Solibri Model Checker

BIM技术平台的特点表现在以下几方面：

1. 建筑设计系统

BIM技术能够使建筑设计更加的智能化、可视化、虚拟化、协同化，以提升设计软件的操作和整体效率，实现从2D到3D的技术更迭，能够在项目的设计初期通过三维模拟手段发现项目中存在的设计问题，提前预判并提出更为合适的理想方案。在智能建筑信息模型BIM设计系统中，逐步建立方案设计数据库来实现工程设计的协同平台，使项目建设的参与者共享数据库带来的便捷。推进BIM技术从设计阶段向施工阶段的应用延伸，降低信息传递过程中的衰减。

2. 施工管理系统

通过BIM技术平台优化工程施工组织设计、施工过程变形监测、施工深化设计、大体积混凝土计算；利用BIM的虚拟现实和仿真模拟技术以及4D项目管理信息系统，通过移动通信和射频技术实现对建筑工程的可视化和远程监控管理，辅助大型复杂工程现场施工过程管理和控制，实现事前控制和动态管理。并且通过BIM技术对工程测量与定位，在大型复杂超高建筑工程以及隧道深基坑施工中，实现对工程施工进度、质量、安全的有效控制。

3. 项目管理系统

BIM技术能够优化整合文档管理流程，建立管理标准，完善文件编码体系；开发推广文档计划、跟踪、检测等自动控制纠错功能，实现文档产生、批准、发布、开版、作废的生命周期管理，并逐步实现该系统与其他核心业务系统的共享与兼容，从而提高行业整体的效益。在完善企业管理信息系统的基础上，探索建立企业数据仓库，逐步发展企业商业智能和决策支持系统。围绕施工项目，建立企业间的协同工作平台，实现企业与项目其他参与方的有序信息沟通和数据共享。

4. 材料与采购管理系统

BIM技术能够帮助企业建立完善材料标准库和编码库，实现材料表、请购、询价、评标、采购、催交、检验、运输、接运、仓库管理、材料预测、配料材料发放及结算等全过程一体化的材料和采购管理；逐步建立以信誉认证交易和电子支付等为核心的采购电子商务系统，优化材料供销过程；实现材料库与工厂安装模拟可视化系统的集成；逐步实现该系统与设计、项目管理、施工管理等系统的协同合作。

1.3.5 建筑信息模型（BIM）的发展与探索

BIM 技术可以数字参数化建立建筑物的精确虚拟模型。计算机生成的模型将包含精确的几何图形和相关数据，以支持实现建筑物所需的构造、制造和采购活动，是虚拟与现实的完美结合。实现能够将现有可能出现的问题在虚拟世界中模拟出来，从而减少工程成本和安全隐患是建设信息化发展的重中之重。BIM 平台还能够提供建筑生命周期建模所需的诸多功能，为新的建筑功能以及项目团队之间的合作提供了基础。如果实施得当，BIM 可以促进更集成的设计和施工流程，从而以更低的成本和更短的项目工期建造质量更高的复杂结构的建筑。

传统建筑业在设计阶段、招标投标阶段、施工阶段和运营阶段的转换过程中，由于参与者的更迭和信息传递的不完全导致工作流程的中断会导致时间、人力和财力的损失，BIM 技术平台的解决方案能够极大地填补传统工作流程的缺失和不足，从而节省人力物力的不必要损耗，如图 1-2 所示。

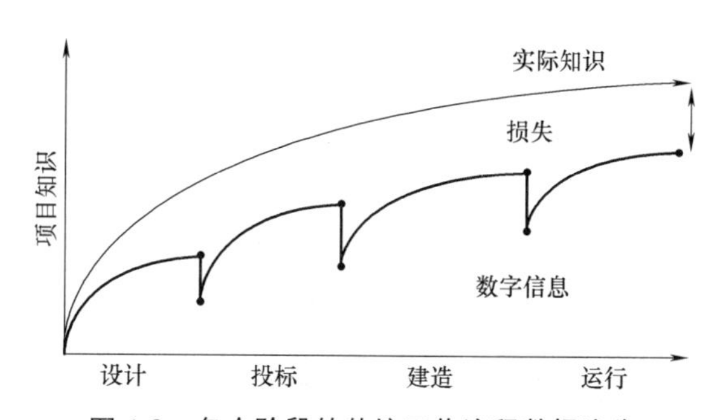

图 1-2 各个阶段的传统工作流程数据流失

习　题

一、单项选择题（每题的备选项中，只有 1 个最符合题意）

建设工程项目管理是指运用系统的理论和方法，对建设工程项目进行的（　　）、组织、指挥、协调和控制等专业化活动，简称项目管理。

A. 计划　　B. 策划　　C. 决策　　D. 设计

二、多项选择题（每题的备选项中，有 2 个或 2 个以上符合题意，至少有 1 个错项）

建设工程项目是指为完成依法立项的新建、扩建、改建工程而进行的、有起止日期的、达到规定要求的一组相互关联的受控活动，包括策划、（　　）、试运行、竣工验收和考核评价等阶段，简称为项目。

A. 勘察　　B. 设计　　C. 采购　　D. 施工　　E. 运营

习题参考答案：

任务 2

采购与投标管理

任务 2.1 项目采购与投标管理概述

2.1.1 项目采购与投标管理的含义

1. 项目采购与投标的定义

项目采购与投标是两个不同的概念。采购是采购方（发包方）获得项目的勘察、设计、施工、监理、供应等产品和服务的途径，投标则是投标方实现中标的途径。在同一项目上，项目采购与投标存在相互衔接、相互依存的关系。

采购包含以不同方式从系统外部获得产品和服务的整个活动过程。项目采购管理就是针对这一过程而实施的管理活动。

投标是指投标人为实现中标目的，根据招标文件规定的要求向招标人递交投标文件的过程。项目投标管理就是针对这一过程而实施的管理活动。

2. 项目采购与投标的内容

项目采购依据采购内容的不同，可分为以下三类：

（1）货物采购——购买项目所需要的投入物，如材料、设备的采购等；

（2）工程采购——通过招标或其他方式选择合格承包单位来完成项目的施工任务，如建筑、安装工程招标等；

（3）（咨询）服务采购——聘请咨询公司或咨询专家来完成项目所需的各种服务，如勘察、设计、监理、造价或全过程咨询招标等。

项目投标依据投标内容的不同，可以分为以下三类：

（1）货物投标（如材料、设备）；

（2）工程投标（如建筑、安装工程投标）；

（3）（咨询）服务投标（如勘查、设计、监理投标或全过程咨询等）。

3. 项目采购（招标）当事人

项目采购（招标）当事人是指在项目采购（招标）活动中享有权利和承担义务的各类主体，包括采购（招标）人、供应商（投标人）和采购（咨询）代理机构等。

（1）项目采购（招标）人是指依法进行项目采购（招标）的法人、其他组织或者自然人。

（2）项目采购供应商是指向采购人提供货物、工程或者服务的法人、其他组织或者自然人（工程项目投标不能是自然人，货物可以是自然人，服务投标中招标投标代理可以是自然人）。

项目发包人是指按招标文件或合同中约定，具有项目发包主体资格和支付合同价款能力的当事人或者取得该当事人资格的合法继承人。

（3）项目采购代理机构是指接受项目采购人的委托，在其委托范围内行使其代理权限的组织机构。

项目咨询机构是指接受项目招标人或项目投标人的委托，在其委托范围内行使其咨询权限的组织机构。

2.1.2 项目采购与投标管理的作用

全过程管理被广泛地应用在建筑行业中，因此，项目采购与投标管理也贯穿于项目实施的全过程中，具有十分重要的实施与管理作用。

1. 获得资源的作用

任何工程项目的实施都离不开采购行为，在项目实施的全过程中都要进行采购。因此，项目采购与投标管理是工程项目管理获得资源的主要途径，具有重要作用。

2. 降低成本的作用

我国社会主义市场经济的基本特点是要充分发挥竞争机制作用，使市场主体在平等条件下公平竞争，优胜劣汰，从而实现资源的优化配置。通过招标采购，让众多投标人进行公平竞争，以最低或较低的价格获得最优的货物、工程或服务。

3. 管理约束的作用

由于采购与投标活动贯穿于整个项目实施的全过程，必须应用各种灵活适宜的采购与投标方法，且不同的方法可能产生不同的利益再分配，因此严格项目采购与投标管理不仅可以保证项目管理约束机制的顺利实施，而且可以极大地减少各种贪污、腐败现象。

任务 2.2 采 购 管 理

2.2.1 采购管理的含义

采购管理是指对项目的勘察、设计、施工、监理、供应等产品和服务的获得工作进行的计划、组织、指挥、协调和控制等活动。

采购部门（组织）应建立采购管理制度，确定采购管理流程和实施方式，规定管理与控制的程序和方法；采购工作应符合有关合同、设计文件所规定的技术、质量和服务标准，符合进度、安全、环境和成本管理要求；招标采购应确保实施过程符合法律、法规和经营要求。

2.2.2 采购计划

1. 采购计划的含义

采购计划就是指企业采购部门通过识别确定项目所包含的需从项目实施组织外部得到的工程、货物、服务，并对其采购内容做出合乎要求的计划，以便于项目能够更好地实施。采购计划是采购活动实施的基本依据和行动指南。

2. 采购计划的编制依据

（1）项目立项报告；

（2）工程合同；

（3）设计文件；

（4）项目管理实施规划；

（5）采购管理制度。

3. 采购计划的内容

工程、货物、服务产品的采购应按计划内容实施，在品种、规格、数量、交货（竣工）时间、地点等方面应与项目计划相一致，以满足项目需要。项目采购计划应包括以下内容：

（1）采购工作范围、内容及管理标准；

（2）采购信息，包括产品或服务的数量、技术标准和质量规范；

（3）检验方式和标准；

（4）供方资质审查要求；

（5）采购控制目标及措施。

采购计划应经过相关部门审核，并经授权人批准后实施。必要时，采购计划应按规定进行变更。

4. 制订采购计划的工具和技术

（1）自制/外购分析

自制/外购分析是一种最基本的管理技术，它主要用来判断一种产品或服务是组织自己内部生产产品或提供服务所产生的效益大还是从组织外部购买产品或服务所产生的效益大，它是项目实施初期确定工作范围定义的一部分。在应用这一管理技术时，要综合考虑自制和外购的直接费用和间接费用。

另外，自制/外购分析要平衡组织近期利益与长远利益的关系，努力使二者关系最优化。例如，通常情况下一项资产购买成本应该大于租赁成本，就近期利益来看，租赁方式要优于购买方式，但如果此项资产在项目以后的实施过程中仍旧广泛应用，则购买成本经过分摊就有可能低于租赁成本，此时购买方式就优于租赁方式。

（2）专家判断

项目管理机构经常依靠采购专家对采购过程进行技术评估。在应用这一技术时，采购专家的意见被大量采用，其意见来源主要有：

1）执行组织单位内的其他单位；

2）咨询单位；

3）专业和技术协会；

4）行业团体。

5. 合同类型的选择

不同类型的采购活动适用于不同类型的合同，应按工程合同的约定和需要，订立采购合同或规定相关要求。采购合同或相关要求应明确双方责任、权限、范围和风险，并经组织授权人员审核批准，确保采购合同或要求内容的合法性。合同一般分为以下三类：

（1）单价合同

单价合同即根据计划工程内容和估算工程量，在合同中明确每项工程内容的单位价格（如每米、每平方米或每立方米的价格），实际支付时则根据每一个子项的实际完成量乘以该子项的合同单价计算该项工作的应付工程款。单价合同的特点是单价优先，当总价和单价的计算结果不一致时，以单价为准调整总价。实行工程量清单计价的建筑工程，鼓励发承包双方采用单价合同。

单价合同的优点：①对合同双方比较公平。单价合同允许随工程量变化而调整工程总价，业主和承包商都不存在工程量方面的风险。②缩短招标投标时间。在招标前，发包单位无需对工程范围做出完整的、详尽的规定，从而可以缩短招标准备时间，投标人也只需对所列工程内容报出自己的单价，从而缩短投标时间。

单价合同的不足之处是对投资控制不利。业主需要安排专门力量来核实已完成的工程量，需要在施工过程中花费不少精力，协调工作量大。另外，用于计算应付工程款的实际工程量可能超过预测的工程量，即实际投资容易超过计划投资。

单价合同又分为固定单价合同和可调单价合同（或变动单价合同）。

固定单价合同条件下，无论发生哪些影响价格的因素都不对单价进行调整，但工程量可按实际发生工程量结算，因而对承包商而言就存在一定的风险。当采用可调单价合同时，合同中签订的单价，根据合同约定的条款，如在实施过程中物价发生变化时可以对单价进行调整，同时还应该约定如何对单价进行调整，因此，承包商的风险就相对较小。固定单价合同适用于工期较短、工程量变化幅度不太大的项目。

（2）总价合同

总价合同要求供应商（承包商）按照招标文件的要求报一个总价，按中标的价格签订合同，据此提供符合要求的工程、货物、服务，采购人不管供应商（承包商）获利多少，均按合同规定的总价分批或者分阶段付款。总价合同又包括固定总价合同和可调总价合同。

1）固定总价合同

固定总价合同的合同价格确定，固定不变，在这类合同中，供货商（承包商）承担了全部的价格的风险。因此，供货商（承包商）在报价时应对一切费用的价格变动因素以及不可预见因素都应做充分的估计，并将其包含在合同价格之中。固定总价合同的优点在于可以设立激励机制，从而达到或超过预定的项目目标。固定总价合同的缺点在于对合同双方均存有较大的风险，尤其是供货商所承担的风险更大，风险费加大不利于降低工程造价，最终对发包人也不利。一般适用于购买明确定义的工程、货物、服务产品。

当然，在固定总价合同中还可以约定，在发生重大工程变更、累计工程变更超过一定幅度或者其他特殊条件可以对合同价格进行调整。因此，需要定义重大工程变更的含义、累计工程变更的幅度及什么样的特殊条件才能调整合同价格，以及如何调整合同价格等。

2）可调总价合同

可调总价合同又称为变动总价合同，在合同执行期间，如果由于物价上涨引起了供货商供货成本的增加，则合同价格也应随之做出调整。例如在合同执行过程中，由于通货膨胀等原因而使所使用的工、料成本增加时，可以按照合同约定对合同总价进行相应的调整。可调总价合同相对于固定总价合同而言，供货商（承包商）所承担的风险有所降低，采购人（业主）承担了物价上涨的风险。

（3）成本加酬金合同

成本加酬金合同是指采购人向供货商（承包商）支付实际成本和管理费用及利润的一种合同方式。如紧急抢险、救灾以及施工技术特别复杂的建设工程，发承包双方可以采用成本加酬金合同。成本加酬金合同有许多种形式，主要如下：

1）成本加固定费用合同

采购人向供货商（承包商）支付采购工程、货物、服务产品的全部成本和确定数额的酬金的一种合同。这种合同的优点是能够促进供货商尽可能地缩短工期，尽早提交采购产品。其缺点是不能够促使供货商（承包商）从采购人的角度考虑，努力降低产品成本。

2）成本加固定比例费用合同

采购人向供货商（承包商）支付采购工程、货物、服务的全部成本，并取成本的一定百分比例作为酬金的一种合同。此百分比例由采购人和供货商（承包商）事先达成一致。这种方式的报酬费用总额随成本加大而增加，不利于缩短工期和降低成本。一般在工程初期很难描述工作范围和性质，或工期紧迫，无法按常规编制招标文件招标时采用。

3）成本加奖金合同

采购人和供货商（承包商）事先确定一个目标成本，当供货商（承包商）在完成合同后的实际成本低于目标成本时，供货商（承包商）可根据双方的约定取得一定数量的奖金，反之，一旦实际成本高于目标成本，则供货商可获得的奖金数额也随之减少。此种合同虽然有助于采购人加强对采购产品成本的控制，但是由于采购人和供应商很难就采购产品的目标成本达成一致，因此也就有可能会造成一些合同的纠纷。

4）最大成本加费用合同

在成本总价合同基础上加固定酬金费用的方式，即当设计深度达到可以报总价的深度，投标人报一个成本总价和一个固定的酬金。如果实际成本超过合同中规定的成本总价，由供货商（承包商）承担所有的额外费用，若实施过程中节约了成本，节约的部分归采购人（业主），或者采购人与供货商分享，在合同中要确定节约分成比例。在非代理型（风险型）CM 模式的合同中就采用这种方式。

6. 采购计划编制的结果

采购计划编制完成后就会形成采购管理计划和采购工作说明书。

（1）采购管理计划

采购管理计划是管理采购过程的依据，采购计划应指出采购采用哪种合同类型、如何对多个供货商（承包商）进行良好的管理等。

（2）采购工作说明书

采购工作说明书应该详细地说明采购项目的有关内容，为潜在的供货商（承包商）提供一个自我评断的标准，以便确定是否要参与该项目。

2.2.3 项目采购的方式

1. 政府采购

《中华人民共和国政府采购法》第二十六条规定，政府采购采用以下方式：（1）公开招标；（2）邀请招标；（3）竞争性谈判；（4）单一来源采购；（5）询价；（6）国务院政府采购监督管理部门认定的其他采购方式。公开招标应作为政府采购的主要采购方式。

2. 建设工程项目采购

从理论上讲，在市场经济条件下，建设工程项目是否采用招标的方式确定承包人，以及采用何种方式进行招标，业主有着完全的决定权。为了保证公共利益，各国的法律都规定了有政府资金投资的公共项目（包括部分投资的项目或全部投资的项目）、涉及公共利益的其他资金投资项目、投资额在一定额度之上时，要采用招标的方式进行采购。对此我国也有详细的规定。

《中华人民共和国招标投标法》对招标范围进行了明确规定：

在中华人民共和国境内进行下列工程建设项目包括项目的勘察、设计、施工、监理以及与工程建设有关的重要设备、材料等的采购，必须进行招标：

（1）大型基础设施、公用事业等关系社会公共利益、公众安全的项目；

（2）全部或部分使用国有资金投资或者国家融资的项目；

（3）使用国际组织或者外国政府贷款、援助资金的项目。

对于有些特殊项目，采用邀请招标方式更加有利。根据《中华人民共和国招标投标法实施条例》第八条，国有资金占控股或者主导地位的依法必须进行招标的项目，应当公开招标；但有下列情形之一的，可以邀请招标：

（1）技术复杂、有特殊要求或者受自然环境限制，只有少量潜在投标人可供选择；

（2）采用公开招标方式的费用占项目合同金额的比例过大。

招标人采用邀请招标方式，应当向三个以上具备承担招标项目的能力、资信良好的特定的法人或者其他组织发出投标邀请书。

3. 世界银行贷款项目

世界银行贷款项目可以采用如下方式：（1）国际竞争性招标；（2）有限国际招标；（3）国内竞争性招标；（4）询价采购；（5）直接签订合同；（6）自营工程等采购方式。其中国际竞争性招标和国内竞争性招标都属于公开招标，而有限国际招标则相当于邀请招标。

2.2.4 施工招标

1. 施工招标条件

依法必须招标的工程建设项目，应当具备下列条件才能进行施工招标：

（1）招标人已经依法成立；

（2）初步设计及概算应当履行审批手续的，已经批准；

（3）招标范围、招标方式和招标组织形式等应当履行核准手续的，已经核准；

（4）有相应资金或资金来源已经落实；

（5）有招标所需的设计图纸及技术资料。

这些条件和要求，一方面从法律上保证了项目和项目法人的合法化；另一方面，也从技术和经济上为项目的顺利实施提供了支持和保障。

2. 招标基本程序

（1）履行项目审批手续

《中华人民共和国招标投标法实施条例》规定，按照国家有关规定需要履行项目审批、核准手续的依法必须进行招标的项目，其招标范围、招标方式、招标组织形式应当报项目审批、核准部门审批、核准。

（2）自行招标或委托招标

招标代理机构是依法设立、从事招标代理业务并提供相关服务的社会中介组织。《中华人民共和国招标投标法》规定，招标人有权自行选择招标代理机构，委托其办理招标事宜。招标人具有编制招标文件和组织评标能力的，可以自行办理超标事宜。任何单位和个人不得强制其委托招标代理机构办理招标事宜。依法必须进行招标的项目，招标人自行办理招标事宜的，应当向有关行政监督部门备案。

（3）编制招标文件及标底

《中华人民共和国招标投标法》规定，招标人应当根据招标项目的特点和需要编制招标文件。招标文件应当包括招标项目的技术要求、对投标人资格审查的标准、投标报价要求和评标标准等所有实质性要求和条件以及拟签订合同的主要条款。

招标人可以自行决定是否编制标底。一个招标项目只能有一个标底。标底必须保密。招标人设有最高限价的，应当在招标文件中明确最高投标限价或者最高投标限价的计算方法。招标人不得规定最低投标限价。

全部使用国有资金投资或者以国有资金投资为主的建筑工程，应当采用工程量清单计价；非国有资金投资的建筑工程，鼓励采用工程量清单计价。

（4）发布招标公告（及资格预审公告）或投标邀请函

根据国家发展改革委2017年11月23日颁布的第10号令《招标公告和公示信息发布管理办法》，依法必须招标项目的招标公告和公示信息应当在“中国招标投标公共服务平台”或者项目所在地省级电子招标投标公共服务平台发布。

依法必须招标项目的资格预审公告和招标公告，应当载明以下内容：

1）招标项目名称、内容、范围、规模、资金来源；

2）投标资格能力要求，以及是否接受联合体投标；

3）获取资格预审文件或招标文件的时间、方式；

4）递交资格预审文件或投标文件的截止时间、方式；

5）招标人及其招标代理机构的名称、地址、联系人及联系方式；

6）采用电子招标投标方式的，潜在投标人访问电子招标投标交易平台的网址和方法；

7）其他依法应当载明的内容。

（5）发售资格预审文件或招标文件

《中华人民共和国招标投标法实施条例》规定，招标人应当按照资格预审公告、招标公告或者投标邀请书规定的时间、地点发售资格预审文件或者招标文件。资格预审文件或者招标文件的发售期不得少于 5 日。招标人发售资格预审文件、招标文件收取的费用应当限于补偿印刷、邮寄的成本支出，不得以营利为目的。依法必须进行招标的项目，自招标文件开始发出之日起至投标人提交投标文件截止之日止，最短不得少于 20 日。

如果招标人在招标文件已经发布之后，发现有问题需要进一步澄清或修改，应当在投标截止时间 15 天前，以书面形式修改招标文件，并通知所有已获取招标文件的投标人。如果修改招标文件的时间距投标截止时间不足 15 天，相应推后投标截止时间。

由于修正与澄清文件是对于原招标文件的进一步补充或说明，因此该澄清或者修改的内容应为招标文件的有效组成部分。

（6）资格审查

招标人可以根据招标项目本身的特点和要求，要求投标申请人提供有关资质、业绩和能力等的证明，并对投标申请人进行资格审查。资格审查分为资格预审和资格后审。资格预审是指招标人在招标开始之前或者开始初期，由招标人对申请参加投标的潜在投标人进行资质条件、业绩、信誉、技术、资金等多方面的情况进行资格审查；经认定合格的潜在投标人，才可以参加投标。

资格预审应当按照资格预审文件载明的标准和方法进行。资格预审结束后，招标人应当及时向资格预审申请人发出资格预审结果通知书。未通过资格预审的申请人不具有投标资格。通过资格预审的申请人少于 3 个的，应当重新招标。

招标人采用资格后审办法对投标人进行资格审查的，应当在开标后由评标委员会按照招标文件规定的标准和方法对投标人的资格进行审查。

（7）现场踏勘及标前会议

招标人根据招标项目的具体情况，可以组织潜在投标人踏勘项目现场。

标前会议也称为投标预备会或招标文件交底会，是招标人按投标须知规定的时间和地点召开的会议。标前会议上，招标人除了介绍工程概况以外，还可以对招标文件中的某些内容加以修改或补充说明，以及对投标人书面提出的问题和会议上即席提出的问题给以解答，会议结束后，招标人应将会议纪要用书面通知的形式发给每一个投标人。会议纪要和答复函件形成招标文件的补充文件，都是招标文件的有效组成部分，与招标文件具有同等法律效力。当补充文件与招标文件内容不一致时，应以补充文件为准。

（8）开标

《中华人民共和国招标投标法》规定，开标应当在招标文件确定的提交投标文件截止时间的同一时间公开进行；开标地点应当为招标文件中预先确定的地点。

开标由招标人主持，邀请所有投标人参加。开标时，由投标人或者其推选的代表检查投标文件的密封情况，也可以由招标人委托的公证机构检查并公证。经确认无误后，由工作人员当众拆封，宣读投标人名称、投标价格和投标文件的其他主要内容。开标过程应当记录，并存档备查。

（9）评标

评标活动应遵循公平、公正、科学、择优的原则，招标人应当采取必要的措施，保证评标在严格保密的情况下进行。评标委员会成员名单一般应于开标前确定，并应在中标结果确定前保密。评标委员会由招标人或其委托的招标代理机构熟悉相关业务的代表，以及有关技术、经济等方面的专家组成，成员人数为5人以上单数，其中技术、经济等方面的专家不得少于成员总数的2/3。评标委员会的专家成员应当从国务院有关部门或者省、自治区、直辖市人民政府有关部门提供的专家名册或者招标代理机构的专家库内的相关专业的专家名单中确定。一般招标项目可以采取随机抽取的方式，特殊招标项目可以由招标人直接确定。

评标分为评标的准备、初步评审、详细评审、编写评标报告等过程。

评标准备阶段的主要工作包括熟悉文件资料，评标委员会成员应认真研究招标文件，了解和熟悉招标目的、范围、主要合同条件、技术标准、质量标准和工期要求等，掌握评标标准和方法。同时对投标文件进行基础性数据分析和整理工作，即清标。

初步评审主要是进行符合性审查，即重点审查投标书是否实质上响应了招标文件的要求。审查内容包括：投标资格审查；投标文件完整性审查；投标担保的有效性；与招标文件是否有显著的差异和保留等。如果投标文件实质上不响应招标文件的要求，将作无效标处理，不必进行下一阶段的评审。另外还要对报价计算的正确性进行审查，如果计算有误，通常的处理方法是：大小写不一致的以大写为准；单价与数量的乘积之和与所报的总价不一致的应以单价为准；标书正本和副本不一致的，则以正本为准。这些修改一般应由投标人代表签字确认。

详细评审是评标的核心，是对标书进行实质性审查，包括技术评审和商务评审。技术评审主要是对投标书的技术方案、技术措施、技术手段、技术装备、人员配备、组织结构、进度计划等的先进性、合理性、可靠性、安全性、经济性等进行分析评价。商务评审主要是对投标书的报价高低、报价构成、计价方式、计算方法、支付条件、取费标准、价格调整、税费、保险及优惠条件等进行评审。

评标方法可以采用评议法、综合评分法或评标价法等，可根据不同的招标内容选择确定相应的方法。

评标结束应该推荐中标候选人。评标委员会推荐的中标候选人应当限定在1～3人，并标明排列顺序。依据2017年修订的《中华人民共和国招标投标法实施条例》，招标人根据评标委员会提出的书面评标报告和推荐的中标候选人确定中标人。招标人也可以授权评标委员会直接确定中标人，或者在招标文件中规定排名第一的中标候选人为中标人，并明确排名第一的中标候选人不能作为中标人的情形和相关处理规则。

（10）中标和签订合同

招标人应当自发出中标通知书之日起15日内，向有关行政监督部门提交招标投标情况的书面报告。

招标人和中标人应当自中标通知书发出之日起30日内，按照招标文件和中标人的投标文件订立书面合同。招标人和中标人不得再行订立背离合同实质性内容的其他协议。合同签订后7个工作日内，由招标人、中标人双方的合同备案人员完成合同备案手续。

建筑工程项目招标投标程序如图2-1所示。

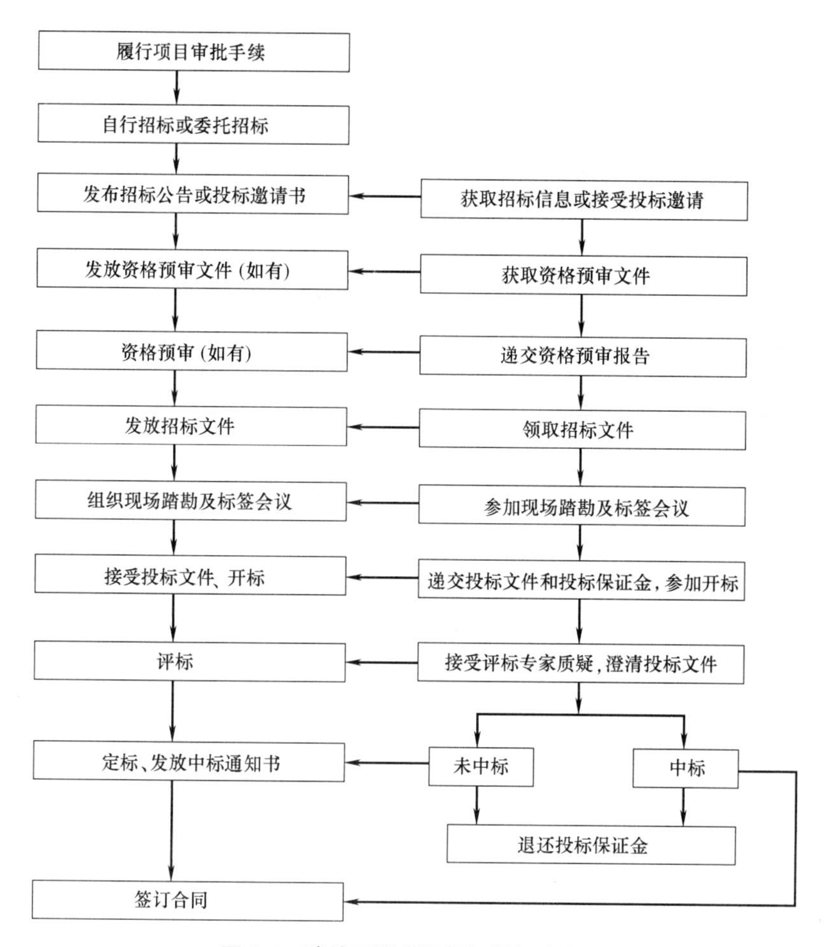

图 2-1 建筑工程项目招标投标流程图

任务 2.3 投标管理

2.3.1 投标管理概述

投标管理是指为实现中标目的，按照招标文件规定的要求向招标人递交投标文件所进行的计划、组织、指挥、协调和控制活动。

在招标信息收集阶段，投标主体应分析、评审相关项目风险，确认满足投标工程项目需求的能力。投标主体需在招标信息收集、分析过程中，围绕工程项目风险，确认是否自身有能力满足这些要求，否则应该放弃投标。

在项目投标前，投标主体应进行投标策划，确定投标项目。通过对投标项目需求进行分析，识别和评审与投标项目有关的要求，在完成评价相关风险及机遇后，编制投标计划。投标主体应根据招标和竞争需求编制投标文件，保证投标文件符合发包方的要求，实质响应招标文件的各项需求，经过评审后投标。投标过程应该符合招标文件及投标须知等相关文件的要求，并按照投标计划规范实施投标活动。中标后，投标主体应根据相关规定进行合同谈判，签订工程合同及办理相关手续。

2.3.2 施工投标

1. 研究招标文件

投标单位取得投标资格，获得招标文件之后的首要工作就是认真仔细地研究招标文件，充分了解其内容和要求，以便有针对性地安排投标工作。研究招标文件的重点应放在投标者须知、合同条款、设计图纸、工程范围及工程量表上，还要研究技术规范要求，看是否有特殊的要求。投标人应该重点注意招标文件中的以下几个方面问题：

(1) 投标人须知

投标人须知是招标人向投标人传递基础信息的文件，包括工程概况、招标内容、招标文件的组成、投标文件的组成、报价的原则、招标投标时间安排等关键的信息。

(2) 投标书附录与合同条件

这是招标文件的重要组成部分，其中可能标明了招标人的特殊要求，即投标人在中标后应享受的权利、所要承担的义务和责任等，投标人在报价时需要考虑这些因素。

(3) 技术说明

要研究招标文件中的施工技术说明，熟悉所采用的技术规范，了解技术说明中有无特殊施工技术要求和有无特殊材料设备要求，以及有关选择代用材料、设备的规定，以便根据相应的定额和市场确定价格，计算有特殊要求项目的报价。

(4) 图纸分析

图纸是确定工程范围、内容和技术要求的重要文件，也是投标者确定施工方法等施工计划的主要依据。

(5) 永久性工程之外的报价补充文件

永久性工程是指合同的标的物——建设工程项目及其附属设施，但是为了保证工程建设的顺利进行，不同的业主还会对承包商提出额外的要求。如对旧有建筑物和设施的拆除，工程师的现场办公室及其各项开支、模型、广告、工程照片和会议费用等。如果有的话，则需要将其列入工程总价中去，并弄清所有纳入工程总报价的费用方式，以免产生遗漏从而导致损失。

2. 进行各项调查研究

在研究招标文件的同时，投标人需要开展详细的调查研究，即对招标工程的自然、经济和社会条件进行调查，这些都是工程施工的制约因素，必然会影响到工程成本，是投标报价所必须考虑的，所以在报价前必须了解清楚。参加现场踏勘与标前会议，可以获得更充分的信息。投标调查研究的主要内容见表2-1。

投标调查研究的主要内容 **表2-1**

序号	项目	调查内容
1	市场宏观经济环境调查	投标工程实施有关的法律法规、劳动力与材料的供应状况、设备市场的租赁状况、专业施工公司的经营状况与价格水平等
2	工程现场考察和工程所在地区的环境考察	一般自然条件、施工条件及环境，如地质地貌、气候、交通、水电等的供应和其他资源、情况等

续表

序号	项目	调查内容
3	工程业主方的调查	业主、咨询工程师的情况，尤其是业主的项目资金落实情况
4	竞争对手公司的调查	参加竞争的其他公司与工程所在地的工程公司的情况，与其他承包商或分包商的关系

3. 复核工程量

工程量清单作为招标文件的组成部分，是由招标人提供的。工程量的大小是投标报价最直接的依据。复核工程量的准确程度，将影响承包商的经营行为：一是根据复核后的工程量与招标文件提供的工程量之间的差距，从而考虑相应的投标策略，决定报价裕度；二是根据工程量的大小采取合适的施工方法，选择适用、经济的施工机具设备、投入使用相应的劳动力数量等。复核工程量应注意以下几方面：

（1）投标人应认真根据招标说明、图纸、地质资料等招标文件资料，计算主要清单工程量，复核工程量清单。

（2）复核工程量的目的不是修改工程量清单，即使有误，投标人也不能修改招标工程量清单中的工程量，因为修改了清单将导致在评标时认为投标文件未响应招标文件而被否决。

（3）针对招标工程量清单中工程量的遗漏或错误，是否向招标人提出修改意见取决于投标策略。投标人可以向招标人提出由招标人统一修改并把修改情况通知所有投标人；也可以运用一些报价的技巧提高报价的质量，争取在中标后能获得更大的收益。

（4）通过工程量计算复核还能准确地确定订货及采购物资的数量，防止由于超量或少购等带来的浪费、积压或停工待料。

对于单价合同，尽管是以实测工程量结算工程款，但投标人仍应根据图纸仔细核算工程量，当发现相差较大时，投标人应向招标人要求澄清。

对于总价固定合同，更要特别引起重视，工程量估算的错误可能带来无法弥补的经济损失，因为总价合同是以总报价为基础进行结算的，如果工程量出现差异，可能对施工方极为不利。对于总价合同，如果业主在投标前对争议工程量不予更正，而且是对投标者不利的情况，投标者在投标时要附上声明：工程量表中某项工程量有错误，施工结算应按实际完成量计算。

承包商在核算工程量时，还要结合招标文件中的技术规范弄清工程量中每一细目的具体内容，避免出现在计算单位、工程量或价格方面的错误与遗漏。

4. 选择施工方案

施工方案是报价的基础和前提，也是招标人评标时要考虑的重要因素之一。有什么样的方案，就有什么样的人工、机械与材料消耗，就会有相应的报价。因此，必须弄清分项工程的内容、工程量、所包含的相关工作、工程进度计划的各项要求、机械设备状态、劳动与组织状况等关键环节，据此制定施工方案。

施工方案应由投标人的技术负责人主持制定，主要应考虑施工方法、主要施工机具的配置、各工种劳动力的安排及现场施工人员的平衡、施工进度及分批竣工的安排、安全措施等。施工方案的制定应在技术、工期和质量保证等方面对招标人有吸引力，同时又有利于降低施工成本。

5. 投标计算

投标计算是投标人对招标工程施工所要发生的各种费用的计算。在进行投标计算时，必须首先根据招标文件复核或计算工程量。作为投标计算的必要条件，应预先确定施工方案和施工进度。此外，投标计算还必须与采用的合同计价形式相协调。

6. 确定投标策略

正确的投标策略对提高中标率并获得较高的利润有重要作用。常用的投标策略又以信誉取胜、以低价取胜、以缩短工期取胜、以改进设计取胜或者以先进或特殊的施工方案取胜等。不同的投标策略要在不同投标阶段的工作中体现和贯彻。如在投标计算阶段采用不平衡报价法，在不提高总报价、不影响中标的前提下，结算时获得更理想的经济效益。

7. 正式投标

投标人按照招标人的要求完成标书的准备与填报之后，就可以向招标人正式提交投标文件。

(1) 投标文件的内容

投标文件应当对招标文件提出的实质性要求和条件做出响应。根据招标文件载明的项目实际情况，投标人如果准备在中标后将中标项目的部分非主体、非关键工程进行分包的，应当在投标文件中载明。在招标文件要求提交投标文件的截止时间前，投标人可以补充、修改或者撤回已提交的投标文件，并书面通知招标人。补充、修改的内容为投标文件的组成部分。

(2) 投标文件的送达

投标人应当在招标文件要求提交投标文件的截止时间前，将投标文件送达投标地点。招标人收到投标文件后，应当签收保存，不得开启。投标人少于 3 个的，招标人应当依照《中华人民共和国招标投标法》重新招标。

在招标文件要求提交投标文件的截止时间后送达的投标文件，招标人应当拒收。

(3) 联合体投标

两个以上法人或者其他组织可以组成一个联合体，以一个投标人的身份共同投标。联合体各方均应当具备承担招标项目的相应能力。国家有关规定或者招标文件对投标人资格条件有规定的，联合体各方均应当具备规定的相应资格条件。由同一专业的单位组成的联合体，按其资质等级较低的单位确定资质等级。

联合体各方应当签订共同投标协议，明确约定各方拟承担的工作和责任，并将共同投标协议连同投标文件一并提交给招标人。联合体中标的，联合体各方应当共同与招标人签订合同，就中标项目向招标人承担连带责任。

(4) 投标保证金与投标有效期

1) 投标保证金

投标人在递交投标文件的同时，当招标文件要求提交投标保证金的，应按规定的日期、金额、形式递交投标保证金，并作为其投标文件的组成部分。联合体投标的，其投标保证金由牵头人或联合体各方递交，并应符合规定。投标保证金除现金外，可以是银行出具的银行保函、保兑支票、银行汇票或现金支票。投标保证金的数额不得超过项目估算价的 2%，具体标准可遵照各行业规定。依法必须进行招标的项目的境内投标单位，以现金或支票形式提交的投标保证金应当从其基本账户转出。投标人不按要求提交投标保证金的，其投标文件应被否决。

出现下列情况的，投标保证金将不予返还：

① 投标人在规定的投标有效期内撤销或修改其投标文件；

② 中标人在收到中标通知书后，无正当理由拒签合同协议书或未按招标文件规定提交履约担保。

2）投标有效期

投标有效期是招标人对投标人发出的邀约作出承诺的期限，也是投标人就其提交的投标文件承担相关义务的期限。投标有效期的期限可根据项目特点确定，一般项目投标有效期为 60～90 天，大型项目为 120 天左右。投标保证金的有效期应与投标有效期保持一致。

出现特殊情况需要延长投标有效期的，招标人以书面形式通知所有投标人延长投标有效期。投标人同意延长的，应相应延长其投标保证金的有效期，但不得要求或被允许修改或撤销其投标文件的实质性内容；投标人拒绝延长的，其投标失效，但投标人有权收回其投标保证金。

（5）其他规定

投标人不得互相串通投标报价，不得排挤其他投标人的公平竞争、损坏招标人或其他投标人的合法权益。投标人不得与招标人串通投标，损害国家利益、社会公共利益或者他人的合法权益。投标人不得以低于成本的报价竞标，也不得以他人名义投标或者以其他方式弄虚作假，骗取中标。禁止投标人以向招标人或评标委员会成员行贿的手段谋取中标。

任务 2.4 BIM 技术在采购与投标管理中的应用

2.4.1 BIM 技术平台的采购管理

根据文献调查，电子采购的使用平台能够减少超过 3%的公众支出。这可能主要是因为电子采购有助于降低复杂性，提高竞争力和透明度，并创造一个集成电子环境以支持管理和监督合同的工具。在完全集成且无纸化的背景下，这将减少行政工作，加快市场信息效率。

在过去的十年中，BIM 作为一个新方法，在不同阶段促进了不同企业之间建设项目的更多有效合作，并在建筑过程中更有效地利用资源，减少由于缺乏信息沟通而导致的错误；这支持更准确的决策和采购策略循环，并加强更有效的协作规划、协同设计、综合决策、方案分析、产品比较、文档自动化、过程自动化、合同管理和绩效管理。这与传统的电子采购方法有所不同，不再需要每个公司打印和重新创建自己的信息模型，有助于减少建设项目的分散化。基于 BIM 的电子采购，信息能跨过应用程序更无缝地流动于采购流程中的各种代理商。例如，承包商希望购买特定产品，它可以选择该产品（或相关元素）在 BIM 模型中使用电子平台。供应商可以从 BIM 模型中获得所有详细信息，包括了每个元素相关的工作结果或产品标识（或产品类型）以及需要采购的时间，都能够通过模拟的组织施工工序中得出。

电子平台需要与 BIM 总服务器链接，之后只需要发送“请求信息”或“索取报价”，材料供应商就可以清晰明了地看到所需要的材料以及需要的时间，大大减少传统材料采购的人力和时间成本。同样，投标人也可以使用 BIM 的投标书模型作为采购依据。

但是，基于 BIM 电子采购这一平台，BIM 模型是唯一的存储库，包含了所有的信息。因此，作为参与采购过程的各种代理商可能会重复使用到 BIM 元素。因此，维护好以 BIM 模型为中心的采购流程之间的统一信息产品型号、数量、产品描述和合同安排，保障买方和供应商所使用信息的完整性和可靠性十分必要，减少由于信息操作不当而产生的损失。此编辑需要目前的专业技术支持才能将各种信息集整合纳入基于 BIM 的采购中处理。

2.4.2 BIM 技术平台的招标投标管理

虽然基于 BIM 技术的建筑设计、预算及施工各阶段的管理软件相对成熟，但在项目的采购与招标投标阶段还无法实现数据无损传递，不能将 BIM 软件与建筑本身相结合。虽然建设单位使用 BIM 软件进行招标投标阶段管理仍需要一定缓冲时期，但通过 BIM 技术管理建设项目招标投标阶段将成为必然趋势。

1. BIM 技术在招标投标管理中的应用现状

（1）英国现状

英国使用各种招标平台购买模型，而另一些则由市议会或政府计划创建，可以免费使用。英国的招标平台感觉更通用，并非完全适合建筑行业使用（不适用于任何形式的合同）。这里的一个例子是“肯特商业门户”，该网站的注册是免费的，并且可以访问不同的招标机会（甚至在建筑行业之外）。肯特商业门户网站中一个招标机会的屏幕截图如图 2-2 所示。

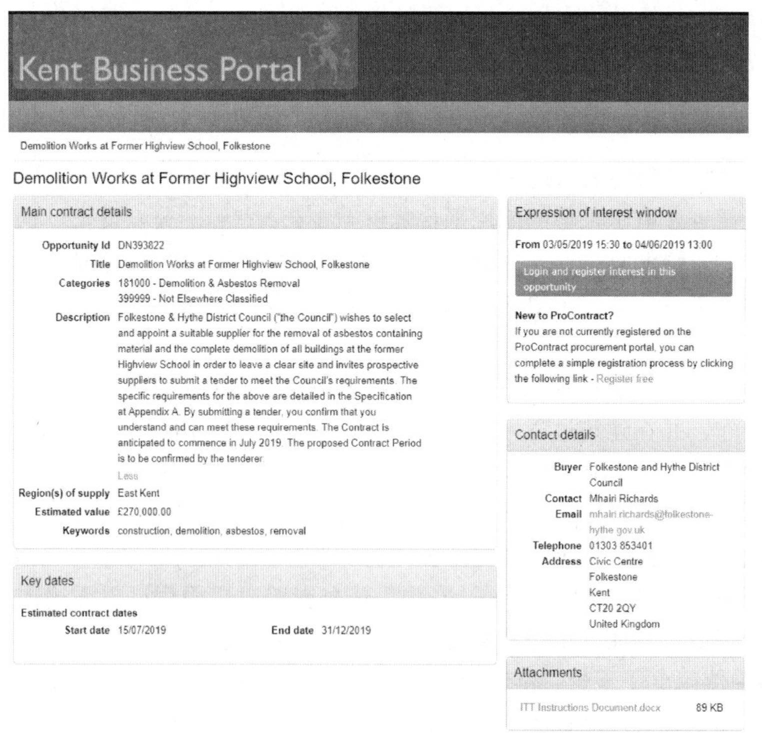

图 2-2 肯特商业门户网站的招标机会

其他类似的平台也有此项功能，但这些平台没有通过其界面显示出 BIM 动机的任何迹象。该平台看起来已经过时了，不支持任何形式的协作，也不打算以任何方式用于此目的。如：Competefor. com、Ted. europa. eu-Publiccontractsscotland. gov. uk 等。

（2）美国现状

根据调查，确定了数十个具有不同区域覆盖范围的不同 Builders Exchange（建筑企业交换）平台，例如：在南达科他州苏福尔斯等地区运营的 Sioux Falls Builders Exchange。为了进行这项研究，只有相对于 Buildworks Canada 的相关比较，才能识别出重要的建筑商交流平台。所识别的大多数 Builders Exchange 平台均为私人所有，并以营利为目的开展业务。

虚拟建筑商交易所（VBE）是美国最成熟的建筑商交易所平台之一。VBE 被认为是德克萨斯州商业建筑潜在客户的第一大来源。这些信息经过合并，并通过成员资格提供给建筑专业人员，该成员资格提供了针对个性化需求定制的一组服务的访问权限。VBE 当前的主要卖点之一是虚拟计划室，它在全州范围内显示投标机会，可以无限制地访问所有计划、规格和附录以及有关项目（和项目变更）的每日电子邮件更新。这包括在预投标/设计阶段的访问项目，包括项目名称、位置、工作范围、所有者、设计团队（如果适用）和设计状态。

（3）新加坡现状

新加坡政府电子商务网站（GeBIZ）是新加坡政府设置和更新的所有招标机会的参考平台；但是，该网站非常基础，只有基本的机会来搜索出价机会并为其竞标。使用该网站进行不同的建设项目无需会员资格。该网站未显示 BIM 集成或潜在集成的迹象。当然也有其他的平台可以使用，但基本上 GeBIZ 是新加坡的主要招标平台。

（4）中国现状

近年来，国家出台了一系列政策推动 BIM 技术在建筑行业的全过程应用。2015 年 6 月，住房和城乡建设部发布《推进建筑信息模型应用指导意见》（建资函〔2015〕159 号文），要求到 2020 年末，新立项项目勘察设计、施工、运维中，集成应用 BIM 的项目比率达到 90%；在招标、工程变更、竣工结算等各个阶段，利用 BIM 进行工程量及造价的精确计算，并作为投资控制的依据。各级地方政府近几年也纷纷出台相关政策推动 BIM 技术应用，例如：2016 年 5 月开始，重庆市城乡建设委员会发布《关于加快推进建筑信息模型（BIM）技术应用的意见》（渝建发〔2016〕28 号文）。要求 2017 年起，本市建筑面积 3 万 m^2 以上的单体公共建筑在设计阶段必须采用 BIM 技术等。

与此同时，国家也致力于 BIM 标准的体系建立。住房和城乡建设部已相继发布《建筑信息模型应用统一标准》GB/T 51212—2016、《建筑信息模型施工应用标准》GB/T 51235—2017、《建筑信息模型设计交付标准》GB/T 51301—2018，各省住房和城乡建设主管部门也相继出台相关标准，可以看出国家及各级地方政府正在积极建立 BIM 技术标准体系。完善的 BIM 技术标准体系应包含 BIM 技术的收费标准、模型标准和应用标准，并配有相应的政策支持与考核。

2018 年 5 月 16 日 15 点 06 分，全国首个应用 BIM 技术的电子招标投标项目“万宁市文化体育广场—体育广场项目体育馆、游泳馆工程”项目在海南省人民政府政务服务中心顺利完成开评标工作。该项目评标会顺利完成标志着电子招标投标正式进入三维模型时代，实现了从电子招标投标到可视化、智能化的变革。

2. BIM 技术平台的招标投标管理优势

利用 BIM 技术，基于三维场景能够直观地对项目进行方案展示和论证，让评标专家的评审深度和质量得到进一步提升，使得招标方能够选用最适用的投标方案。而且在 BIM 标书编制过程中，基于模型、进度、成本的数据关联，能够设置各项埋点数据，以此作为 BIM 标书清标检查要点，可以极大地遏制围标串标行为，提升招标投标行为监管力度。在招标投标过程中，如果从项目之初，招标阶段即存在 BIM 模型，投标方只需从招标人提供的 BIM 模型快速获取工程量信息，同招标文件的工程量清单相比较，能够制定更好的投标策略，保证工程量清单的全面和精确，促进投标报价更加科学，减少报价人员和标书制作人员的重复劳动，提高招标投标管理的精细化程度，降低各方风险，提高招标投标的质量和效率。

传统的招标投标过程中，建设方会提供详细的项目信息和图纸等，投标方负责处理这些信息，然后提供一个详细的投标技术方案给建设方。如果能够合理地利用 BIM 技术，通过所建立的模型，就能够对施工方案的技术可行性、工期、质量等方面进行十分直观的立体展示，尤其在工艺介绍方面，传统的施工方案很难用文字进行清晰表达，借助 BIM 的虚拟现实的技术优势，能够使招标单位一目了然，容易获得专家认可，也使招标人可以快速进行多投标方案的对比分析，总结方案优缺点，择优选择合适的投标人。

通过 BIM 技术所搭建的建筑模型，可以快捷地进行施工模拟与资源优化，进而实现资金的合理化使用与计划。通过成本与进度的关联，可以将建筑模型与进度计划相结合，模拟出每个阶段所对应的资金与资源，实现合理选择的进度计划安排，进而自动快速计算出人工、材料、机械设备等资源利用情况及相应的资金用量计划。有助于投标单位在投标阶段合理制订施工措施，准确预测材料采购和工程造价，有竞争性地给出相应投标工程的投标报价等信息，使建设单位能更清晰地了解所见工程资源与资金的使用情况，帮助投标单位提升投标竞争性优势。

我国 BIM 技术虽然起步较晚，但投标阶段的 BIM 应用正在得到国家的大力支持。住房和城乡建设部明文规定，采用 BIM 技术的招标文件应明确要求，并设置加分。地方政府也有相关鼓励政策，比如在上海，投资额在 2 亿元以上，建设面积在 2 万 m^2 以上的项目都必须使用 BIM。而且技术标的一方要想中标，“技术标”非常关键，尤其是很多难度高的工程。应用 BIM 技术，很大程度上提高了中标的可能性。

3. BIM 技术平台的招标投标管理挑战

然而，目前市场上的 BIM 技术运用远远未达到成熟阶段，还有很多技术难题和漏洞，致使在采购与招标投标的过程中质量不易把控。当下 BIM 软件种类繁多，虽然现在市场占有率最高的建模软件是 Revit，但各软件之间的兼容性不理想，构件及数据的丢失时有发生。我国的 BIM 标底制定缺乏依据，各 BIM 咨询单位在制定应用实施流程、模型标准、交付标准和服务水平有很大不同，良莠不齐，收费也没有统一的标准，导致 BIM 招标结果不容易把握和控制。成果交付无法达到统一的验收标准。

与此同时，国家也并未出台明确的 BIM 投标单位和人员资质，也没有足够数量和足够专业的 BIM 人才。对于在国内应用不久的 BIM 技术，其本身的实施应用还不成熟，BIM 专家匮乏，相对应的 BIM 评标专家库也需要很长的时间去建立。评标专家的人员资质和专业能力都是需要有成熟的一套评价标准和详细说明的。然而目前的 BIM 专家主要是由 BIM 技术研究的前沿人员或者是行业内及高校的专家学者组成，导致 BIM 标准不统一，评标缺乏依据，结果也就缺乏说服力。

BIM 技术毕竟是一项新技术，绝大多数建筑业从业人士还不了解，大多数管理人员还不能熟练掌握使用，同时 BIM 技术的软件使用费用昂贵，使用成本较高。而且由于应用软件很多都是根据国外建筑使用标准引进而来的，与我国自己的建筑相关专业的规范不相适应，使用时需要来回调整，浪费大量时间。

习　题

一、单项选择题（每题的备选项中，只有 1 个最符合题意）

1. 下列不属于采购人职能的是（　　）。

A. 编制采购文件　　B. 编制采购管理制度

C. 编制投标文件　　D. 编制采购管理工作程序

2. 公开招标亦称无限竞争性招标，是指招标人以（　　）的方式请不特定的法人或者其他组织投标。

A. 投标邀请书　　B. 合同谈判

C. 行政命令　　D. 招标公告

3. 投标文件编制完成经核对无误后，由（　　）签字密封加盖公章后在投标截止日前送达招标人指定地点，并取得收讫证明。

A. 招标代理负责人　　B. 项目经理

C. 招标办公室负责人　　D. 投标人法人代表

4. 投标文件中的大写金额和小写金额不一致的，应（　　）。

A. 以小写金额为准　　B. 以大写金额为准

C. 由投标人确认　　D. 评标专家协商确认

5. 在（　　）的时间内，投标人不能撤回投标文件，否则其投标保证金将予没收。

A. 投标截止日前　　B. 投标有效期内

C. 签订合同后　　D. 投标有效期后

6. 招标人和中标人应当自中标通知书发出之日起（　　）日内，按照招标文件和中标人的投标文件订立书面合同。

A. 30　　B. 20

C. 15　　D. 7

二、多项选择题（每题的备选项中，有 2 个或 2 个以上符合题意，至少有 1 个错项）

1. 在招标投标过程中，对投标人的资格审查方式有（　　）。

A. 资格预审　　B. 资格后审

C. 资格评审　　D. 资格中审

E. 评标

2. 评标分为下列哪几个阶段（　　）。

A. 评标的准备　　B. 初步评审

C. 详细评审　　D. 标前会议

E. 编写评标报告

3. 投标人在进行工程量清单报价时，应根据招标人提供的工程量清单填报，其（　　）必须与招标人提供的一致。

A. 项目名称　　B. 项目编码

C. 计量单位　　D. 工程量

E. 工程内容

4. 下列选项中，投标保证金将不予返还的有（　　）。

A. 投标人在规定的投标有效期内撤销或修改其投标文件

B. 中标人在收到中标通知书后，无正当理由拒签合同协议书

C. 已提交投标保证金的投标人在投标截止日期之后撤回投标文件的

D. 中标人在收到中标通知书后，未按招标文件规定提交履约担保

E. 招标人提出延长投标有效期，投标人拒绝延长的

三、案例分析题

背景：

某办公楼建设项目，业主委托具有相应招标代理和造价咨询资质的机构编制了招标文件和招标控制价，并采用公开招标方式进行项目施工招标。该项目招标公告和招标文件中的部分规定如下：

（1）招标人不接受联合体投标；

（2）投标人必须是国有企业或进入开发区合格承包商信息库的企业；

（3）投标人报价高于最高投标限价和低于最低投标限价的，均按废标处理；

（4）投标保证金的有效期应当超出投标有效期30天。

在项目投标及评标过程中发生了如下事件：

事件1：投标人B在投标截止前10分钟以书面形式通知招标人撤回已递交的投标文件，并要求招标人5日内退还已经递交的投标保证金。

事件2：投标人A在对设计图纸和工程量清单复核时发现分部分项工程量清单中某分项工程的特征描述与设计图纸不符。

问题：

1. 根据《招标投标法》及其实施条例，逐一分析项目招标公告和招标文件中（1）～（4）项规定是否妥当，并分别说明理由。

2. 招标人对事件1应如何处理，并说明理由。

3. 事件2中，投标人A应当如何处理？

习题参考答案：

任务 3

建设工程施工合同管理

建设工程施工合同管理作为工程项目管理的重要组成部分，已经成为与质量管理、进度管理、成本管理并列的管理职能，也是最复杂的合同，具有持续时间长、标的物复杂、价格高的特点。建设施工合同管理贯穿于合同订立、履行、变更、违约索赔、争议处理、终止或结束的全部活动的管理，为项目总目标和企业总目标服务，保证项目总目标和企业总目标的实现。

任务 3.1　施工合同的组成与内容

3.1.1　施工合同的组成

建设工程施工合同即发包人与承包人为完成商定的建设工程项目的施工任务明确双方权利义务关系的协议。

建设工程施工合同有施工总承包合同和施工分包合同之分。

施工总承包合同的发包人是建设工程的建设单位或取得建设工程总承包资格的工程总承包单位，在合同中一般称为业主或发包人。施工总承包合同的承包人是承包单位，在合同中一般称为承包人。

施工分包合同又有专业工程分包合同和劳务作业分包合同之分。施工分包合同的发包人一般是取得施工总承包合同的承包单位，在分包合同中一般仍沿用施工总承包合同中的名称，即仍称为承包人。而分包合同的承包人一般是专业化的专业工程施工单位或劳务作业单位，在分包合同中一般称为分包人或劳务分包人。

3.1.2　施工合同内容

住房和城乡建设部和国家工商行政管理总局于 2017 年颁发了修改的《建设工程施工合同（示范文本)》GF—2017—0201，自 2017 年 10 月 1 日起执行。该文本适用于房屋建筑工程、土木工程、线路管道和设备安装工程、装修工程等建设工程的施工承发包活动。

1. 施工合同示范文本的一般组成

（1）合同协议书

合同协议书主要包括工程概况、合同工期、质量标准、签约合同价和合同价格形式、项目经理、合同文件构成、承诺以及合同生效条件等重要内容，集中约定了合同当事人基本的合同权利义务。

（2）通用合同条款

通用合同条款是合同当事人根据法律法规的规定，就工程建设的实施及相关事项，对合同当事人的权利义务作出的原则性约定。

（3）专用合同条款

专用合同条款是对通用合同条款原则性约定的细化、完善、补充、修改或另行约定的条款。

构成施工合同文件的组成部分，除了合同协议书、通用合同条款和专用合同条款以外，一般还应该包括：中标通知书、投标书及其附件、有关的标准、规范及技术文件、图纸、工程量清单、工程报价单或预算书等。组成合同的各项文件应互相解释，互为说明。除专用合同条款另有约定外，解释构成合同文件的优先顺序如下：

1）合同协议书；

2）中标通知书；

3）投标函及其附录；

4）专用合同条款及其附件；

5）通用合同条款；

6）技术标准和要求；

7）图纸；

8）已标价工程量清单或预算书；

9）其他合同文件。

2. 施工合同示范文本的主要内容

（1）词语定义与解释；

（2）合同双方的一般权利和义务，包括代表业主利益进行监督管理的监理人员的权利和职责；

（3）工程施工的进度控制；

（4）工程施工的质量控制；

（5）工程施工的费用控制；

（6）施工合同的监督与管理；

（7）工程施工的信息管理；

（8）工程施工的组织与协调；

（9）施工安全管理与风险管理等。

任务 3.2 施工合同的评审、谈判与订立

3.2.1 施工合同的评审

施工合同订立前，应进行合同评审，完成对合同条件的审查、认定和评估工作。

1. 合同评审的事项和目的

（1）施工合同评审事项，一般包括合同主体的资信调查和工程建设项目评估两部分：

1）合同主体的资信调查，主要包括合同主体及其股东的注册登记情况、股权结构、财务状况、经营业绩、法律纠纷案件、行业声誉及以往履约记录等；

2）工程建设项目评估，主要包括项目的性质和类型、项目建设资金的来源及落实情况、项目前期报规报建手续、项目市场前景等。

（2）施工合同评审要实现以下目的：

1）保证合同条款不违反法律、行政法规、地方性法规的强制性规定，不违反国家标准、行业标准、地方标准的强制性条文。

2）保证合同权利和义务公平合理，不存在对合同条款的重大误解，不存在合同履行障碍。

3）保证与合同履行紧密关联的合同条件、技术标准、施工图纸、材料设备、施工工艺、外部环境条件、自身履约能力等条件满足合同履行要求。

4）保证合同内容没有缺项漏项，合同条款没有文字歧义、数据不全、条款冲突等情形，合同组成文件之间没有矛盾。通过招标投标方式订立合同的，合同内容还应当符合招标文件和中标人的投标文件的实质性要求和条件。

5）保证合同履行过程中可能出现的风险处于可以接受的水平。

（3）发包人与承包人对合同评审有不同的要求：

1）发包人在对合同文件进行评审时，除一般性评审内容外，更应重视对合同条款可执行性的评审。这是因为合同主要条款一般是发包人编制的，发包人在合同订立过程中处于主导地位。因此，在现实中，发包人往往会提出对自己有利的要求，例如：压低合同价格、压缩合同工期等。这种权利义务显失公平的合同条款从表面上看对发包人有利，但却很容易发生合同争议，反而影响了合同预期目标的实现，最终损害的是发包人的根本利益。

2）承包人在对合同文件进行评审时，要特别衡量自身是否具备相应的履约能力。在现实中，期望一切都得到发包人公平、公正、合理对待是不切实际的。特别是在招标投标活动中，不对招标文件的实质性要求和条件进行响应就会导致废标。所以，承包人要想顺利履行合同，就应当对自身履行合同的能力进行评审，尽量减少合同违约情形的发生。

2. 施工合同评审的工作内容

施工合同需要评审的文件一般包括：招标文件及工程量清单、招标答疑、投标文件及组价依据、拟定合同主要条款、谈判纪要、工程项目立项审批文件等。合同评审的主要内容为：

（1）施工合同合法性、合规性评审

合同必须建立在合法合规的基础上，否则会导致合同无效，或者因受到行政处罚而导致合同履行受阻。

（2）施工合同的合理性、可行性评审

施工合同的合理性评审，应当包括对合同结构是否合理、权利义务是否公平进行评审；合同的可行性评审，主要审查合同内容和条款是否可以正常有序履行。

（3）施工合同的严密性、完整性审查

合同的严密性评审，主要是审查合同每个条款是否具体明确，理解唯一，不产生歧义；条款之间是否存在矛盾、相互抵消等情形。

合同的完整性评审，包括对合同文件完整性和合同条款完整性的评审。

合同文件完整性评审，包括对合同文本、立项及规划审批文件、环境和水文地质资料、设计文件、技术标准和要求、工程量清单或预算书等合同文件的评审；合同条款完整性评审，包括合同条款是否缺失，对可能出现的情形是否都有约定，是否漏项等的评审。

（4）与工程项目有关的评审

所谓与工程项目有关要求的评审指对合同发承包内容以外的但却与合同履行紧密关联的已知或者可预见的外部因素、事件出现的评审。例如：相关政策或标准的变化、与合同履行有关的其他相关方的资信及履约能力变化等。这些情形虽然不是合同履行的主要内容，但这些情形一旦出现都会对合同订立及履行产生重要影响，因此都应当列入评审和预测的范畴。

（5）施工合同风险的评估

从生产经营以及对风险承担的角度，可以把风险分为经营风险和法律风险。

1）经营风险的评估

所谓经营风险，是指在经营活动中为了获得最大利润和效益而自愿加重责任，并通过自己的努力能够实现预定经营目标的情形。例如，承包人为争取工程中标，努力采用新工艺、新技术、新措施等来努力降低报价、缩短工期、提高施工质量，这就属于经营风险的范畴。其特点是：经营风险与可能获得的机会效益成正比，所谓“高风险高效益”一般指的就是经营风险；但经营风险与履约能力成反比，即履约能力越强，经营风险越低，反之就高。

2）法律风险的评估

所谓法律风险，是指在经营活动中出现的不受法律保护的行为，或者权利与义务极不平等、使自己始终处在只承担或多承担义务而不享有或少享有权利的情形。例如：订立无效合同、合同条款显失公平等，就属于法律风险的范畴。其特点是：法律风险一旦形成，就会使自己始终处于不利地位并且必然遭受损失，而且这种不利状况往往不能通过单方面继续履行合同予以避免。法律风险一旦形成，必须通过法律手段来解决。

所以，评估合同风险应当充分注意：经营风险可以适当承担，法律风险必须防范。在评审过程，合同双方应该针对任何不一致的问题进行持续的评价、评估，解决双方任何可能的不一致事项，直到合同双方的合同问题都已经有效解决，这样才能最终进入合同订立阶段。

3.2.2 施工合同的谈判

建设工程项目中标后，必须在法定时间内完成合同谈判与签订工作。就工程项目的资金、质量、技术、工期、承包方式以及原招标文件的相关规定，及时全面地与发包方进行合同谈判，在不违背法律法规的前提下，就双方的权利、义务、责任和诉求达成一致，为工程项目的顺利实施提供保障。

1. 做好合同谈判的准备工作

工程合同具有标的物特殊、周期长、条款多、内容繁杂、涉及面广的特点。应做好以下方面的准备工作：

（1）谈判人员的组成

工程合同谈判一般由三部分人员组成：一是掌握建筑法律法规的相关人员，保证签订的合同能符合国家的法律法规与政策，把握合同合法的正确方向，平等地确立合同当事人的权利和义务，避免合同无效、合同被撤销等情况。二是懂得工程技术方面知识的人员，通过对建筑工程技术特点的分析，运用丰富的施工经验，采取科学、合理的组织管理，保障项目设计意图的实现，保障工程质量、进度既定目标的完成。三是懂得工程经济方面知识的人员，保障公平合理的利润。

（2）注重项目相关的资料收集工作

谈判准备工作中要提前掌握合同对方、项目的各种基础资料、背景资料。包括对方的资信状况、履约能力、发展阶段、已有业绩，以及工程项目的由来、土地获得情况、项目目前的进展、资金来源等。

（3）制定谈判策略

通过对业主、建筑工程项目、竞争对手的情况搜集和整理，结合当时市场情况以及自身发展状况，制定本单位的谈判策略。

2. 谈判过程中需要灵活机动

谈判过程是一个逐步妥协的过程，只有彼此考虑双方的关切，才能达成一致的意见。

3. 谈判的主要内容

（1）关于工程内容和范围的确认

招标人和中标人可就招标文件中的某些具体工作内容进行讨论，修改、明确或细化，从而确定工程承包的具体内容和范围。

对于为监理工程师提供的建筑物、家具、车辆以及各项服务，也应逐项详细地予以明确。

（2）关于技术要求、技术规范和施工技术方案

双方尚可对技术要求、技术规范和施工技术方案等进行进一步讨论和确认，必要的情况下甚至可以变更技术要求和施工方案。

（3）关于合同价格条款

依据计价方式的不同，建设工程施工合同可以分为总价合同、单价合同和成本加酬金合同。一般在招标文件中就会明确规定合同将采用什么计价方式，在合同谈判阶段往往没有讨论的余地。但在可能的情况下，中标人在谈判过程中仍然可以提出降低风险的改进方案。

（4）关于价格调整条款

对于工期较长的建设工程，容易受货币贬值或通货膨胀等因素的影响，可能给承包人造成较大损失。价格调整条款可以比较公正地解决这一承包人无法控制的风险损失。无论是单价合同还是总价合同，都可以确定价格调整条款，即是否调整以及如何调整等。

（5）关于合同款支付方式的条款

建设工程施工合同的付款分四个阶段进行，即预付款、工程进度款、最终付款和退还质量保证金。关于支付时间、支付方式、支付条件和支付审批程序等有很多种可能的选择，并且可能对承包人的成本、进度等产生比较大的影响，因此，合同支付方式的有关条

款是谈判的重要方面。

（6）关于工期和维修期

中标人与招标人可根据招标文件中要求的工期，或者根据投标人在投标文件中承诺的工期，并考虑工程范围和工程量的变动而产生的影响来商定一个确定的工期。同时，还要明确开工日期、竣工日期等。双方可根据各自的项目准备情况、季节和施工环境因素等条件洽商适当的开工时间。

双方应通过谈判明确，由于工程变更（业主在工程实施中增减工程或改变设计等）、恶劣的气候影响，以及种种“作为一个有经验的承包人无法预料的工程施工条件的变化”等原因对工期产生不利影响时的解决办法，通常在上述情况下应该给予承包人要求合理延长工期的权利。

合同文本中应当对维修工程的范围、维修责任及维修期的开始和结束时间有明确的规定。对于具有较多的单项工程的建设工程项目，可在合同中明确允许分部位或分批提交业主验收，并从该批验收时起开始计算该部分的维修期，以缩短承包人的责任期限，最大限度保障自己的利益。承包人应该只承担由于材料和施工方法及操作工艺等不符合合同规定而产生的缺陷。承包人在谈判过程中应力争以维修保函来代替业主扣留的质量保证金。

（7）合同条件中其他特殊条款的完善

主要包括：关于合同图纸；关于违约罚金和工期提前奖金；工程验收以及衔接工序和隐蔽工程施工的验收程序；关于施工占地；关于向承包人移交施工现场和基础资料；关于工程交付；预付款保函的自动减额条款等。

3.2.3 施工合同的订立

企业在合同的签订管理阶段，通常有严格的管理制度和流程，发包人和承包人在完成合同评审和谈判结果的基础上，按程序和规定订立合同。通常是由合约管理部门牵头负责召集本企业的工程、技术、质量、资金、财务、劳务、物资、法律部门，按照本企业的管理标准对合同的各项条款（俗称管理底线）进行评审，对风险做出判断，并做出实质性结论性意见。综合意见上报企业主管领导，按照管理权限确定是否批准签约。

1. 签约前的准备工作

（1）保持待签合同与招标文件、投标文件的一致性。

（2）尽量采用当地行政部门制定的通用合同示范文本，完整填写合同内容。采用当地行政部门制定的通用合同示范文本，具有规范性、程序性、系统性、实用性、平等性、合法性，做到内容详尽、条理清晰、责权明晰。由于经济和工程项目的复杂性，示范文本的通用条款未将合同进一步细分，因此需要在专用条款中进一步明确相关细节。

（3）审核合同的主体：

1）发包方。主要应了解两方面内容：①主体资格，发包方一般为房地产开发企业或建筑企业，其相关资质信息均可登录当地市建设委员会网站查询。②建设相关手续是否齐全，例如：建设用地是否已经批准，是否列入投资计划等。③履约能力，发包方的实力、已完成的工程、市场信誉度等。需要注意的是，发包方分支机构（项目部、未领取营业执照的分公司）不能对外签订合同，如前期是与这些分支机构接洽，在签订正式合同时应要求法人单位盖章。

2）承包方。建筑市场有严格的准入门槛，具备一定的资质才能在其范围内承揽工程。严禁用出借资质、挂靠方式承揽工程。

（4）谨慎填写合同细节条款：

1）招标工程的合同价款由发包人、承包人依据中标通知书中的中标价格在协议书内约定。非招标工程合同价款由发包人、承包人依据工程预算在协议书内约定。最高人民法院《关于审理建设工程施工合同纠纷案件适用法律问题的解释》第二十一条规定："当事人就同一建设工程另行订立的建设工程施工合同与经过备案的中标合同实质性内容不一致的，应当以备案的中标合同作为结算工程价款的依据。"备案的合同内容也必须与招标文件保持一致。

2）专用条款中承包人工作与发包人工作部分。由于这两项是双方的义务，其是否正确填写将影响工程造价，应在认真阅读通用条款中的对应内容后再填入专用条款。

3）实事求是填写双方现场管理代表的责权。在专用条款中应对发包人、承包人派驻现场的工程师的职责、权限做出明确约定，以便于及时处理施工过程中发生的各种问题，避免因为职责不清、责任不明造成纠纷从而影响工程项目的履约。

4）合同价款。合同价款是双方共同约定的条款，是承包方的利益所在，价款数额及付款日期应当明确具体。同时要注意：

① 采用固定价格应注意明确包干价的种类，如采用总价包干、单价包干，还是部分总价包干，以免在履约过程中发生争议。

② 采用固定价格必须把风险范围约定清楚。

③ 应当把风险费用的计算方法约定清楚。双方应约定一个百分比系数，也可采用绝对值法。

④ 约定支付方式。例如按月实际完成工作量的百分比支付、按照完成工程节点支付等。

⑤ 竣工结算方式和时间的约定。以避免结算工作遥遥无期。

⑥ 工期条款。考虑到实践中因为工期的开始日期与交付日期出现差异，造成发包人和承包人进行工期和费用的索赔与反索赔。因此在合同签订时对开竣工时间标准、影响工期需承担的责任予以具体明确。

⑦ 违约条款。按照发包人、承包人的责任和义务确定违约金与赔偿金。明确约定具体数额和具体计算方法，要越具体越好，具有可操作性，以防止事后产生争议。

2. 施工合同签约

（1）应当在法定或者约定期限内签订书面合同。根据《中华人民共和国招标投标法》规定，招标人和中标人应当自中标通知书发出之日起 30 日内订立书面合同。

（2）依照规定提交招标投标情况报告书，进行合同备案：

1）招标人提交招标投标情况书面报告。依法必须进行招标的项目，招标人应当自发出中标通知书之日起 15 日内，向有关行政监督部门提交招标投标情况的书面报告。

2）中标人进行合同备案。招标人和中标人订立书面合同后 7 日内，中标人应当将合同送县级以上工程所在地的建设行政主管部门备案。

3. 合同订立的形式

（1）建设工程施工合同应当采用书面形式订立。包括合同谈判成果等也应以"合同补遗”或“会议纪要”等书面方式作为合同附件，并明确它是构成合同的一部分。

（2）订立合同应当由法定代表人或者授权的委托代理人签字或盖章。合同主体是法人或者其他组织的，应当加盖单位印章。授权的委托代理人签署合同的，其交验的身份证明文件和授权委托文件应当作为合同附件。

任务3.3 施工合同的实施计划、实施控制与合同管理总结

3.3.1 施工合同的实施计划

1. 合同实施计划及其责任主体

合同实施计划，是根据合同约定和法律规定，合同责任主体将合同总体目标以及权利义务等内容进行层次化、专业化、岗位化分解，落实到具体部门和人员的实施方案。

为了保证工程质量、安全、进度和造价的合同总体目标的实现，《中华人民共和国建筑法》以及相关法律对各方当事人在建设工程合同中的主体责任做了明确规定。施工单位对建设工程的施工质量和本单位的安全生产负责。建筑工程总承包单位按照总承包合同的约定对建设单位负责；分包单位按照分包合同的约定对总承包单位负责。总承包单位和分包单位就分包工程对建设单位承担连带责任。

2. 施工合同实施计划的内容

（1）合同实施总体安排

承包人应当根据法律规定和合同约定编制合同实施总体计划。承包人是工程项目承包合同实施计划的编制和实施单位。其中，施工单位应当编制《施工组织设计》，它是施工单位规划指导建筑工程投标、签订承包合同、施工准备和施工全过程的全局性的技术经济管理文件，具有组织、规划（计划）和指挥协调控制功能。施工单位应当根据《施工组织设计》编制合同实施总体计划；勘察、设计单位也要根据《施工组织设计》安排后续勘察、设计合同服务工作。

（2）合同分解与分包策划

1）合同分解

施工合同在履行前，需要进行施工方案制定、现场布置、进度计划、劳动力安排、材料供应、施工机械选用、安全生产措施、成本控制等诸多专业工作，还要与建设、勘察、设计、监理、供应商等进行协调，因此，只有对合同进行层次化、专业化、岗位化分解，将合同实施计划落实到具体部门和人员，才能实现合同目标。

2）分包策划

分包合同策划是总包单位对于需要进行分包的工程进行的策划。分包合同既是一个独立合同，又是总包合同的组成部分。因此，应当将分包合同的实施计划纳入合同实施总体计划，统一安排，统一协调。

（3）合同实施保障体系的建立

1）建立沟通协调机制。业主、勘察、设计、施工、监理、供应商之间应建立沟通协调机制，保证各方的合同计划顺利实施。

2）落实合同责任。合同主体将分解后的合同实施计划分解落实到各层级、部门、项目部、人员或分包商，使他们对合同实施工作计划、各自责任等有详细具体了解。

3）建立合同实施工作程序。对于经常性工作应订立工作程序，有章可循，如请示报告程序、批准程序、检查验收程序、合同变更洽商程序、款项支付申报审批程序、索赔程序等，将其落实到具体部门和人员。

4）建立报告和行文制度。合同主体之间的沟通都应以书面形式进行，或以书面形式作为最终依据，这既是合同的要求，也是法律的要求，更是工程管理的需要。

5）建立合同文档管理系统。由合同管理人员负责各种合同资料和工程资料的收集、整理和保存工作。同时应建立合同文件编码系统和文档系统，便于查询和共享信息。

6）制定合同奖罚制度。

3. 合同实施计划的编制

应当自上而下安排任务和实施重点，然后自下而上提出各自的实施条件及预计困难，再汇总平衡协调后形成完整合同实施计划，并经过批准后实施。

4. 分包合同实施应符合法律法规和总包合同的约定

按照相关法律规定，除工程主体部分外，总承包单位对其承包的建设工程，可以根据法律规定和合同约定将部分承包任务进行分包。承包单位应当与分包单位签订分包合同。对于需要进行分包的工程任务，应当事先经建设单位认可，或者在合同中明确约定允许分包范围，否则构成违法分包。

3.3.2 施工合同的实施控制

1. 概述

在合同的实施过程中，应按照依法履约、诚实信用、全面履行、协调合作、维护权益和动态管理的原则，严格执行合同，合同管理人员应全过程跟踪检查合同执行情况，收集、整理合同信息，针对合同执行过程出现的偏差，及时采取措施进行处理。

2. 合同分析

合同签订后，当事人必须从合同执行的角度分析、补充和解释合同的具体内容和要求，将合同目标和合同规定落实到合同实施的具体问题和具体时间上，用以指导具体工作，使合同能符合日常工程管理的需要，使工程按合同要求实施，为合同执行和控制确定依据。合同分析由企业的合同管理部门或项目中的合同管理人员负责。

3. 合同交底工作

在合同实施前，必须对项目管理人员和各工程小组负责人进行“合同交底”，即由合同管理人员在对合同的主要内容进行分析、解释和说明的基础上，通过组织项目管理人员和各个工程小组学习合同条文和合同总体分析结果，使大家熟悉合同中的主要内容、规定、管理程序，了解合同双方的合同责任和工作范围，各种行为的法律后果等，使大家都树立全局观念，使各项工作协调一致，避免执行中的违约行为。项目经理或合同管理人员应将各种任务或事件的责任分解，落实到具体的工作小组、人员或分包单位。

4. 施工合同跟踪检查

（1）合同跟踪的含义

合同签订以后，合同中各项任务的执行要落实到具体的项目经理部或具体的项目参与人员身上，承包单位作为履行合同义务的主体，必须对合同执行者（项目经理部或项目参与人）的履行情况进行跟踪、监督和控制，确保合同义务的完全履行。

施工合同跟踪有两个方面的含义。一是承包单位的合同管理职能部门对合同执行者（项目经理部或项目参与人）的履行情况进行的跟踪、监督和检查；二是合同执行者（项目经理部或项目参与人）本身对合同计划的执行情况进行的跟踪、检查与对比。在合同实施过程中二者缺一不可。

（2）合同跟踪检查的依据

合同跟踪的重要依据是合同以及依据合同而编制的各种计划文件；其次还要依据各种实际工程文件如原始记录、报表、验收报告等；另外，工程管理人员每天对现场情况的直观了解，如施工日志、现场巡视、谈话交流、现场会议、工作检查等。

（3）合同跟踪检查对象

1）承包的任务

① 工程施工的质量，包括材料、构件、制品和设备等的质量，以及施工或安装质量是否符合合同要求等；

② 工程进度，是否在预定期限内施工，工期有无延长，延长的原因是什么等；

③ 工程数量，是否按合同要求完成全部施工任务，有无合同规定以外的施工任务等；

④ 成本的增加和减少。

2）工程小组或分包人的工程和工作

可以将工程施工任务分解交由不同的工程小组或发包给专业分包完成，工程承包人必须对这些工程小组或分包人及其所负责的工程进行跟踪检查、协调关系，提出意见、建议或警告，保证工程总体质量和进度。对专业分包人的工作和负责的工程，总承包商负有协调和管理的责任，并承担由此造成的损失，所以专业分包人的工作和负责的工程必须纳入总承包工程的计划和控制中，防止因分包人工程管理失误而影响全局。

3）业主和其委托的工程师（监理人）的工作

① 业主是否及时、完整地提供了工程施工的实施条件，如场地、图纸、资料等；

② 业主和工程师（监理人）是否及时给予了指令、答复和确认等；

③ 业主是否及时并足额地支付了应付的工程款项。

5. 合同实施的偏差分析

通过合同跟踪，可能会发现合同实施中存在着偏差，即工程实施实际情况偏离了工程计划和工程目标，应该及时分析原因，采取措施，纠正偏差，避免损失。合同实施偏差分析的内容包括以下几个方面：

（1）产生偏差的原因分析

通过对合同执行实际情况与实施计划的对比分析，不仅可以发现合同实施的偏差，而且可以探索引起差异的原因。原因分析可以采用鱼刺图、因果关系分析图（表）、成本量差、价差、效率差分析等方法定性或定量地进行。

（2）合同实施偏差的责任分析

即分析产生合同偏差的原因是由谁引起的，应该由谁承担责任。责任分析必须以合同为依据，按合同规定落实双方的责任。

（3）合同实施趋势分析

针对合同实施偏差情况，可以采取不同的措施，应分析在不同措施下合同执行的结果与趋势，包括：①最终的工程状况，包括总工期的延误、总成本的超支、质量标准、所能达到的生产能力（或功能要求）等。②承包商将承担什么样的后果，如被罚款、被清算，甚至被起诉，对承包商资信、企业形象、经营战略的影响等。③最终工程经济效益（利润）水平。

6. 合同实施偏差处理

根据合同实施偏差分析的结果，承包商应该采取相应的调整措施，调整措施可以分为：

（1）组织措施，如增加人员投入，调整人员安排，调整工作流程和工作计划等；

（2）技术措施，如变更技术方案，采用新的高效率的施工方案等；

（3）经济措施，如调整投资计划、改变支付方式、加大经济奖励和惩罚力度等；

（4）合同措施，如变更合同内容、签订补充协议、提出合同索赔、追究违约责任，甚至终止合同等。

7. 合同中止

合同中止，是指在合同义务履行之前或履行过程中，由于某种客观情况的出现，使得当事人不能履行合同义务而只能暂时停止的情形。合同中止是在合同履行过程中经常发生的事件。例如：在施工合同中经常出现的暂停施工、暂停付款等合同中止情形。项目管理机构应控制和管理合同中止行为。

合同中止履行必须依照合同约定或者法律规定实施，否则构成违约要承担违约责任。

8. 合同争议解决

合同实施过程中产生争议时，应按下列方式解决：

（1）双方通过协商达成一致；

（2）请求第三方调解；

（3）按照合同约定申请仲裁或向人民法院起诉。

3.3.3　合同管理总结

合同总结，就是在合同终止后，对从合同订立、合同履行全过程的实践活动进行回顾、分析、评价，从中得出经验教训，探索规律，使得合同管理更加科学化、规范化、便捷实用。

1. 合同总结的内容

合同终止后应当进行合同总结。项目管理机构应进行项目合同管理评价，总结合同订立和执行过程中的经验和教训，提出总结报告。合同总结报告应包括下列内容：

（1）合同订立情况评价；

（2）合同履行情况评价；

（3）合同管理工作评价；

（4）对合同履行有重大影响的合同条款评价；

（5）其他经验和教训等。

合同总结的目的，在于验证制度的科学性和计划的合理性、找出自身缺陷和漏洞、总结经验教训、提出改进措施和方法、完善管理制度和改进工作计划，用以指导后续工作。

通过总结，发扬成绩，发现问题，并采用经济和行政手段，表扬和奖励先进，惩罚和批评落后，最终使得总结成果与每个人的利益相联系，让总结成果变为促进合同管理工作的推动力。

2. 合同档案的管理

（1）合同总结完成后，要按照各自职责进行合同资料的全面收集，统一归档；

（2）档案管理部门应当将归档的合同资料编制统一编号，制作电子文档，编写摘要及关键词，便于人们查询、研究和交流，让合同资料变成企业管理的宝贵资源。

任务 3.4 施工合同变更与索赔

3.4.1 施工合同变更

合同变更是指对原合同主体和内容的补充、修改、删减或者另行约定的合同行为。合同变更的范围很广，凡涉及生效合同内容或条款变化的，例如改变工程范围、工期进度、质量要求、价款结算、权利义务等合同条款的，都属于合同变更的范畴。由于施工合同变更对工程影响很大，会造成工期的拖延和费用的增加，容易引起双方的争执，所以要十分重视合同变更管理问题。

1. 合同变更范围

根据我国《建设工程施工合同（示范文本）》GF—2017—0201 第 10.1 条变更的范围，除专用合同条款另有约定外，合同履行过程中发生以下情形的，应按照本条约定进行变更：

（1）增加或减少合同中任何工作，或追加额外的工作；

（2）取消合同中任何工作，但转由他人实施的工作除外；

（3）改变合同中任何工作的质量标准或其他特性；

（4）改变工程的基线、标高、位置和尺寸；

（5）改变工程的时间安排或实施顺序。

2. 变更程序

工程变更一般按照如下程序进行：

（1）提出工程变更

根据工程实施的实际情况，承包商、业主方和设计方都可以根据需要提出工程变更。

（2）工程变更的批准

承包商提出的工程变更，应该交予工程师审查并批准；由设计方提出的工程变更应该与业主协商或经业主审查并批准；由业主方提出的工程变更，涉及设计修改的应该与设计单位协商，并一般通过工程师发出。工程师发出工程变更的权力，一般会在施工合同中明确约定，通常在发出变更通知前应征得业主批准。

（3）工程变更指令的发出及执行

为了避免耽误工程，工程师和承包人就变更价格和工期补偿达成一致意见之前有必要先行发布变更指示，先执行工程变更工作，然后再就变更价格和工期补偿进行协商和确定。

工程变更指示的发出有两种形式：书面形式和口头形式。一般情况下要求用书面形式发布变更指示，如果由于情况紧急而来不及发出书面指示，承包人应该根据合同规定要求工程师书面认可。根据工程惯例，除非工程师明显超越合同权限，承包人应该无条件地执行工程变更的指示。

3. 工程变更的责任分析与补偿要求

根据工程变更的具体情况可以分析确定工程变更的责任和费用补偿。

（1）由于业主要求、政府部门要求、环境变化、不可抗力、原设计错误等导致的设计修改，应该由业主承担责任。由此所造成的施工方案的变更以及工期的延长和费用的增加应该向业主索赔。

（2）由于承包人的施工过程、施工方案出现错误、疏忽而导致设计的修改，应该由承包人承担责任。

（3）施工方案变更要经过工程师的批准，不论这种变更是否会对业主带来好处（如工期缩短、节约费用）。

由于承包人的施工过程、施工方案本身的缺陷而导致了施工方案的变更，由此所引起的费用增加和工期延长应该由承包人承担责任。

业主向承包人授标前（或签订合同前），可以要求承包人对施工方案进行补充、修改或作出说明，以便符合业主的要求。授标后（或签订合同后）业主为了加快工期、提高质量等要求变更施工方案，由此所引起的费用增加可以向业主索赔。

3.4.2 施工合同的索赔

建设工程索赔通常是指在工程合同履行过程中，合同当事人一方因对方不履行或未能正确履行合同或者由于其他非自身因素而受到经济损失或权利损害，通过合同规定的程序向对方提出经济或时间补偿要求的行为。合同的双方都可以向对方提出索赔要求。按照业界通常的合同管理习惯，一般将承包方向发包方提出的补偿要求称为索赔，而将发包方向承包方进行的索赔称为反索赔。索赔和反索赔都是建筑工程施工合同履行过程中正常的工程管理行为。

1. 索赔成立的条件

（1）构成施工项目索赔条件的事件

索赔事件，又称为干扰事件，是指那些使实际情况与合同规定不符合，最终引起工期和费用变化的各类事件。在工程实施过程中，要不断地跟踪、监督索赔事件，就可以不断地发现索赔机会。通常，承包商可以提起索赔的事件有：

1）发包人违反合同给承包人造成时间、费用的损失；

2）因工程变更（含设计变更、发包人提出的工程变更、监理工程师提出的工程变更，以及承包人提出并经监理工程师批准的变更）造成的时间、费用损失；

3）由于监理工程师对合同文件的歧义解释、技术资料不确切，或由于不可抗力导致施工条件的改变，造成了时间、费用的增加；

4）发包人提出提前完成项目或缩短工期而造成承包人的费用增加；

5）发包人延误支付期限造成承包人的损失；

6）对合同规定以外的项目进行检验，且检验合格，或非承包人的原因导致项目缺陷的修复所发生的损失或费用；

7）非承包人的原因导致工程暂时停工；

8）物价上涨，法规变化及其他。

（2）索赔成立的前提条件

索赔的成立，应该同时具备以下三个前提条件：

1）与合同对照，事件已造成了承包人工程项目成本的额外支出，或直接工期损失；

2）造成费用增加或工期损失的原因，按合同约定不属于承包人的行为责任或风险责任；

3）承包人按合同规定的程序和时间提交索赔意向通知和索赔报告。

以上三个条件必须同时具备，缺一不可。

2. 索赔的依据

总体而言，索赔的依据主要有：合同文件，法律、法规，工程建设惯例。

3. 索赔的证据

（1）索赔证据的含义

索赔证据是当事人用来支持其索赔成立或和索赔有关的证明文件和资料。索赔证据作为索赔文件的组成部分，在很大程度上关系到索赔的成功与否。证据不全、不足或没有证据，索赔是很难获得成功的。在工程项目实施过程中，会产生大量的工程信息和资料，这些信息和资料是开展索赔的重要证据。因此，在施工过程中应该自始至终做好资料积累工作，建立完善的资料记录和科学管理制度，认真系统地积累和管理合同、质量、进度以及财务收支等方面的资料。

（2）常见的工程索赔证据

常见的工程索赔证据有以下多种类型：

1）各种合同文件，包括施工合同协议书及其附件、中标通知书、投标书、标准和技术规范、图纸、工程量清单、工程报价单或者预算书、有关技术资料和要求、施工过程中的补充协议等。

2）经过发包人或者工程师（监理人）批准的承包人的施工进度计划、施工方案、施工组织设计和现场实施情况记录。

3）施工日记和现场记录，包括有关设计交底、设计变更、施工变更指令，工程材料和机械设备的采购、验收与使用等方面的凭证及材料供应清单、合格证书，工程现场水、电、道路等开通、封闭的记录，停水、停电等各种干扰事件的时间和影响记录等。

4）工程有关照片和录像等。

5）备忘录，对工程师（监理人）或业主的口头指示和电话应随时用书面记录，并请其给予书面确认。

6）发包人或者工程师（监理人）签认的签证。

7）工程各种往来函件、通知、答复等。

8）工程各项会议纪要。

9）发包人或者工程师（监理人）发布的各种书面指令和确认书，以及承包人的要求、请求、通知书等。

10）气象报告和资料，如有关温度、风力、雨雪的资料。

11）投标前发包人提供的参考资料和现场资料。

12）各种验收报告和技术鉴定等。

13）工程核算资料、财务报告、财务凭证等。

14）其他，如国家法律、法令、政策文件及官方发布的物价指数、汇率等。

（3）索赔证据的基本要求

索赔证据应该具有真实性、及时性、全面性、关联性、有效性。

4. 索赔的程序

索赔事件发生后，通常按照以下程序进行，一般情况下的索赔流程如图 3-1 所示。

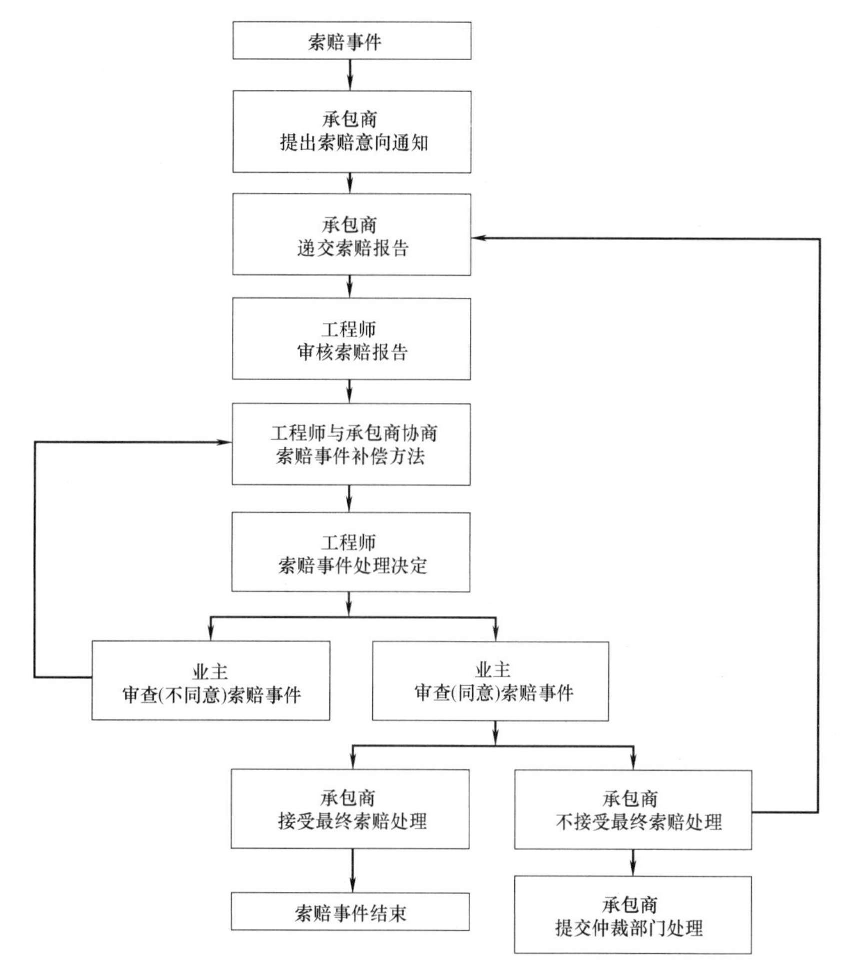

图 3-1　索赔流程图

（1）承包人提出索赔申请。承包人应在知道或应当知道索赔事件发生后 28 天内，向工程师递交索赔意向通知书，并说明发生索赔事件的事由；承包人未在前述 28 天内发出索赔意向通知书的，丧失要求追加付款和（或）延长工期的权利。

（2）承包人应在发出索赔意向通知书后 28 天内，向工程师正式递交索赔报告；索赔报告应详细说明索赔理由以及要求追加的付款金额和（或）延长的工期，并附必要的记录和证明材料。

（3）工程师审核承包人的索赔申请。工程师应在收到承包人递交的索赔报告和有关资料后的28天内给予答复，或要求承包人进一步补充索赔证明材料。发包人逾期答复的，则视为认可承包人的索赔要求。

（4）当该索赔事件具有持续影响的，承包人应按合理时间间隔继续递交延续索赔通知，在索赔事件影响结束后28天内，向工程师提供索赔的有关资料和最终索赔报告。

（5）工程师与承包人谈判。双方各自依据对这一事件的处理方案进行友好协商，若能通过谈判达成一致意见，则该事件较容易解决。如果双方对该事件的责任、索赔款额或工期延长天数分歧大，通过谈判不能达成共识的，按照条款规定工程师有权确定一个他认为合理的单价或价格作为最终的处理意见报送业主并相应通知承包人。

（6）发包人审批工程师的索赔处理证明。发包人首先根据事件发生的原因、责任范围、合同条款审核承包人的索赔申请和工程师的处理报告，再根据项目的目的、投资控制、竣工验收要求，以及针对承包人在实施合同过程中的缺陷或不符合合同要求的地方提出反索赔方面的考虑，决定是否批准工程师的索赔报告。

（7）承包人是否接受最终的索赔处理结果。承包人接受索赔处理结果的，这一索赔事件即告结束。承包人不接受索赔处理结果的，按照合同约定的争议解决方式处理。

承包人未按合同约定履行自己的各项义务给发包人造成损失，发包人也可按上述时限向承包人提出索赔（即反索赔）。

5. 施工索赔的计算方法

（1）工期索赔的计算方法（详见任务6）

1）网络分析法：网络分析法通过分析延误前后的施工网络计划，比较两种工期计算结果，计算出工程应顺延的工程工期。

2）比例分析法：在实际工程中，干扰事件常常仅影响某些单项工程、单位工程或分部分项工程的工期，分析它们对总工期的影响。用这种方法分析比较简单。

3）其他方法：工程现场施工中，可以按照索赔事件实际增加的天数确定索赔的工期；通过发包方与承包方协议确定索赔的工期。

（2）费用索赔计算方法（详见任务9）

1）总费用法：又称为总成本法，通过计算出某单项工程的总费用，减去单项工程的合同费用，剩余费用为索赔的费用。

2）分项法：按照工程造价的确定方法，逐项进行工程费用的索赔。可以分为人工费、机械费、管理费、利润等分别计算索赔费用。

任务3.5 总承包合同及分包合同的应用

3.5.1 总承包合同的应用

施工总承包，是指发包人将全部施工任务发包给一个施工单位或由多个施工单位组成的施工联合体或施工合作体，施工总承包单位主要依靠自己的力量完成施工任务。根据

《建筑业企业资质标准》（建市〔2014〕15 号）规定，建筑业企业资质分为施工总承包、专业承包和施工劳务三个序列。其中施工总承包序列设有 12 个类别，一般分为 4 个等级（特级、一级、二级、三级）；专业承包序列设有 36 个类别，一般分为 3 个等级（一级、二级、三级）；施工劳务序列不分类别和等级。

原则上工程施工部分只有一个总承包单位。《中华人民共和国建筑法》第二十九条规定："建筑工程总承包单位可以将承包工程中的部分工程发包给具有相应资质条件的分包单位；但是，除总承包合同中约定的分包外，必须经建设单位认可。"同样，建设单位在法律允许条件下进行的专业分包（需要在招标文件中明示，否则无效），总承包单位需要对专业分包单位的资质、施工能力等提出书面意见进行确认，对不能承担专业分包工程者使用否决权。

总承包单位负责整个建筑工程的建设与服务，如果存在分包工程时也负责包括提供水电接口、提供垂直运输、土建收口、施工脚手架、竣工资料归档、成品保护、平行交叉影响、铁件预埋等总包单位的服务和配合管理责任，并收取相应的配合费和管理费。

总承包合同一经签订，总承包单位需要对建设单位承担整个工程项目的质量、安全、进度、文明施工、成本、保修等全部责任，即便总承包单位没有向专业分包单位收取管理，并不影响总承包单位的承担义务。

总承包单位在履行总承包合同时，需要注意的事项如下：

（1）建立健全组织机构，对专业分包单位实行归口管理。

（2）配置相关专业的管理人员，实行有效管理，禁止以包代管。

（3）定期开展工作协调会，对工程各个专业在施工过程中的事项进行组织、计划、部署、配合、检查、督促、整改。

（4）总承包管理：是指对发包人自行采购的设备和材料进行管理与服务，以及对专业分包单位进行现场管理（例如提供由发包人办理的与分包工程相关的各种证件、批件和各种相关资料，组织分包人参加发包人组织的图纸会审，向分包人进行设计图纸交底等）、竣工资料汇总整理等管理及服务，并收取一定比例的总包管理费。

（5）总承包配合：为协调工程项目有序进行，避免增加不必要的成本，总包单位为专业分包单位提供住所、办公、水电接驳口、垃圾集中处理、脚手架、垂直运输设备、门窗洞口、管道洞口等。通常情况下此类工作的费用已经包含在总承包单位的报价中。

如果总承包单位的报价中没有包含相关的费用，以及配合范围超过总承包单位与分包单位的约定范畴时，则收取一定比例的配合费或按实记取。例如双方约定"总包单位无偿提供给专业分包使用塔式起重机为主体封顶后 2 个月内"，则主体封顶后 2 个月之外的塔式起重机使用费由专业分包自行承担。

3.5.2 分包合同的应用

建设工程施工分包包括专业工程分包和劳务工程分包两种。工程施工的分包是国内目前非常普遍的现象和工程实施方式。《中华人民共和国建筑法》第二十九条规定，建筑工程总承包单位可以将承包工程中的部分工程发包给具有相应资质条件的分包单位。

1. 专业分包合同

专业工程分包，是指施工总承包企业（以下简称承包人）将其所承包工程中的专业工程发包给具有相应资质的其他建筑业企业（以下简称分包人）完成的活动。

针对各种工程中普遍存在专业工程分包的实际情况，为了规范管理，减少或避免纠纷，原建设部和国家工商行政管理总局于2003年发布了《建设工程施工专业分包合同（示范文本）》GF—2003—0213。专业工程分包合同示范文本的结构、主要条款和内容与施工承包合同相似，包括词语定义与解释，双方的一般权利和义务，分包工程的施工进度控制、质量控制、费用控制，分包合同的监督与管理，信息管理，组织与协调，施工安全管理与风险管理，等等。

分包合同内容的特点是，既要保持与主合同条件中相关分包工程部分的规定的一致性，又要区分负责实施分包工程的当事人变更后的两个合同之间的差异。分包合同所采用的语言文字和适用的法律、行政法规及工程建设标准一般应与主合同相同。

2. 劳务分包

劳务分包指施工单位或者专业分包单位（均可作为劳务作业的发包人）将其承包工程的劳务作业发包给具有相应资质的劳务分包单位完成的活动。劳务不再分类别和等级，施工劳务企业可承担各类施工劳务作业。

劳务分包合同不同于专业分包合同，《建设工程施工劳务分包合同（示范文本）》GF—2003—0214的重要条款有：（1）劳务发包人的资质情况；（2）劳务分包工作对象及提供劳务内容；（3）劳务工作期限；（4）质量标准；（5）工程承包人义务；（6）劳务分包人义务；（7）材料、设备供应；（8）保险；（9）劳务报酬及支付；（10）工时及工程量的确认；（11）施工配合；（12）禁止转包或再分包等。

任务3.6 BIM技术在施工合同管理中的应用

3.6.1 BIM技术在工程合同管理中的可行性分析

1. BIM技术便于工程信息的共享

传统的建设工程合同管理，由于众多部门单位参与，没有一个统一的平台，工程合同信息的输入输出常常出现滞后的现象，阻碍了整个项目的顺利进行，导致“信息孤岛”。BIM技术的核心就是数据的共享与转换，通过建立一个BIM建筑信息平台，并通过办公软件的数据，和各个参与方自身软件进行数据接口。合同管理部门能够直接从数据库中提取合同有关的信息，并且，该数据会随着原始数据的改变而发生改变，数据能及时更新，从而实现工程项目的顺利进行。目前，国内主要运用到的软件平台有广联达、Tekla、MagiCAD、Revit等BIM软件。

2. BIM技术可实现合同的动态管理

在建设工程合同中，合同价款和合同工期的最大影响因素就是工程变更，建筑工程项目施工是一个动态化的过程，不仅需要对施工现场的信息进行及时的跟踪、采集和处理，还要在综合所有施工信息的基础上能够对下一步的施工过程做出预测和判断，帮助决策者做好规划。而BIM技术就可以实现工程合同动态管理，还能在设计中利用3D的可视化表达，4D时间、5D费用的功能表现，增加了实物控制和精准控制的模式，BIM技术的协同管理、碰撞试验、信息跟踪、系数化、参数化、模式可视化、同级交流平台等均可实现变更的动态管理。诸多的功能有效地排除了参与方之间的沟通障碍，从而使建筑设计从源头上减少变更，当变更必然发生时，将变更系数导入“BIM 工作组”模型，那么 BIM 系统就会生成新的工程量，这种自然发生的变化会在合同管理中一目了然，对合同索赔和工程合同管理起到决定性作用。

3. BIM 技术的引用还能够降低工程合同管理的风险

传统的合同风险管理分配原则很难做到公平公正。作为影响整个建筑全生命周期的 BIM 技术，其技术的不断完善使得在信息的掌控和资源的分配方面逐步得到提高，有效的资源能够有效地获取，将各方面资源同时逐步完善，风险的处理也能不断加强，弥补传统的不足，参与双方的权利义务更加平等。运用 BIM 技术来进行合同风险分配，既能考虑到项目双方的风险偏好，又能考虑到现实过程中风险不断变化对双方造成的影响。

4. BIM 技术对合同索赔能够起到很强的抗干扰作用

合同索赔是法律维护受害者权利的一种手段。建筑工程合同索赔对于承包商来说是一种避免损失的方法。在建筑市场激烈的竞争中，不平等现象时常发生，导致索赔工作受到很多因素的干扰。通常在大型工程项目的施工过程中，特别是范围大、跨度广的工作界面都会出现不同程度的碰撞，从而影响工期进度。BIM 的一体化模型可以很好地驱除外界的因素干扰，并且能准确地提取双方的原始信息，这样就能使得双方共享一个模型，确保项目中的工程信息在工程进程中的一致性。

5. 通过 BIM 技术的立体管理模式，可以对信息进行全生命周期的集成管理

在建设工程项目中随着规模的增大，数据也会逐渐增加，使得大数据的立体化程度也逐渐增强。项目的完成需要众多的参与方，在项目的周期运营过程中大量非结构性的数据逐步产生，在这些数据中会有较多的数据以文本的形式出现，其中就包括合同管理中所需的大量信息。庞大的工程项目如何有效地管理这些文本信息成为一项重要的研究内容。目前 BIM 技术所产生的文本管理能力已经得到了主流思想的认可，与以往 CAD 的记忆功能不同，BIM 技术的文本信息管理的特征主要是通过立体管理模式，对信息进行全生命周期的集成管理，通过向量空间管理（Vector Space Model，VSM）进行信息分类。通过余弦公式和向量（Support Vector Machine，SVM）进行识别性分析，再连接 Autodesk Revit 软件的运营平台，最终实现文本的排序和运营。这些纵向与横向的双向管理模式，增强了工程建设的文本信息管理。

对一些不重视合同管理的工程来说，BIM 技术的引用能够对建筑合同管理起到很强的监督和控制作用。BIM 技术能够明确工程进度的详细流程，何时提交、由什么人提交、怎么使用等问题，所有合同信息提交计划必须要严格按照说明执行。与此同时，越来越多的合同纠纷产生于后期的维护阶段，BIM 技术后期合同管理成为开发的重点。BIM 有着美好的未来，但实施操作中也带来了很多的挑战，与传统的平面设计相比 BIM 有着明显控制全局的能力，对组织间起连带作用，因此在操作控制时将面临的也是各方面的技术问题。掌握这门技术就可以通过 BIM 的信息化来提高合同管理水平，BIM 技术的模型创建标准和现场信息采集标准在巨大的数据支撑下要动态描述建筑物标准和功能，需要巨大信息平台的支撑。传统的合同归档管理信息化程度偏低，大多工程项目合同管理是分散管理状态，一直以来合同的归档程序也没有明确规定，在履行的过程中缺乏严格的监督，所以在合同履行后期没有全面评估和概括。BIM技术的出现改变了合同管理中的不足，使合同管理在创建初期就介入管理沟通和协同作用，这样做不仅不影响合同管理应用软件的开发和使用，而且还能够与BIM技术的全生命周期起到协同作用。

由此看来，传统的项目合同管理已经很难满足当前建筑合同的运行。合同管理的作用是在复杂工程生产经营中能够减少不必要的损失，由于建筑工程建设周期耗时长，环境复杂，又需要建设单位、施工单位、设计单位和监理单位等多方的相互配合，所以在建设工程中加强合同管理是很有必要的。美国国家标准技术研究所（NIST）曾发布，2000年建筑行业因数据交换问题损失达158亿美元，英国政府商务办公室（UKOGC）也做过统计，预测通过持续推进项目集成可节约建设项目成本30%。BIM技术正是通过信息化来解决此类问题的技术，合同管理是约束与规范各方之间的行为关系，是有效提高管理水平的一种方法，BIM技术能增强其严密性。

3.6.2 BIM技术在合同管理应用上现存的障碍

由于BIM技术在我国起步较晚，缺乏统一的BIM标准。这就导致相关的工程合同管理文件在项目的各个阶段缺乏针对BIM应用的标准合同语言，这也是BIM技术在国内建筑行业全面应用存在的主要问题。与国外相比，BIM技术在不同阶段的应用，各参与方没有完善的一套BIM管理工作流程，特别是在合同管理方面，基于传统的工程合同文本无法做到对BIM技术应用的规范化管理和相应的合同条款的规定。要解决BIM在国内应用的障碍，必须根据国情制定相应的BIM标准化工程合同管理体制。

同时，现阶段BIM技术还遭遇“协同”困境，缺少统筹管理。建设工程项目需要多方参与协调、沟通，管理复杂，BIM在国内项目应用过程中缺少协同设计，项目不同阶段、不同专业及参与方信息缺少统筹管理。BIM相关软件涉及不同专业，因此，BIM为协同设计提供了新的平台，而是否对项目进行项目协同设计，对能否充分实现BIM的价值至关重要。

面对我国目前建筑行业的发展情况，相关部门应根据国情制定出适应于我国建设工程的合同管理体制，在建筑业信息化标准体系中建立全国统一的BIM标准和合同范本。在国外，美国所使用的BIM标准包括NBIMS、COBIE、IFC标准等，不同的项目可以选择不同的标准，目的是为利益双方带来最大效益。因此我们也可以借鉴国外的BIM标准，在传统建筑合同的基础上以附件的形式阐述BIM，明确建设项目各阶段参与方的责任划分。

习　题

一、单项选择题（每题的备选项中，只有1个最符合题意）

1. 有关施工合同文件的优先解释顺序，叙述正确的是（　　）。

A. 图纸优于技术标准和要求　　B. 专用合同条款优于通用合同条款

C. 已标价工程量清单优于协议书　　D. 投标函优于中标通知书

2. 承包人在对合同文件进行评审的重点是（　　）。

A. 合同内容的一般性评审

B. 合同条款可执行性评审

C. 合同条款的合法性评审

D. 衡量自身是否具备相应的履约能力

3 下列不属于施工合同评审的工作内容的是（　　）。

A. 招标文件及工程量清单

B. 投标文件及组价依据

C. 拟定合同主要条款

D. 复核工程量

4. 根据《中华人民共和国建筑法》以及相关法律对各方当事人在建设工程合同中的主体责任的规定，分包单位按照分包合同的约定对（　　）负责。

A. 建设单位

B. 总承包单位

C. 监理单位

D. 设计单位

5. 根据《标准施工招标文件》，下列不属于工程变更范围的是（　　）。

A. 增加或减少合同中任何工作，或追加额外的工作

B. 取消合同中任何一项工作，被取消的工作转由其他人实施

C. 改变工程任何部分的标高、基线、位置和尺寸

D. 改变任何工作的质量标准或其他特性

6. 根据《建设工程施工合同（示范文本）》GF—2017—0201 的规定，承包人未在索赔事件发生后（　　）天内发出索赔意向通知，将失去请求赔偿的索赔权利。

A. 28

B. 14

C. 7

D. 30

二、案例分析题

背景：

某工程项目分为两个单项工程，经有关部门批准采取分别公开招标的形式确定了中标人，并签订了合同。合同签订与执行过程中有以下情况：

1. A 工程在施工图设计没有完成前，业主通过招标选择了一家总承包单位承包该工程的施工任务。由于设计工作尚未完成，承包范围内待定实施的工程性质虽明确，但工程量还难以确定，双方商定拟采用总价合同形式签订施工合同，以减少双方的风险。合同条款中规定：

(1) 乙方按业主代表批准的施工组织设计（或施工方案）组织施工，乙方不应承担因此引起的工期延误和费用增加的责任。

(2) 甲方向乙方提供施工场地的工程地质和地下主要管网线路资料，供乙方参考使用。

(3) 乙方不能将工程转包，但允许分包，也允许分包单位将分包的工程再次分包给其他施工单位。

(4) 当工程变更导致该清单项目的实际工程量偏差超过15%时，该项综合单价由监理工程师提出调整，其他情况不作调整。

2. B 工程，在施工招标文件中，按工期定额计算，工期为 550 天。但施工合同约定，开工日期为 1997 年 12 月 15 日，竣工日期为 1999 年 7 月 20 日，日历天数为 581 天。

在施工过程中，业主未按合同约定的时间支付总承包单位工程进度款，总承包单位以此为由，在合同有明确约定的情况下，拒绝劳务公司提出的支付人工费的要求。

问题：

1. A 单项工程合同中业主与施工单位选择总价合同形式是否妥当？合同条款中有哪些不足之处？

2. B 单项工程合同的合同工期应为多少天？

3. B 工程施工过程中，劳务公司是否可以就劳务费问题向业主提出索赔？

习题参考答案：

任务4

单位工程施工组织设计

施工组织设计分为标前和标后施工组织设计。所谓标前施工组织设计就是按照招标文件规定的内容编写，主要是参加投标。中标后，承包商应在工程开工前，根据工程施工合同要求、投标施工组织设计、工程施工的实际要求和项目管理的需要，编制实施性的施工组织设计，该施工组织设计称为标后施工组织设计。

大量工程实践证明，认真编制标后施工组织设计和严格执行施工组织设计是施工企业提高现场管理水平的两条有效途径。本章节内容将从承包商的角度展开，讲述单位工程施工组织设计文件的内容和重要性。

任务4.1 施工组织设计概述

4.1.1 建筑工程施工组织设计概述

1. 建筑工程施工组织设计概念

建筑工程施工组织设计（以下简称施工组织设计）是以施工项目为对象编制的，用以规划和指导工程施工投标、签订合同、施工准备以及施工全过程的全局性技术、经济和管理的综合性文件。

首先，施工组织设计的编制对象是施工项目。施工项目分为单体项目和群体项目，其内容既包括技术的，也包括管理的，既解决技术和管理的问题，又考虑经济和环境的效果。

其次，施工组织设计是全局性的文件。全局性是指施工项目的整体性，文件内容的全面性，发挥作用和管理职能的多元性。

最后，施工组织设计指导施工项目的全过程。施工项目从投标开始至工程竣工交付使用及质量责任期满为止，施工组织设计担负着技术、经济和管理活动的任务。

施工组织设计的基本宗旨是，按照建筑工程建设的基本规律、施工工艺规律和经营管理规律，制定科学合理的组织方案、技术方案，合理安排施工顺序和进度计划，有效利用和管理施工场地，优化配置和节约使用人力、物力、资金、技术等生产要素，使环境友好、工作协调、竞争有力、经营有效、计划性强，保证质量、进度、安全、绿色和文明施工，取得良好的经济效益、社会效益和环境效益。

2. 施工组织设计的分类及内容

（1）施工组织设计的分类见表 4-1。

施工组织设计的分类　**表 4-1**

分类	服务范围	编制时间	主要特征
施工组织总设计	建筑群、特大型项目	项目施工准备前	纲领性
单位工程施工组织设计	单位(子单位)工程	单位(子单位)工程施工准备前	实施性
施工方案	分部分项工程、专项工程	分部(分项)工程或专项工程施工前	作业性

（2）施工组织设计的内容

1）施工组织总设计

以若干单位工程组成的群体工程或特大型项目为主要对象编制的施工组织设计，对整个项目的施工过程起统筹规划、重点控制的作用。施工组织总设计主要包括如下内容：工程概况，总体施工部署，施工总进度计划，总体施工准备和主要资源配置计划，主要施工方法，施工总平面布置。

2）单位工程施工组织设计

以单位（子单位）工程为主要对象编制的施工组织设计，对单位（子单位）工程的施工过程起指导和制约作用。单位工程施工组织设计包含如下内容：工程概况，施工部署，施工进度计划，施工准备与资源配置计划，主要施工方案，施工现场平面布置图，技术经济指标分析。

3）施工方案

以分部（分项）工程或专项工程为主要对象编制的施工技术与组织方案，用以具体指导其施工过程。施工方案主要包括如下内容：工程概况，施工安排，施工进度计划，施工准备与资源配置计划，施工方法及工艺要求。

4.1.2 单位工程施工组织设计的编制原则、依据

1. 单位工程施工组织设计的编制原则

（1）符合施工合同或招标文件中有关工程进度、质量、安全、环境保护、造价等方面的要求；

（2）积极开发、使用新技术和新工艺，推广应用新材料和新设备；

（3）坚持科学的施工程序和合理的施工顺序，采用流水施工和网络计划等方法，科学配置资源，合理布置现场，采取季节性施工措施，实现均衡施工，达到合理的经济技术指标；

（4）采取技术和管理措施，推广建筑节能和绿色施工；

（5）与质量、环境和职业健康安全三个管理体系有效结合。

为保证持续满足过程和质量保证的要求，国家鼓励企业执行质量、环境和职业安全管理体系的认证制度，建立企业管理体系文件。编制单位工程施工组织设计时，不应违背企业管理体系文件的要求。

2. 单位工程施工组织设计的编制依据

单位工程施工组织设计的编制依据应包括下列基本内容：

上级领导机关对该单位工程的要求、建设单位的意图和要求、工程承包合同、施工图对施工的要求等；施工组织总设计和施工图；年度施工计划对该工程的安排和规定的各项指标；预算文件提供的有关数据；劳动力配备情况，材料、构件、加工品的来源和供应情况，主要施工机械的生产能力和配备情况；水、电供应条件；设备安装进场时间和对土建的要求以及所需场地的要求；建设单位可提供的施工用地，临时房屋、水、电等条件；施工现场的具体情况：地形，地上、地下障碍物，水准点，气象，工程与水文地质，交通运输道路等；建设用地购、拆迁情况，施工执照情况，国家有关规定、规范、规程和定额等。

单位工程施工组织设计在编制时，应抓住关键环节，同时处理好各方面的相互关系，重点编好施工方案、施工进度计划和施工平面布置图，即常称的“一图一案一表”。抓住三个重点，突出技术、时间和空间三大要素，其他问题就会迎刃而解。

4.1.3　单位工程施工组织设计的编制程序

单位工程施工组织设计编制的一般程序依次如下：

获得编制依据；描述工程概况；编制施工部署；编制施工进度计划；编制施工准备与资源配置计划；制定主要施工方案；设计施工平面布置图；计算经济技术指标；审批。

依据单位工程施工组织设计的编制一般程序，本节对工程概况的内容进行补充。其他内容见本章其他小节。

工程概况应包括工程主要情况、各专业设计简介和工程施工条件等。应尽量采用图表进行说明。

1. 工程主要情况应包括的内容

（1）工程名称、性质和地理位置；

（2）工程的建设、勘察、设计、监理和总承包等相关单位的情况；

（3）工程承包范围和分包工程范围；

（4）施工合同、招标文件或总承包单位对工程施工的重点要求；

（5）其他应说明的情况。

2. 各专业设计简介应包括的内容

（1）建筑设计简介应依据建设单位提供的建筑设计文件进行描述，包括建筑规模、建筑功能、建筑特点、建筑耐火、防水及节能要求等，并应简单描述工程的主要装修做法；

（2）结构设计简介应依据建设单位提供的结构设计文件进行描述，包括结构形式、地基基础形式、结构安全等级、抗震设防类别、主要结构构件类型及要求等；

（3）机电及设备安装专业设计简介应依据建设单位提供的各相关专业设计文件进行描述，包括给水、排水及供暖系统、通风与空调系统、电气系统、智能化系统、电梯等各个专业系统的做法要求。

3. 主要施工条件应包括的内容

（1）项目建设地点气象状况；

（2）项目施工区域地形和工程水文地质状况；

（3）项目施工区域地上、地下管线及相邻的地上、地下建（构）筑物情况；
（4）与项目施工有关的道路、河流等状况；
（5）当地建筑材料、设备供应和交通运输等服务能力状况；
（6）当地供电、供水、供热和通信能力状况；
（7）其他与施工有关的主要因素。

任务 4.2 施工组织设计的管理

4.2.1 建筑工程施工组织设计的编制、审批和交底

1. 单位工程施工组织设计编制、审批与交底

（1）单位工程施工组织设计由项目负责人主持编制，项目经理部全体管理人员参加，施工单位主管部门审核，施工单位技术负责人或其授权的技术人员审批。

（2）单位工程施工组织设计经施工单位技术负责人或其授权人审批后，应在工程开工前由施工单位项目负责人组织，对项目部全体管理人员及主要分包单位逐级进行交底并做好交底记录。

（3）技术交底是施工企业极为重要的一项技术管理工作，是施工方案的延续和完善，也是工程质量预控的最后一道关口。其目的是使参加建筑工程施工的技术人员与工人熟悉和了解所承担的工程项目的特点、设计意图、技术要求、施工工艺及应注意的问题。

重点和大型施工组织设计交底应由施工企业的技术负责人把主要设计要求、施工措施以及重要事项对项目主要管理人员进行交底；其他工程施工组织设计交底应由项目技术负责人进行交底。

2. 施工组织总设计和施工方案的编制和审批规定

（1）施工组织设计应由项目负责人主持编制，可根据需要分阶段编制和审批。

（2）施工组织总设计应由总承包单位技术负责人审批；施工方案应由项目技术负责人审批；重点、难点分部（分项）工程和专项工程施工方案应由施工单位技术部门组织相关专家评审，施工单位技术负责人批准。

（3）由专业承包单位施工的分部（分项）工程或专项工程的施工方案，应由专业承包单位技术负责人或技术负责人授权的技术人员审批；有总承包单位时，应由总承包单位项目技术负责人核准备案。

（4）规模较大的分部（分项）工程和专项工程的施工方案应按单位工程施工组织设计进行编制和审批。

4.2.2 单位工程施工组织设计的动态管理

1. 项目施工过程中，如发生以下情况之一时，施工组织设计应及时进行修改或补充：

（1）工程设计有重大修改

如地基基础或主体结构的形式发生变化、装修材料或做法发生重大变化、机电设备系统发生大的调整等，需要对施工组织设计进行修改；对工程设计图纸的一般性修改，根据变化情况对施工组织设计进行补充；对工程设计图纸的细微修改或更正，施工组织设计则不需调整。

（2）有关法律、法规、规范和标准实施、修订和废止

当有关法律、法规、规范和标准开始实施或发生变更，并涉及工程的实施、检查或验收时，施工组织设计需要进行修改或补充。

（3）主要施工方法有重大调整

由于主客观条件的变化，施工方法有重大变更，原来的施工组织设计已不能正确地指导施工，需对施工组织设计进行修改或补充。

（4）主要施工资源配置有重大调整

当施工资源的配置有重大变更，并且影响到施工方法的变化或对施工进度、质量、安全、环境、造价等造成潜在的重大影响，需对施工组织设计进行修改或补充。

（5）施工环境有重大改变

当施工环境发生重大改变，如施工延期造成季节性施工方法变化，施工场地变化造成现场布置和施工方式改变等，致使原来的施工组织设计已不能正确地指导施工，需对施工组织设计进行修改或补充。

经过修改或补充的施工组织设计，原则上需经原审批级别重新审批。

2. 单位工程的施工组织设计在实施过程中应进行检查。过程检查可按照工程施工阶段进行。通常划分为地基基础、主体结构、装饰装修三个阶段。过程检查由企业技术负责人或主管部门负责人主持，企业相关部门、项目经理部相关部门参加，检查施工部署、施工方法等的落实和执行情况，如对工期、质量、效益有较大影响的应及时调整，并提出修改意见。

3. 单位工程施工组织设计审批后，由项目资料员报送及发放并登记记录，报送监理单位及建设单位，发放企业主管部门、项目相关部门、主要分包单位。工程竣工后，项目经理部按照国家、地方有关工程竣工资料编制的要求，将《单位工程施工组织设计》整理归档。

任务4.3 施工部署

4.3.1 施工部署的作用

施工部署是在对拟建工程的工程情况、建设要求、施工条件等进行充分了解的基础上，对项目实施过程涉及的任务、资源、时间、空间做出的统筹规划和全面安排。

施工部署是施工组织设计的纲领性内容，施工进度计划、施工准备与资源配置计划、

施工方法、施工现场平面布置和主要施工管理计划等施工组织设计的组成内容都应该围绕施工部署的原则编制。

4.3.2　施工部署的内容

施工部署是对整个工程全局做出的统筹规划和全面安排，其主要解决影响全局的重大战略问题。通常情况下施工部署应包括以下基本内容：

1. 工程目标

工程施工目标应根据施工合同、招标文件以及本单位对工程管理目标的要求确定，包括进度、质量、安全、环境和成本等目标。各项目标应满足施工组织总设计中确定的总体目标。当单位工程施工组织设计作为施工组织总设计的补充时，其各项目标的确立应同时满足施工组织总设计中确立的施工目标。

2. 重点和难点分析

对工程施工各阶段的重点和难点应逐一分析并提出解决方案或对策，包括工程施工的组织管理和施工技术两个方面。重点、难点工程的施工方法选择应着重考虑影响整个单位工程的分部（分项）工程，如工程量大、施工技术复杂或对工程质量起关键作用的分部（分项）工程。

3. 工程管理的组织

包括管理的组织机构、项目经理部的工作岗位设置及其职责划分。岗位设置应和项目规模相匹配，人员组成应具备相应的上岗资格。项目管理组织机构形式应根据施工项目的规模、复杂程度、专业特点、人员素质和地域范围确定。常用的项目管理组织机构模式包括职能组织结构、线性组织结构和矩阵组织结构等。

（1）职能组织结构

职能组织结构是一种传统的组织机构形式。在职能组织结构中，每一个职能部门可根据它的管理职能对其直接和非直接的下属工作部门下达工作指令，因此每一个工作部门可能得到其直接的和非直接的上级工作部门下达的工作指令，它就会有多个矛盾的指令源。一个工作部门的多个矛盾的指令源会影响企业管理机制的运行。我国多数的企业、学校、事业单位目前还沿用这种传统的组织机构模式。如图 4-1 所示的职能组织结构中，A、B1、B2、B3、C5 和 C6 都是工作部门，A 可以对 B1、B2、B3 下达指令，B1、B2、B3 都可以在其管理的职能范围内对 C5 和 C6 下达指令，因此 C5 和 C6 有多个指令源，其中有些指令可能是矛盾的。

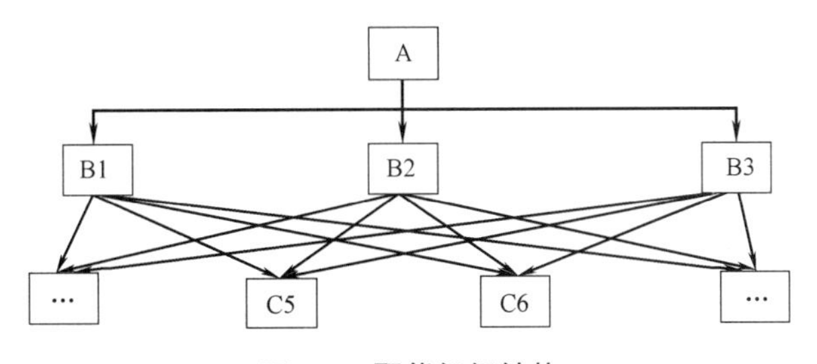

图 4-1　职能组织结构

这种组织形式的主要优点是加强了施工项目目标控制的职能化分工，能够发挥职能机构的专业管理作用，提高管理效率，减轻项目经理的负担。但是由于下级人员受多头领导，如果上级指令相互矛盾，将使下级在工作中无所适从。此种组织形式一般用于大、中型施工项目。

（2）线性组织结构

线性组织结构来自十分严谨的军事组织系统。在线性组织结构中，每一个工作部门只能对其直接的下属部门下达工作指令，每一个工作部门也只有一个直接的上级部门，因此，每一个工作部门只有唯一的指令源，避免了由于矛盾的指令而影响组织系统的运行，如图 4-2 所示。

在国际上，线性组织结构模式是建设项目管理组织系统的一种常用模式，因为一个建设项目的参与单位很多，少则数十，多则数百，大型项目的参与单位将数以千计，在项目实施过程中矛盾的指令会给工程项目目标的实现造成很大的影响，而线性组织结构模式可确保工作指令的唯一性。但在一个特大的组织系统中，由于线性组织结构模式的指令路径过长，有可能会造成组织系统在一定程度运行的困难。

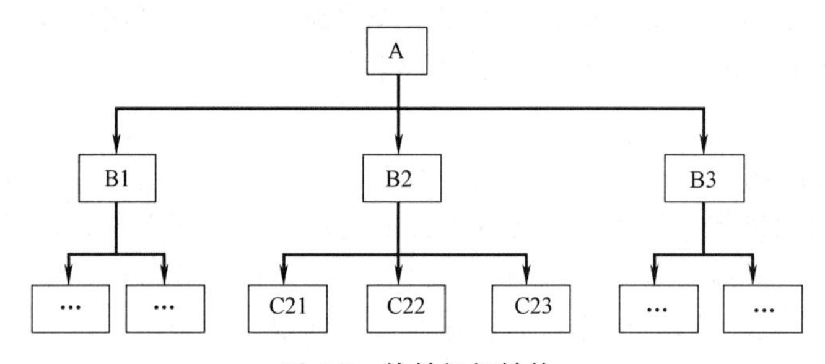

图 4-2 线性组织结构

（3）矩阵组织结构

矩阵组织结构是一种较新型的组织结构模式。在矩阵组织结构最高指挥者（部门）下设纵向和横向两种不同类型的工作部门。一个施工企业，如采用矩阵组织结构模式，则纵向工作部门可以是计划管理、技术管理、合同管理、财务管理和人事管理部门等，而横向工作部门可以是项目部，如图 4-3 所示。

一个大型的建设项目如采用矩阵组织结构模式，则纵向工作部门可以是投资控制、进度控制、质量控制、合同管理、信息管理、人事管理、财务管理和物资管理等部门，而横向工作部门可以是各子项目的项目管理部。

矩阵组织结构模式中，每一项纵向和横向交汇的工作，指令来自于纵向和横向两个工作部门，因此指令源为两个。当纵向和横向工作部门的指令发生矛盾时，由系统的最高指挥者（部门）进行协调或决策。为避免纵向和横向工作部门指令对工作的影响，可以采用以纵向工作部门指令为主或以横向工作部门指令为主的矩阵组织结构模式。这样也可以减轻该组织系统中的最高指挥者（部门）的协调工作量。

4. 进度安排和空间组织

工程主要施工内容及其进度安排应明确说明，施工顺序应符合工序逻辑关系；施工流水段划分应根据工程特点及工程量进行分阶段合理划分，并应说明划分依据及流水方向，确保均衡流水施工；单位工程施工阶段一般包括地基基础、主体结构、装饰装修和机电设备安装工程。

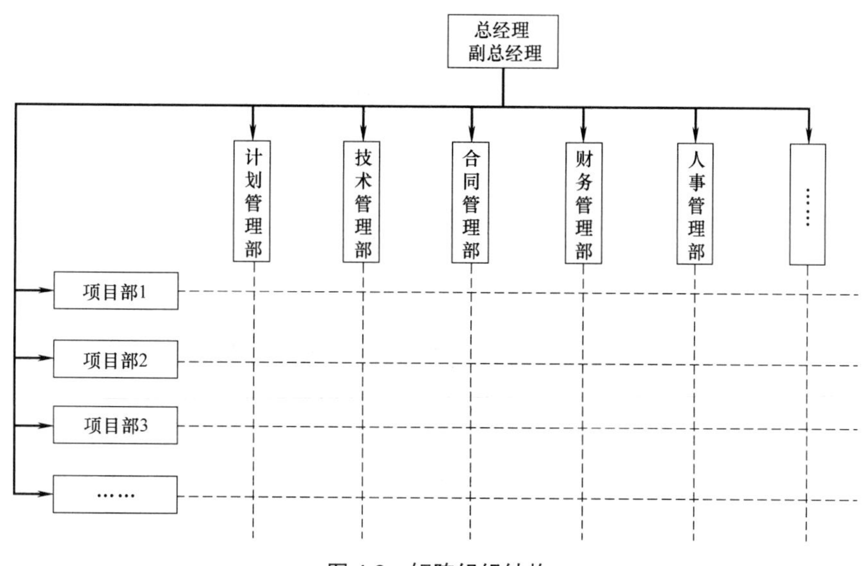

图 4-3　矩阵组织结构

5. “四新”技术

“四新”技术包括：新技术、新工艺、新材料、新设备。根据现有的施工技术水平和管理水平，对项目施工中开发和使用的“四新”技术应做出规划并采取可行的技术、管理措施来满足工期和质量等目标要求。

6. 资源配置计划

根据施工进度计划各阶段的工作量来确定劳动力的配置，画出劳动力阶段需求柱状图或曲线图。根据施工总体部署和施工进度计划要求，做出分包计划、劳动力使用计划、材料供应计划和机械设备供应计划。

7. 项目管理总体安排

对主要分包项目施工单位的选择要求及管理方式应进行简要说明；一般包括分包工程范围、招标规划、合同模式、管理方式等内容。对分包单位的资质和能力应提出明确要求。

4.3.3　施工部署的编制步骤

（1）熟悉施工设计图纸及现场情况、合同工期要求、公司自有机械设备情况等；

（2）进行施工区段划分，按照不同的施工阶段进行，如房屋建筑工程可对地下室按后浇带划分施工区段，上部结构按楼栋划分施工区段；

（3）进行施工平面布置，根据工期及平面布置情况确定机械设备进场计划；

（4）统计主要工程数量，根据工期要求及施工区段的划分情况安排劳动力计划；

（5）确定工程施工流程和主要施工项目的施工工艺和施工方法；

（6）编制施工进度计划，根据区段划分、工期要求及投入的机械设备、劳动力进行编制。

技术员在编制过程中应与项目主要管理人员进行充分沟通，项目技术负责人应进行指导及审核，施工组织设计及重要方案应由项目技术负责人主持编写。

任务4.4 施工进度计划

4.4.1 单位工程施工进度计划的作用与分类

1. 单位工程施工进度计划的作用

单位工程施工进度计划的作用是施工方案在时间上的具体反映，是指导单位工程施工的基本文件之一。它的主要任务是以施工方案为依据，安排单位工程中各施工过程的施工顺序和施工时间，使单位工程在规定的时间内，有条不紊地完成施工任务。

施工进度计划的主要作用是为编制企业季度、月度生产计划提供依据，也为平衡劳动力，调配和供应各种施工机械和各种物资资源提供依据，同时也为确定施工现场的临时设施数量和动力配备等提供依据。至于施工进度计划与其他各方面，如施工方法是否合理，工期是否满足要求等更是有着直接的关系，而这些因素往往相互影响和相互制约。因此，编制施工进度计划应细致地、周密地考虑这些因素。

2. 单位工程施工进度计划的分类

由于划分角度不同，单位工程施工进度计划可分为不同类型。

(1) 根据进度计划的表达形式不同，可以分为横道图计划、网络计划和时标网络计划。

横道图计划形象直观，能直观知道工作的开始和结束日期，能按天统计资源消耗，但不能抓住工作间的主次关系，且逻辑关系不明确。网络计划能反映各工作间的逻辑关系，利于重点控制，但工作的开始与结束时间不直观，也不能按天统计资源。时标网络计划结合了横道计划和普通网络计划的优点，是实践中应用较普遍的一种进度计划表达形式。

(2) 根据其对施工的指导作用的不同，可分为控制性施工计划和实施性施工进度计划两类。

控制性施工计划一般在工程的施工工期较长、结构比较复杂、资源供应暂无法全部落实的情况下采用，或者工程的工作内容可能发生变化和某些构件（结构）的施工方法暂还不能全部确定的情况下采用。这时不可能也没有必要编制较详细的施工进度计划，往往就编制以分部工程项目为划分对象的施工进度计划，以便控制各分部工程的施工进度。但在进行分部工程施工前应按分项工程编制详细的施工进度计划，以便具体指导分部工程的现场施工。

实施性施工进度计划是控制性施工进度计划的补充，是各分部工程施工时施工顺序和施工时间的具体依据。该类施工进度计划的项目划分必须详细，各分项工程彼此间的衔接关系必须明确。它的编制可与编制控制性进度计划同时进行，有的可缓些时候，待条件成熟时再编制。对于比较简单的单位工程，一般可以直接编制出单位工程施工进度计划。

这两种计划形式是相互联系互为依据的。在实践中可以结合具体情况来编制。若工程规模大，而且复杂，可以先编制控制性的计划，接着针对每个分部工程来编制详细的实施性的计划。

3. 单位工程施工进度计划的内容

单位工程进度计划根据工程性质、规模、繁简程度的不同，其内容和深广度的要求也不同，不强求一致，但内容必须简明扼要，使其真正能起到指导现场施工的作用。单位工程进度计划的内容一般应包括：

（1）工程建设概况：拟建工程的建设单位，工程名称、性质、用途、工程投资额，开竣工日期，施工合同要求，主管部门的有关部门文件和要求，以及组织施工的指导思想等。

（2）工程施工情况：拟建工程的建筑面积、层数、层高、总高、总宽、总长、平面形状和平面组合情况，基础、结构类型，室内外装修情况等。

（3）单位工程进度计划，分阶段进度计划，单位工程准备工作计划，劳动力需用量计划，主要材料、设备及加工计划，主要施工机械和机具需要量计划，主要施工方案及流水段划分，各项经济技术指标要求等。

4.4.2　单位工程进度计划的编制依据及程序

1. 编制单位工程施工进度计划的主要依据

主管部门的批示文件及建设单位的要求；施工图纸及设计单位对施工的要求；施工企业年度计划对该工程的安排和规定的有关指标；施工组织总设计或大纲对该工程的有关部门规定和安排；资源配备情况，如：施工中需要的劳动力、施工机具和设备、材料、预制构件和加工品的供应能力及来源情况；建设单位可能提供的条件和水电供应情况；施工现场条件和勘察资料；预算文件和国家及地方规范等资料。

2. 单位工程施工进度计划的编制程序

收集编制依据；划分施工过程；计算工程量；套用定额；计算劳动量或机械台班需用量；确定各施工过程的持续时间；绘制网络计划图或流水作业进度计划图；检查工期是否符合要求，劳动力和机械适用是否均衡，材料是否超过供应限额；如果符合要求则绘制正式进度计划；如果不符合要求则调整或优化，符合要求后绘制正式进度计划。

4.4.3　单位工程进度计划的编制方法

编制进度计划应根据需要选用下列方法：里程碑表、工作量表、横道计划、网络计划。选择进度计划编制方法时，还需考虑作业性进度计划应优先采用网络计划方法；宜借助项目管理软件编制进度计划，并跟踪控制。以下重点介绍几种常用的进度计划编制方法。

1. 里程碑表（里程碑计划）

里程碑表也可称为里程碑计划，是表示关键工作开始时刻或完成时刻的计划，见表 4-2。里程碑计划通过建立里程碑和检验各个里程碑的完成情况，来控制项目工作的进展和保证实现总目标。

里程碑计划具有如下特点：

（1）与公司整体目标体系和经营计划一致；

（2）计划本身含有控制的结果，有利于监督、控制和交接；

（3）变化多发生在活动级上，计划稳定性较好；

(4) 在管理级和活动级之间起着良好的沟通作用；

(5) 明确规定了施工项目工作范围、责任与义务；

(6) 里程碑计划报告简明、易懂、实用。

某工程里程碑计划 **表 4-2**

序号	工作名称	进度(月末)												
		1	2	3	4	5	6	7	…	14	15	…	23	24
1	土方开始	▲												
2	土方完成		▲											
3	桩基开始			▲										
4	桩基完成				▲									
5	底板完成					▲								
6	地下结构完成							▲						
7	主体结构开始							▲						
8	主体结构封顶									▲				
9	屋面工程完成										▲			
10	装修工程开始										▲			
11	装修工程完成												▲	
12	安装工程完成												▲	
13	室外工程完成												▲	
14	竣工交付使用													▲

2. 工作量表

工作量表是利用工作任务分解技术对单位工程、分部分项工程的分解，对分解后每一项工程的工程量进行直接的反馈。该方法的特点是可以明了地显示项目工作量的分解以及每一项目的工程总量（可按照预算工程量填写）和已经完成的工程量，便于进一步安排工程进度计划。工作量表的形式见表 4-3。

某工作量表 **表 4-3**

序号	项目名称	单位	总工程量	已完成工程量	备注
1	土方工程				
1.1	土方开挖	m^3			
1.2	土方回填	m^3			
1.3	外运土方	m^3			
2	桩基工程	m^3			
3	桩承台及底板				
3.1	钢筋工程	t			
3.2	模板工程	m^2			
3.3	混凝土浇筑	m^3			
…					

3. 横道计划

横道计划又称甘特图（Gantt chart），它是以图示方式通过活动列表和时间刻度形象地表示出任何特定项目的施工过程顺序与持续时间。甘特图包含以下三个含义：以图形或表格的形式表示施工内容；通用的显示进度的方法；构造时应包括实际日历天和持续时间。甘特图具有简单、直观和便于编制等特点，在企业管理工作中被广泛应用，图表详见6.2 流水施工原理在建筑工程中的应用。

4. 网络计划

网络计划即网络计划技术（Network Planning Technology），是指用于工程项目的计划与控制的一项管理技术。它是 20 世纪 50 年代末发展起来的，依其起源有关键路径法（CPM）与计划评审法（PERT）之分。CPM 主要应用于以往在类似工程中已取得一定经验的承包工程，PERT 更多地应用于研究与开发项目。随着网络计划技术的发展，关键链（CCM）也成为网络计划技术中的关键方法。详见 6.3 网络计划在建筑工程中的应用。

任务 4.5 施工准备与资源配置计划

施工进度计划确定之后，可根据各工序及持续期间所需资源编制出材料、劳动力、构件、半成品、施工机具等资源需要量计划，作为有关职能部门按计划调配的依据，以利于及时组织劳动力和物资的供应，确定工地临时设施，以保证施工顺利地进行。

4.5.1 施工准备工作

施工准备工作不仅是单位工程开工的条件，也是施工中的一项重要内容。开工之前应为开工创造条件，开工后应为施工创造条件，因此它贯穿于施工过程始终，在施工组织设计中应进行规划，实行责任制。单位工程施工组织设计的施工准备应包括技术准备、施工现场准备、资金准备和施工条件准备等。

1. 技术准备

技术准备应包括施工所需技术资料的准备、施工方案编制计划、试验检验及设备调试工作计划、样板制作计划等，要求如下：

技术资料准备是施工准备工作的核心。其主要内容包括：熟悉与审查图纸、编制标后施工组织设计、编制施工预算；主要分部（分项）工程和专项工程在施工前应单独编制施工方案，施工方案可根据工程进展情况，分阶段编制完成；对需要编制的主要施工方案应制定编制计划；试验检验及设备调试工作计划应根据现行规范、标准中的有关要求及工程规模、进度等实际情况制定；样板制作计划应根据施工合同或招标文件的要求并结合工程特点制定。

2. 施工现场准备

施工现场准备应根据现场施工条件和工程实际需要，准备现场生产、生活等临时设施，为施工项目的施工创造有利的施工条件。其主要内容有：

做好土地征用、居民拆迁和现场障碍物拆除工作；施工用电、用水、场地平整等“三通一平”工作；生产性临建设施（包括混凝土、砂浆搅拌站及钢筋、模板加工、仓库、配电房等）和生活临建设施（包括办公、宿舍、食堂、浴室、厕所等）的规模、位置的确定及搭设；施工设备就位（塔式起重机的位置、行走方式，塔式起重机基础，混凝土搅拌站的工艺布置及后台上料方式）和设备调试；施工入口的位置，材料、设备和周转材料的堆场位置及堆放方式，场内交通组织方式确定及道路的施工；现场封闭方案（围墙）、七牌一图、防火安全、噪声治理、场地排水及污水处理等。

3. 资金准备

资金准备应根据施工进度计划编制资金使用计划。

4. 施工条件准备

按施工段的划分编制分层分段的施工预算和人工、材料供应计划，先期开工的分部分项工程所需劳动力、材料、设备就位；与城市规划（定位、验线）、环卫（渣土外运）、城管（临街工程占道）、交通（城市道路开口）、供电（施工用电增容）、供水（开口及装表）、消防（消防通道）、市政（污水排放）等政府部门接洽，尽早办理申请手续和批准手续；办理质量、安全受监手续及施工许可证；向监理公司提交开工申请报告。

为了落实各项施工准备工作，加强对其检查和监督的力度，保证施工全过程的顺利进行，必须根据各项施工准备工作的内容、时间和具体负责人，编制单位工程施工准备工作计划。单位工程施工准备工作计划参照表 4-4 编制。

单位工程施工准备工作计划 **表 4-4**

序号	准备工作项目	简要内容	负责单位	负责人	起止日期		备注
					日/月	日/月	

4.5.2 资源配置计划

单位工程施工进度计划编制确定以后，应根据施工图纸、工程量计算资料、施工方案、施工进度计划等有关技术资料，着手编制主要工种劳动力需用计划、施工机械设备计划、主要材料及构配件供应计划等资源需用量计划，供相关职能部门按计划调配或供应。通常情况下，资源配备计划应包括劳动力配置计划和物资配置计划等。

1. 劳动力需用量计划

劳动力配置计划应包括下列内容：

（1）确定各施工阶段用工量；

（2）根据施工进度计划确定各施工阶段劳动力配置计划。

单位工程劳动力需要量计划是根据单位工程施工进度计划编制的，可用于优化劳动组合，调配劳动力，安排生活福利设施。将各分部分项工程所需要的主要工种劳动量叠加，按照施工进度计划的安排，提出每月（每天、每旬）需要的各工种人数，见表 4-5。

单位工程劳动力需要量计划 **表 4-5**

序号	工种名称	总工日数	月			月			备注
			上旬	中旬	下旬	上旬	中旬	下旬	

2. 物资配置计划

物资配置计划应包括下列内容：

（1）主要工程材料和设备的配置计划应根据施工进度计划确定，包括各施工阶段所需主要工程材料、设备的种类和数量。

（2）工程施工主要周转材料和施工机具的配置应根据施工部署和施工进度计划确定，包括各施工阶段所需主要周转材料、施工机具的种类和数量。

单位工程主要材料需用量计划可用于备料、组织运输和建库（堆场）。可将进度表中的工程量与消耗定额相乘，加以汇总，并考虑储备定额计算求出，也可根据施工预算和进度计划进行计算。主要材料需要量计划的表格形式见表 4-6。

单位工程主要材料需要量计划　　表 4-6

序号	材料名称	规格	需要量		供应时间	备注
			单位	数量		

单位工程构配件需要量计划用以与加工单位签订合同、组织运输、设置堆场位置和面积。应根据施工图和施工进度计划编制，主要构配件需要量计划的表格形式见表 4-7。

单位工程主要构配件需要量计划　　表 4-7

序号	构件、半成品名称	规格	图号、型号	需要量		使用部位	加工单位	供应日期	备注
				单位	数量				

单位工程施工机械需要量计划主要用于确定施工机械的类型、数量、进场时间，可据此落实施工机械来源，组织进场。将单位工程施工进度计划表中的每一个施工过程每天所需的机械类型、数量和施工日期进行汇总，按照施工进度计划确定数量和需用时间，提出施工机具需要量计划，其表格形式见表 4-8。

单位工程主要施工机具需要量计划　　表 4-8

序号	机械名称	类型、型号	需要量		货源	使用起止时间	备注
			单位	数量			

任务 4.6　施 工 方 案

4.6.1　施工方案的编制要求及内容

施工方案包括两种情况：一种是专业承包公司独立承包项目中的分部（分项）工程或专项工程施工方案，另一种是作为单位工程施工组织设计的补充，由施工总承包单位编制的分部（分项）工程或专项工程施工方案。由施工总承包单位编制的分部（分项）工程或专项工程施工方案按照下列要求执行，其中单位工程施工组织设计中已包含的内容可略。

1. 施工方案的编制要求

施工方案编制应遵循两项原则：第一，结合工程的具体情况和施工工艺、工法等，按照施工顺序进行阐述；第二，具有先进性、可行性和经济性且三者兼顾。

施工方案的编制应符合以下要求：

（1）单位工程应按照《建筑工程施工质量验收统一标准》GB 50300—2013 中分部、分项工程的划分原则，对主要分部、分项工程制定施工方案。

例如：土石方工程、降水、护坡工程施工方案，防水工程施工方案，塔式起重机基础工程施工方案，施工测量方案，钢筋工程施工方案，模板工程施工方案，混凝土工程施工方案，装饰工程及屋面工程施工方案等。

（2）对脚手架工程、起重吊装工程、临时用水用电工程、季节性施工等专项工程所采用的施工方案应进行简要的说明。

（3）对临时用水用电工程施工方案还应进行简要的计算。

2. 施工方案的编制内容

施工方案的具体内容主要包括：施工流向和施工程序的确定，施工方法和施工机械的选择，施工方法及工艺要求、保障措施。

4.6.2 施工流向和施工程序的确定

1. 施工流向的确定

施工流向的确定是指单位工程在平面上或竖向上施工开始的部位及展开方向。单层建筑物要确定出分段（跨）在平面上的施工流向；多层建筑物除了应确定每层平面上的流向外，还应确定其层或单元在竖向的施工流向。竖向施工流水要在层数多的一段开始流水，以使工人不窝工。不同的施工流向可产生不同的质量、时间和成本效果，故施工流向应当优化。确定施工流向应考虑以下因素：生产使用的先后，适当的施工区段划分，与材料、构件、土方的运输方向不发生矛盾，适应主导施工过程（工程量大、技术复杂、占用时间长的施工过程）的合理施工顺序，以及保证工人连续工作而不窝工。具体应注意以下几点：

（1）车间的生产工艺过程往往是确定施工流向的关键因素，故影响其他工段试车投产的工段应先施工；

（2）建设单位对生产或使用要求在先的部位应先施工；

（3）技术复杂、工期长的部位应先施工；

（4）当有高低层或高低跨并列时，应先从并列处开始；当基础埋深不同时应先深后浅。

2. 施工程序的确定

施工程序指分部工程、专业工程或施工阶段的先后施工关系。

（1）单位工程的施工程序应遵守“先地下、后地上”“先主体、后围护”“先结构、后装修”的基本要求。“先地下、后地上”，指的是在地上工程开始之前，尽量把管道、线路等地下设施和土方工程做好或基本完成，以免对地上部分施工有干扰或带来不便、造成浪费、影响质量。“先主体、后围护”，主要指框架结构应注意在总的程序上有合理的搭接。一般来说，多层民用建筑工程结构与围护，以不搭接为宜，而高层建筑则应尽量搭接施工，以有效地节约时间。

（2）设备安装与土建施工的程序关系呈现复杂情况。土建施工要为设备安装施工提供工作面，在安装的过程中，两者要相互配合。一般在设备安装以后，土建还要做许多工作。总的来看，可以有 3 种程序关系：

1）封闭式施工。对于一般机械工业厂房，当主体结构完成之后，即可进行设备安装。对于精密设备的工业厂房，则应在装修工程完成后才进行设备安装。这种程序称为“封闭式施工”。封闭式施工的优点是：土建施工时，工作面不受影响，有利于构件就地预制、拼装和安装，起重机械开行路线选择自由度大；设备基础能在室内施工，不受气候影响；厂房的桥式吊车可为设备基础施工及设备安装运输服务。但封闭式施工也有以下缺点：部分柱基回填土要重新挖填，运输道路要重新铺设，出现重复劳动；设备基础挖土难以利用机械操作；如土质不佳时，设备基础挖土可能影响柱基稳定，故要增加加固措施费；不能提前为设备安装提供工作面，形成土建与设备安装的依次作业，相应地时间较长。

2）敞开式施工。对于某些重型厂房，如冶金、电站用房等，一般是先安装工艺设备，然后建造厂房。由于设备安装露天进行，故称“敞开式施工”。敞开式施工的优缺点与封闭式施工相反。

3）平行式施工。当土建为设备安装创造了必要条件后，同时又可采取措施防止设备污染，便可同时进行土建与安装施工，故称“平行式施工”。例如建造水泥厂时最经济的施工方法就是这一种。

（3）要及时完成有关的施工准备工作，为正式施工创造良好条件。包括砍伐树木，拆除已有的建筑物，清理场地，设置围墙，铺设施工需要的临时性道路以及供水、供电管网，建造临时性工房、办公用房、加工厂等。准备工作视施工需要，可以一次完成或是分期完成。

（4）正式施工前，应该先进行平整场地，铺设管网，修筑道路等全场性工程及可供施工使用的永久性建筑物，然后再进行各个工程项目的施工。在正式施工之初完成这些工程，有利于利用永久性管线、道路、房屋为施工服务，从而减少暂设工程，节约投资，并便于现场平面的管理。在安排管线道路施工程序时，一般宜先场外、后场内，场外由远而近，先主干、后分支；地下工程要先深后浅，排水要先下游、后上游。

（5）对于单个房屋和构筑物的施工程序，既要考虑空间程序，也要考虑工种之间的程序。空间程序是解决施工流向的问题，必须根据生产需要、缩短工期和保证工程质量的要求来决定。工种程序是解决时间上搭接的问题，它必须做到保证质量、工种之间互相创造条件、充分利用工作面、争取时间。

（6）在施工程序上要注意施工最后阶段的收尾、调试，生产和使用前的准备，以及交工验收。前有准备，后有收尾，这才是周密的安排。

3. 划分施工段

施工段的划分将直接影响流水施工的效果，为合理划分施工段，一般应遵循下列原则：

（1）有利于保持结构的整体性

由于每一个施工段内的施工任务均由专业施工队伍完成，因而在两个施工段之间容易形成施工缝。为了保证拟建工程项目结构的完整性，施工段的分界线尽可能与结构的自然界线（如伸缩缝、沉降缝等）相一致，或设在对结构整体性影响较小的门窗洞口等部位。如工程的基础结构和主体结构的施工，可采取按楼号方式将整个建筑平面划分为多个施工作业段组织施工。

（2）各施工段的劳动量相等或大致相等

划分施工段应尽量使各段工程量相等或者大致相等，其相差幅度不宜超过 15%，以便使施工连续、均衡、有节奏地进行。如室内外装修工程，可采取按层分工序分别组织，可将楼地面的施工，采取按每层为一施工作业段。

（3）应有足够的工作面

施工段的大小应保证工人施工有足够的作业空间（工作面），以便充分发挥专业工人和机械设备的生产效率。

（4）施工段的数目应与主导施工过程相协调

施工段的划分宜以主导施工过程（即对整个流水施工起决定性作用的施工过程）为主，形成工艺组合，合理地确定施工段的数目。多层工程的工艺组合数应等于或小于每层的施工段数。分段不宜过多，过多可能延长工期或使工作面变狭窄；过少则无法进行流水施工，使劳动力或机械设备窝工。

4.6.3　施工机械和施工方法的选择

由于建筑产品的多样性、地区性和施工条件的不同，因而施工机械和施工方法的选择也是多种多样的。施工机械和施工方法的选择应当相互协调，即相应的施工方法要求选用相应的施工机械；不同的施工机械适用于不同的施工方法。选择时，要根据建筑物（构筑物）的结构特征、抗震要求、工程量大小、工期长短、物资供应条件、场地四周环境等因素，拟订可行方案，进行优选后再决策。

1. 施工机械选择

（1）选择施工机械的原则

施工机械的选择应遵循切合需要、实际可能、经济合理的原则，具体考虑以下几点：

1）技术条件。包括技术性能、工作效率、工作质量、能源耗费、劳动力的节约、使用的安全性和灵活性、通用性和专用性、维修的难易和耐用程度等。

2）经济条件。包括原始价值、使用寿命、使用费用、维修费用等。如果是租赁机械，应考虑其租赁费。

3）要进行定量的技术经济分析比较，以使机械选择最优。

（2）选择施工机械的要求

1）选择施工机械时，首先应该选择主导工程的机械，根据工程特点决定其最适宜的类型。例如选择起重设备时，当工程量较大而又集中时，可采用塔式起重机；当工程量较小或工程量虽大但又相当分散时，则采用无轨自行式起重机。

2）为了充分发挥主导机械的效率，应相应选好与其配套的辅助机械或运输工具，以使其生产能力协调一致，充分发挥主导机械的效率。起重机械与运输机械要配套，保证起重机械连续作业；土方机械如采用汽车运土，汽车的容量应为斗容量的整数倍，汽车数量应保证挖土机械连续工作。

3）应力求一机多用及综合利用。挖土机可用于挖土、装卸和打桩，起重机械可用于吊装和短距离水平运输。

2. 施工方法选择

（1）制定施工方法的重点

施工方法选择时，应着重于考虑影响整个工程的分部分项工程的施工方法。对于按照常规做法和工人熟知的分项工程，则不予详细拟定，只要提出应注意的一些特殊问题即可。一般应重点考虑以下方面，做出必要的设计。

1）工程量大，在单位工程中占有重要地位的分部分项工程；

2）施工技术复杂的或采用新技术、新工艺及对工程质量起关键作用的分部分项工程；

3）不熟悉的特殊结构工程或由专业施工单位施工的特殊专业工程；

4）考虑满足施工工艺要求；

5）符合国家颁发的专业工程施工质量验收规范和《建筑工程施工质量验收统一标准》GB 50300—2013 的要求；

6）尽量选择那些经过试验鉴定的科学、先进、节约的方法，尽可能进行技术经济分析；

7）要与选择的施工机械及划分的施工段相协调。

（2）主要分部（分项）工程施工方法的选择

1）土石方工程

是否采用机械，开挖方法，放坡要求，石方的爆破方法及所需机具、材料，排水方法及所需设备，土石方的平衡调配。

2）基础工程

基础需设施工缝时，应明确留设位置和技术要求；确定浅基础的垫层、混凝土和钢筋混凝土基础施工的技术要求或有地下室时防水施工技术要求；确定桩基础的施工方法和施工机械。

3）砌筑工程

应明确砖墙的砌筑方法和质量要求；明确砌筑施工中的流水分段和劳动力组合形式等；确定脚手架搭设方法和技术要求。

4）混凝土及钢筋混凝土工程

模板类型和支模方法，隔离剂的选用，钢筋加工、运输和安装方法，混凝土搅拌和运输方法，混凝土的浇筑顺序，施工缝位置，分层高度，工作班次，振捣方法和养护制度等。在选择施工方法时，特别应注意大体积混凝土的施工、模板工程的工具化和钢筋混凝土施工的机械化。

5）结构吊装工程

根据选用的机械设备确定吊装方法，安排吊装顺序、机械位置、行驶路线，构件的制作、拼装方法，场地，构件的运输、装卸、堆放方法，所需的机具和设备型号、数量对运输道路的要求。

6）装饰工程

围绕室内外装修，确定采用工厂化、机械化施工方法；确定工艺流程和劳动组织，组织流水施工；确定所需机械设备，确定材料堆放、平面布置和储存要求。

7）现场垂直、水平运输

确定垂直运输量（有标准层的要确定标准层的运输量），选择垂直运输方式，脚手架的选择及搭设方式，水平运输方式及设备的型号、数量，配套使用的专用工具设备（如砖车、砖笼、混凝土车、灰浆车和料斗等），确定地面和楼层上水平运输的行驶路线，合理地布置垂直运输设施的位置，综合安排各种垂直运输设施的任务和服务范围，混凝土后台上料方式。

4.6.4 技术组织措施的设计

技术组织措施是指在技术、组织方面对保证质量、安全、节约和季节施工、防止污染等方面所采用的方法，是带有创造性的工作。

1. 质量保证措施

保证质量的关键是对施工组织设计的工程对象经常发生的质量通病制定防治措施（可参阅《建筑工程质量通病防治手册》一书），要服从全面质量管理的要求，把措施定到实处，建立质量管理体系，保证“PDCA循环”的正常运转。对采用的新工艺、新材料、新技术和新结构，须制定有针对性的技术措施，以保证工程质量。认真制定放线定位正确无误的措施，确保地基基础特别是特殊、复杂地基基础质量的措施，保证主体结构中关键部位质量的措施，复杂特殊工程的施工技术组织措施等。

2. 安全施工措施

安全施工措施应贯彻《建设工程安全生产管理条例》和安全操作规程等，对施工中可能发生安全问题的危险源进行预测，提出预防措施。安全施工措施主要包括：

（1）对于采用的新工艺、新材料、新技术和新结构，制定有针对性的、行之有效的专门安全技术措施，以确保安全；

（2）预防自然灾害（防台风、防雷击、防洪水、防地震、防暑降温、防冻、防寒、防滑等）的措施；

（3）高空及立体交叉作业的防护和保护措施；

（4）防火防爆措施；

（5）安全用电和机电设备的保护措施。

3. 降低成本措施

降低成本措施的制定应以施工预算为标准，以企业（或项目经理部）年度、季度降低成本计划和技术组织措施计划为依据进行编制。要针对工程施工中降低成本潜力大的（工程量大、有采取措施的可能性、有条件的）项目，充分开动脑筋，提出措施，并计算出经济效果指标，加以评价、决策。这些措施必须要不影响质量，能够实施，能保证安全。降低成本措施应包括节约劳动力、材料、机械设备费用、工具费、间接费、临时设施费、资金等。一定要正确处理降低成本、提高质量和缩短工期三者的对立统一关系。

4. 季节性施工措施

当工程施工跨越冬期和雨期时，就要制定冬期施工措施和雨期施工措施。制定这些措施的目的是保质量、保安全、保工期、保节约。雨期施工措施要根据工程所在地的雨量、雨期及施工工程的特点（如深基础、大体量土方、使用的设备、施工设施、工程部位等）进行制定。要在防淋、防潮、防泡、防淹、防拖延等方面，分别采用疏导、堵挡、遮盖、排水、防雷、合理储存、改变施工顺序、避雨期施工、加固防陷等措施。在冬季，按照气温和降雪量不同、工程部位及施工内容不同、施工单位的条件不同，采用不同的冬期施工措施。北方地区冬期施工措施必须严格、周密。要按照《冬期施工手册》或有关资料（科研成果）选用措施，以达到保温、防冻、改善操作环境、保证质量、控制工期、安全施工、减少浪费的目的。

5. 防止环境污染措施

为了保护环境、防止污染，尤其是防止在城市施工中造成污染，在编制施工方案时应提出防止污染的措施，主要应有以下方面：

（1）防止施工废水污染的措施，如搅拌机冲洗废水、油漆废液、灰浆水等；

（2）防止废气污染的措施，如熬制沥青、熟化石灰等；

（3）防止垃圾粉尘污染的措施，如运输土方与垃圾、白灰堆放、散装材料运输等；

（4）防止噪声污染的措施，如打桩、搅拌混凝土、振捣混凝土等。

为防止污染，必须遵守施工现场及环境保护的有关规定，设计出防止污染的有效办法，列入施工组织设计之中。

任务 4.7　施工现场平面布置

单位工程施工平面图是布置施工现场和进行施工准备工作的一项重要依据，是实现文明施工、节约土地、减少临时设施费用、进行绿色施工的先决条件。一般单位工程施工现场平面图的编制依据是施工总平面图及其设计。

4.7.1　施工现场平面布置的依据和内容

1. 单位工程施工平面图设计的依据

（1）建筑总平面图，包括等高线的地形图、建筑场地的原有地下沟管位置、地下水位、可供使用的排水沟管；

（2）建设地点的交通运输道路、河流、水源、电源、建材运输方式、当地生活设施、弃土、取工地点及现场可供施工的用地；

（3）各种建筑材料、预制构件、半成品、建筑机械的现场存储量及进场时间；

（4）单位工程施工进度计划及主要施工过程的施工方法；

（5）建设单位可提供的房屋及生活设施，包括临时建筑物、仓库、水电设施、食堂、宿舍、锅炉房、浴室等；

（6）一切已建及拟建的房屋和地下管道，以便考虑在施工中利用或影响施工的则提前拆除；

（7）建筑区域的竖向设计和土方调配图；

（8）如该单位工程属于建筑群中的一个工程，则尚需全工地性施工总平面图。

2. 单位工程施工平面图布置的内容

（1）工程施工场地状况；

（2）拟建的建（构）筑物的位置、轮廓尺寸、层数等；

（3）工程施工现场的加工设施、存储设备、办公和生活用房等的位置和面积，包括材料、加工半成品、构件和机具的堆场，生产、生活用临时设施，如搅拌站、高压泵站、钢筋棚、木工棚、仓库、办公室、供水管、供电线路、消防设施、安全设施、道路以及其他需搭建或建造的设施；

（4）现场的垂直运输设施（移动式起重机的开行路线及垂直运输设施的位置）、供电设施、供水供热设施、排水排污设施和临时施工道路等；

（5）施工现场必备的安全消防、保卫和环境保护等设施；

（6）相邻的地上、地下既有建（构）筑物及相关环境；

（7）测量放线标桩、地形等高线和取舍土地点；

（8）必要的图例、比例尺，方向及风向标记。

上述内容可根据建筑总平面图、施工图、现场地形图、现有水源和电源、场地大小、可利用的已有房屋和设施、调查得来的资料、施工组织总设计、施工方案、施工进度计划等，经过科学的计算甚至优化，并遵照国家有关规定来进行设计。

4.7.2 施工现场平面布置的基本原则

（1）在满足现场施工条件下，布置紧凑，便于管理，尽可能减少施工用地。

（2）在满足施工顺利进行的条件下，尽可能减少临时设施，减少施工用的管线，尽可能利用施工现场附近的原有建筑物作为施工临时用房，并利用永久性道路供施工使用。

（3）最大限度地减少场内运输，减少场内材料、构件的二次搬运；各种材料按计划分期分批进场，充分利用场地；各种材料堆放的位置，根据使用时间的要求，尽量靠近使用地点，节约搬运劳动力和减少材料多次转运中的损耗。

（4）临时设施的布置，应利于施工管理及工人生产和生活。办公用房应靠近施工现场，福利设施应在生活区范围之内。

（5）施工平面布置要符合劳动保护、保安、防火的要求。

根据以上基本原则并结合现场实际情况，施工平面图可布置几个方案，从中选择技术上最合理、费用上最经济的方案。可以从如下几个方面进行定量的比较：施工用地面积、施工用临时道路、管线长度、场内材料搬运量、临时用房面积等。

4.7.3 施工现场平面布置的基本步骤

单位工程施工平面图的一般设计步骤如下：确定起重机的位置→确定搅拌站、仓库、材料和构件堆场、加工厂的位置→布置运输道路→布置行政管理、文化、生活、福利用临时设施→布置水电管线→计算技术经济指标。

1. 垂直运输机械的布置

垂直运输机械的位置直接影响仓库、搅拌站、各种材料和构件等的位置及道路和水电线路的布置等，因此它是施工现场布置的核心，必须首先确定。

由于各种起重机械的性能不同，其布置方式也不相同。

（1）固定式起重机

布置固定垂直运输机械（如井架、桅杆式和定点式塔式起重机等），主要应根据机械的运输能力、建筑物的平面形状、施工段划分情况、最大起升载荷和运输道路等情况来确定。其目的是充分发挥起重机械的工作能力，并使地面和楼面的运输量最小且施工方便。在布置时，还应注意以下几点：

1）当建筑物的各部位高度相同时，应布置在施工段的分界线附近。

2）当建筑物各部位高度不同时，应布置在高低分界线较高部位一侧。

3）井架、龙门架的位置以布置在窗口处为宜，以避免砌墙留槎和减少井架拆除后的修补工作。

4）井架、龙门架的数量要根据施工进度、垂直提升的构件和材料数量、台班工作效率等因素计算确定。

5）卷扬机的位置不应距离提升机太近，以便操作者的视线能够看到整个升降过程，一般要求此距离大于或等于建筑物的高度，水平距离应距离外脚手架 3m 以上。

6）井架应立在外脚手架之外，并应有一定距离为宜。

7）当建筑物为点式高层时，固定的塔式起重机可以布置在建筑物中间，如图 4-4（*a*）所示，或布置在建筑物的转角处。

（2）有轨式起重机械

有轨道的塔式起重机械布置时主要取决于建筑物的平面形状、大小和周围场地的具体情况。应尽量使起重机在工作幅度内能将建筑材料和构件直接运到建筑物的任何施工地点，避免出现运输死角。由于有轨式起重机占用施工场地大，铺设路基工作量大，且受到高度的限制，因而实践中应用较少。

同时当起重机的位置和尺寸确定后，要复核其起重量、起重高度和回转半径这三项参数是否满足建筑物的起吊要求，保证工作不出现“死角”，则可以采用在局部加井架的措施，予以解决，如图 4-4（*b*）所示。其布置方式通常有：单侧布置、双侧布置或环形布置等形式，如图 4-5 所示。

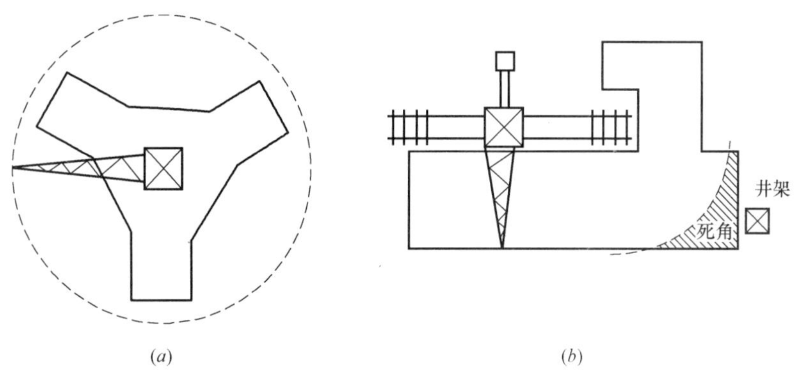

图 4-4　起重机械的布置

1）单侧布置。当建筑物宽度较小、构件重量不大，选择起重力矩在 450kN・m 以下的塔式起重机时，可采用单侧布置方式。其优点是轨道长度较短，并有较宽敞的场地堆放构件和材料。当采用单侧布置时，其起重半径 R 应满足下式要求：

$$R \geqslant B + A \tag{4-1}$$

式中：R——塔式起重机的最大回转半径（m）；

B——建筑物平面的最大宽度（m）；

A——建筑物外墙皮至塔轨中心线的距离。

一般当无阳台时，A = 安全网宽度 + 安全网外侧至轨道中心线距离；当有阳台时，A = 阳台宽度 + 安全网宽度 + 安全网外侧至轨道中心线距离。

2）双侧布置或环形布置。当建筑物宽度较大，构件重量较重时，应采用双侧布置或环形布置，此时起重半径应满足下式要求：

$$R \geqslant B/2 + A \tag{4-2}$$

式中符号意义同前。

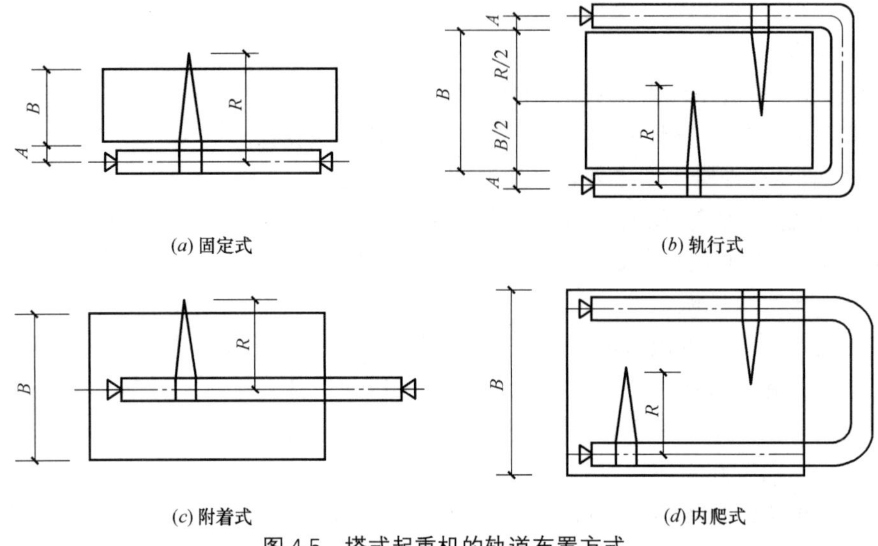

(a) 固定式　(b) 轨行式

(c) 附着式　(d) 内爬式

图 4-5 塔式起重机的轨道布置方式

3）跨内单行布置。由于建筑物周围场地狭窄，不能在建筑物外侧布置轨道，或由于建筑物较宽，构件较重时，塔式起重机应采用跨内单行布置，才能满足技术要求，此时最大起重机半径应满足下式：

$$R \geqslant B/2 \tag{4-3}$$

式中符号意义同前。

4）跨内环行布置。当建筑物较宽、构件较重，塔式起重机跨内单行布置不能满足构件吊装要求，且塔式起重机不可能在跨外布置时，则选择这种布置方案。

塔式起重机的位置及尺寸确定之后，应当复核起重量、回转半径、起重高度三项工作参数是否能够满足建筑物的吊装技术要求，若复核不能满足要求，则调整上述各公式中 A 的距离。若 A 已是最小安全距离时，则必须采取其他的技术措施，最后绘制出塔式起重机服务范围。它是以塔轨两端有效端点的轨道中心为主圆心，以最大回转半径为半径画出两个半圆，连接两个半圆，即为塔式起重机服务范围。

（3）自行式无轨起重机械

这类起重机有履带式、轮胎式和汽车式三种。它们一般用作构件装卸的起吊构件之用，还适用于装配式单层工业厂房主体结构的吊装，其吊装的开行路线及停机位置主要取决于建筑物的平面布置、构件重量、吊装高度和吊装方法，一般不用作垂直和水平运输。

布置固定垂直运输设备时，要考虑到材料运输的方便，使运距最短，同时也要使高空水平运距最短。井架位置布置在高低分界线处及窗口处为宜，使运输方便。

（4）外用施工电梯

外用施工电梯是一种安装于建筑物外部，施工期间用于运送施工人员及建筑物器材的垂直运输机械。它是高层建筑施工不可缺少的关键设备之一。

在确定外用施工电梯的位置时，应注意以下几点：

1）便于施工人员上下和物料集散；

2）由电梯口至各施工处的平均距离应最近；

3）便于安装附墙装置；

4）接近电源，有良好的夜间照明。

2. 混凝土、砂浆搅拌机布置

对于现浇混凝土结构施工，为了减少现场的二次搬运，现场混凝土搅拌站应布置在起重机的服务范围内，同时对搅拌站的布置还应注意以下几点：

（1）根据施工任务的大小、工程特点选择适用的搅拌机；

（2）与垂直运输机械的工作能力相协调，以提高机械的利用效率。

目前，很多地方、很多城市里的施工，都采用商品混凝土，现场搅拌混凝土使用越来越少。若施工项目使用商品混凝土，则可以不考虑混凝土搅拌站布置的问题了。

3. 堆场和仓库的布置

仓库和堆场布置时总的要求是：尽量方便施工，运输距离较短，避免二次搬运，以求提高生产效率和节约成本。为此，应根据施工阶段、施工位置的标高和使用时间的先后确定布置位置。一般有以下几种布置：

（1）建筑物在基础和第一层施工时所用的材料应尽量布置在建筑物的附近，并根据基槽（坑）的深度、宽度和放坡坡度确定堆放地点，与基槽（坑）边缘保持一定的安全距离，以免造成土壁塌方事故。

（2）第二层以上施工用材料、构件等应布置在垂直运输机械附近。

（3）砂、石等大宗材料应布置在搅拌机附近且靠近道路。

（4）当多种材料同时布置时，对大宗的、重量较大的和先期使用的材料，应尽量靠近使用地点或垂直运输机械；少量的、较轻的和后期使用的则可布置稍远；对于易受潮、易燃和易损材料则应布置在仓库内。

在同一位置上按不同施工阶段先后可堆放不同的材料。例如，混合结构基础施工阶段，建筑物周围可堆放毛石，而在主体结构施工阶段时可在建筑四周堆放标准砖等。

4. 现场作业车间确定

单位工程现场作业车间主要包括钢筋加工车间、木工车间等，有时还需考虑金属结构加工车间和现场小型预制混凝土构件的场地。这些车间和场地的布置应结合施工对象和施工条件合理进行。

5. 布置现场运输道路

单位工程施工平面图的道路布置，应与全工地性施工总平面图的道路相配合。

在布置现场运输道路时，应尽可能将拟建的永久性道路提前建成后为施工使用，或先造好永久性道路的路基，在交工前再铺路面。现场的道路最好是环行布置，以保证运输工具回转、调头方便。

6. 布置临时房屋

尽可能利用已建的永久性房屋为施工服务，如不足再修建临时房屋。临时房屋应尽量利用可装拆的活动房屋且满足消防要求。有条件的应使生活区、办公区和施工区相对独立。办公用房宜设在工地入口处。作业人员宿舍一般宜设在现场附近，方便工人上下班；有条件时也可设在场区内。作业人员用的生活福利设施宜设在人员相对集中的地方或设在出入必经之处。食堂宜布置在生活区，也可视条件设在施工区与生活区之间。如果现场条件不允许，也可采用送餐制。

7. 现场水、电管网的布置

（1）施工水网布置

1）施工用的临时给水管，一般由建设单位的干管或自行布置的干管接到用水地点。布置时应力求管网总长度短，管径的大小和水龙头数量须视工程规模大小通过计算确定，其布置形式有环形、枝形、混合式三种。

2）供水管网应按防火要求布置室外消防栓，消防栓应沿道路设置，距道路边不大于2m，距建筑物外墙不应小于5m，也不应大于25m。消防栓的间距不应大于120m，工地消防栓应设有明显的标志，且周围3m以内不准堆放建筑材料。

3）为了排除地面水和地下水，应及时修通永久性下水道，并结合现场地形在建筑物周围设置排泄地面水、集水坑等设施。

（2）临时供电设施

1）为了维修方便，施工现场一般采用架空配电线路，且要求现场架空线与施工建筑物水平距离不小于10m，架空线与地面距离不小于6m，跨越建筑物或临时设施时，垂直距离不小于2m。

2）现场线路应尽量架设在道路的一侧，且尽量保持线路水平，在低压线路中，电杆间距应为25～40m，分支线及引入线均应由电杆处接出，不得由两杆之间接线。

3）单位工程施工用电应在全工地性施工总平面图中统筹考虑，包括用电量计算、电源选择、电力系统选择和配置。若为独立的单位工程应根据计算的有用电量和建设单位可提供电量决定是否选用变压器。变压器的设置应将施工工期与以后长期使用相结合考虑，其位置应远离交通道口处，布置在现场边缘高压线接入处，在2m以外四周用高度大于1.7m铁丝网住，以保安全。

任务4.8 绿色施工与新技术应用

4.8.1 绿色施工

绿色施工是指在保证质量、安全等基本要求的前提下，通过科学管理和技术进步，最大限度地节约资源，减少对环境负面影响，实现节能、节材、节水、节地和环境保护（“四节一环保”）的建筑工程施工活动。

1. 绿色施工的原则

（1）把绿色施工作为工程项目全寿命期中的一个重要阶段。实施绿色施工，应进行总体方案优化。在规划、设计阶段，应充分考虑绿色施工的总体要求，为绿色施工提供基础条件。

（2）实施绿色施工应对施工策划、材料采购、现场施工、工程验收等各阶段进行控制，加强对整个施工过程的管理和监督。

（3）实施绿色施工，必须建立绿色理念，坚持节约和环境保护，做好绿色施工的每一项活动内容，实现每一项指标，并注重取得实效。

2. 绿色施工的内容

项目在施工过程中应遵循绿色施工的基本理念并应符合以下规定：

（1）建立绿色施工管理体系和管理制度，实施目标管理；

（2）根据绿色施工要求进行图纸会审和深化设计；

（3）施工组织设计及施工方案应有专门的绿色施工章节，绿色施工目标明确，内容应涵盖“四节一环保”要求；

（4）工程技术交底应包含绿色施工内容；

（5）采用符合绿色施工要求的新材料、新技术、新工艺、新机具进行施工；

（6）建立绿色施工培训制度，并有实施记录；

（7）根据检查情况，制定持续改进措施；

（8）采集和保存过程管理资料、见证资料和自检评价记录等绿色施工资料。

3. 施工单位绿色施工方案的内容

施工单位应编制包含绿色施工管理和技术要求的工程绿色施工组织设计、绿色施工方案或绿色施工专项方案，并经审批通过后实施。

在编制施工方案时，应充分考虑绿色施工的要求，突出对以下内容的设计：

（1）绿色施工目标。

（2）绿色施工组织体系及绿色施工责任制度。

（3）绿色施工影响因素分析。

（4）根据《建筑工程绿色施工规范》GB/T 50905—2014 及《建筑工程绿色施工导则》设计绿色施工措施。

1）环境保护措施：制定环境管理计划及应急救援预案，采取有效措施，降低环境负荷，保护地下设施和文物等资源。

2）节材措施：在保证工程安全与质量的前提下，制定节材措施，如进行施工方案的节材优化，建筑垃圾减量化，尽量利用可循环材料等。

3）节水措施：根据工程所在地的水资源状况，制定节水措施。

4）节能措施：进行施工节能策划，确定目标，制定节能措施。

5）节地与施工用地保护措施：制定临时用地指标、施工总平面布置规划及临时用地节地措施等。

4.8.2 新技术应用

随着我国科学技术的快速发展，建筑业也得到了日新月异的变化。要想开拓市场站稳脚跟，谋求更大的发展，就必须靠增加科技含量来提高工程质量，降低生产成本，创造最佳效益。目前，住房和城乡建设部重点推广的建筑业十项新技术分别是：地基基础和地下空间工程技术、钢筋与混凝土技术、模板脚手架技术、装配式混凝土结构技术、钢结构技术、机电安装工程技术、绿色施工技术、防水技术与围护结构节能、抗震、加固与监测技术、信息化技术。

本章内容着重介绍信息化技术方面的应用。

企业的信息化技术的有效应用，不仅关系到项目的成功与否，影响着企业的长远发展，也关乎着行业的持续健康发展。目前信息化技术在工程项目中的应用越来越普及，同时集成应用也越来越多。本节选取几项行业关键信息技术进行应用阐述。

1. 建筑信息模型（Building Information Modeling，BIM）

建筑信息模型以三维数字技术为基础，集成了建筑工程项目各种相关信息的工程数据模型。对于建筑施工行业而言，BIM技术在施工阶段的应用对于节约成本、加快进度、保证质量等方面可起到重要的作用。相比于传统的二维CAD设计，BIM技术以建筑物的三维图形为载体进一步集成各种建筑信息参数，形成数字化、参数化的建筑信息模型，然后围绕数字模型实现施工模拟、碰撞检测、5D虚拟施工等应用。借助基于三维图形的BIM技术能在计算机内实现设计、施工和运维数字化的虚拟建造过程，并形成优化的方案指导实际的建造作业，极大提高设计质量、降低施工变更、提升工程可实施性。

2. 云计算技术

云计算是一种商业计算模型，一种新兴的共享基础架构的方法。它统一管理大量的计算机、存储设备等物理资源，并通过分布式计算技术将这些资源虚拟化，形成一个巨大的虚拟化资源池，将海量的计算任务均匀分布在资源池上。使用户能够按需要动态获取计算力、存储空间和信息服务，而不受物理资源的限制。与传统的单机和网络应用模式相比，基于云计算的服务器平台为用户带来高可靠性、高扩展性和高性价比。

3. 大数据技术

大数据指的是所涉及的资料量，规模巨大到无法通过目前主流软件工具在合理时间内达到攫取、管理、处理并整理成为帮助企业经营决策目的的资讯。随着信息技术在工程项目的应用和管理的需求越来越强烈，信息传播的方式逐渐从单纯的业务表单向音频、文字、图片、视频等半结构化、非结构化数据转变，这使得数据规模以极快的速度增长，数据类型也越来越复杂，项目施工过程中将会产生海量的数据，给传统的数据分析、处理技术带来了巨大的挑战。为了应对这样的新任务，与大数据相关的数据采集、存储、挖掘和分析等技术成为互联网应用中的关键技术。

4. 物联网技术

物联网是通过在建筑施工作业现场安装各种射频识别（RFID）、红外感应器、全球定位系统、激光扫描器等信息传感设备，按约定的协议，把任何与工程建设相关的人员或物品与互联网连接起来，进行信息交换和通信，以实现智能化识别、定位、跟踪、监控和管理的一种网络。弥补传统方法和技术在监管中的缺陷，实现对施工现场人、机、料、法、环的全方位实时监控，变被动“监督”为主动“监控”。物联网具备三大特征：一是全面感知，利用传感器、RFID、二维码等采集技术，随时随地获取现场人员、材料和机械等的数据；二是可靠传送，通过通信网与互联网，实时获取的数据可以随时随地的交互、共享；三是智能处理，利用云计算、大数据、模式识别等智能计算技术，对海量的数据进行分析与处理，提取有用的信息，实现智能决策与控制。因此，物联网不是一项技术，它是多项技术的总称，从其技术特征和应用范围来讲，物联网的技术可以分为自动识别技术、定位跟踪技术、图像采集技术和传感器与传感网络技术。

5. 智能化技术

智能化技术主要是将计算机技术、精密传感技术、自动控制技术、GPS定位技术、无线网络传输技术等的综合应用于工艺、工法或机械设备、仪器仪表等施工技术与生产工具中，提高施工的自动化程度及智能化水平。智能化技术的应用可大大改善操作者作业环境，减轻了工作强度，提高了作业质量和工作效率，特别是可有助于解决重点和危险的施工环节和场合问题。

6. 移动互联网技术

移动互联网是互联网与移动通信互相融合的新兴技术，是一种通过智能移动终端，采用移动无线通信方式获取业务和服务的新兴业务。在建筑施工行业，由于工程项目地域分散、从业人员工作移动、施工现场环境复杂，制约着互联网的应用实施。随着移动互联网的发展，如5G网络的普及，平板电脑、智能手机等终端设备的技术成熟与普及，利用移动互联网代替传统互联网的应用进行日常工作和生产作业成为可能。

任务 4.9 单位工程施工组织设计实例

4.9.1 编制依据

施工合同及附件、工程技术资料及施工图，主要相关法律、法规及本企业管理文件，主要相关规范、标准、规程、图集等（具体名称略）。

4.9.2 工程概况和特点

1. 工程设计

某科研办公楼工程是集商务办公、商务配套、信息服务等功能于一体的现代化写字楼，总建筑面积约 41000m^2，其中地下 12645m^2、地上 28542m^2，钢筋混凝土框架结构，建筑总高度 68m，地下 3 层、地上 15 层。主要功能用房包括：六级人防（战时物质储备库，平时汽车库），机电设备用房，库房，商务服务，机电设备用房，主机房，大堂，消防控制中心，咖啡会议室，阅览室，办公室，行政办公等，外墙包括玻璃幕墙、石材幕墙、铝板幕墙等。

（1）基础结构为钢筋混凝土梁式筏板结构，采用复合地基或天然地基，主体为框架—剪力墙结构，框架梁、柱、剪力墙混凝土强度为 C60、C50、C45、C40、C30。

（2）给水排水工程包括给水、污废水、雨水、中水、热水等系统。变配电室设置在地下一层，由供电局提供两路 10kV 电源，以电缆埋地方式引入。变配电室内设 4 台 1250kVA 干式变压器。照明系统采用放射式与树干式供电方式，在强电竖井内设封闭式母线及电缆架，供给各层照明，供电电缆、导线均为铜芯导体，一般负荷为低烟无卤阻燃型电缆，消防等一级负荷为低烟无卤防火型电缆。事故照明由二路电源供电，末端互投。疏散诱导标志及安全出口指示由 EPS 供电。动力系统采用树干式、放射式供电方式。

（3）本工程属于二类防雷建筑，屋顶接闪器采用直径 12mm 圆钢避雷带，组成不大于 10m×10m 的网络，屋面上的金属设备及金属物体均需与避雷带可靠连接。引下线利用柱内 2 根大于 16mm^2 主筋，引下线间距小于 18m。接地极利用人工接地体做均压环，在建筑四周设置-40×4 扁钢环形接地极。

（4）本工程采用 TN-S 系统，建筑物内做总等电位联结。在变配电室、弱电机房、电梯机房预留等电位箱，在浴室、游泳池、卫生间等处做局部等电位联结。强电、弱电竖井及 IT 机房竖井内各设独立的接地干线。

（5）本工程通风空调工程包括空调风系统、空调水系统、加压送风、消防排烟系统、空调自动控制系统、地板供暖系统等。暖通空调工程全部纳入专业分包施工范围。

（6）消防系统包括消火栓系统、自动喷水灭火系统、水喷雾系统、雨淋系统、气体灭火系统、火灾自动报警及联动系统等。除消火栓系统由总承包人负责施工外，其余系统由专业分包单位实施。

（7）弱电工程包括综合布线、有线电视及卫星电视、安全防范、楼宇自控、停车场管理、智能一卡通系统等均由专业分包人负责实施；手机覆盖系统由发包人以直接发包的方式由独立承包人负责实施。

（8）全部电梯安装工程均纳入专业分包工程，由专业分包人实施。

2. 工程施工管理重点及措施

根据工程性质、设计要求以及业主在全国的影响力及所处地理位置，该工程具有“高、大、新、多、特”的特点，应重点抓好各方面的施工管理工作。

4.9.3 施工部署

1. 管理体系

结合本工程的特点，组织施工管理经验丰富的工程技术人员和工程管理人员，成立总承包项目经理部及相应的组织机构，本工程的总承包项目组织机构按四个层次设置，即企业保障层、总承包管理层、专业施工管理层、施工作业层（或专业分包管理层），如图 4-6 所示。项目经理对公司负责，项目管理人员对项目经理负责，经理部下设六部一室。

2. 管理目标

（1）工期：本工程包括建筑工程、装饰工程、机电安装工程、幕墙工程、电梯工程、消防工程、弱电工程、变配电工程、室内二次装修工程、室内景观工程、人防安装工程、景观照明工程、燃气工程、空调系统工程等工程内容。合同总工期安排 691d，本年度 6 月 27 日开始至第 3 年 5 月 18 日竣工并完成验收。

（2）质量：创结构优质工程。

（3）安全：严格按照公司职业安全健康管理体系运行。贯彻“安全第一、预防为主”的方针，杜绝死亡事故和重大工伤事故，轻伤事故率控制在 1.5‰以下。

（4）文明施工：按照创建“市文明安全工地”的标准和要求进行文明安全施工管理，确保本工地成为“市文明安全工地”。

（5）消防：杜绝重大火灾事故及火灾伤亡事故。

（6）环保：控制环境污染，创造绿色环境，建造绿色工程。

3. 结构施工流水段划分

（1）鉴于工期及结构特点设置的后浇带及施工缝，将±0.00 以下结构施工阶段按照结构特征和区域大小，分为 4 个施工段。

（2）在结构完成±0.00 后，工程南侧结构收 22m，西侧收 14m，鉴于工期及结构特点，按照结构特征和区域大小，分为 2 个施工段，如图 4-7 所示。

4. 施工组织

（1）选派抽调技术成熟、组织严密，有同类工程施工经验的施工队伍来负责该工程的施工，投入 1 个土建施工队负责结构和 1 个粗装饰施工队伍后期装修施工；各队伍在项目部的统一安排下，分别完成相应的工程施工。分包队伍的确定应在总进度计划指导下在施工开始之前确定，并签订合同，以确保有足够的准备时间。

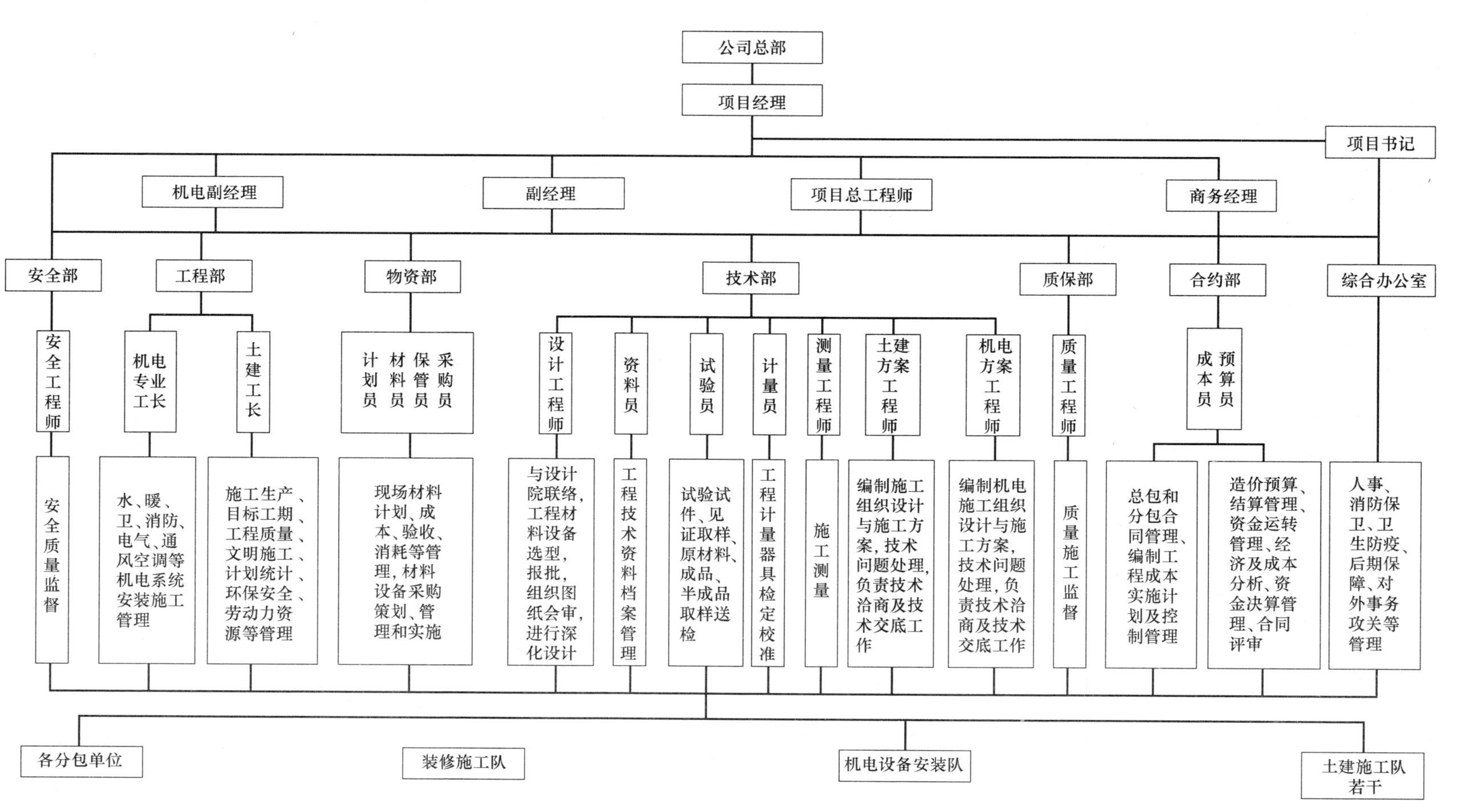

图 4-6 总承包项目组织机构

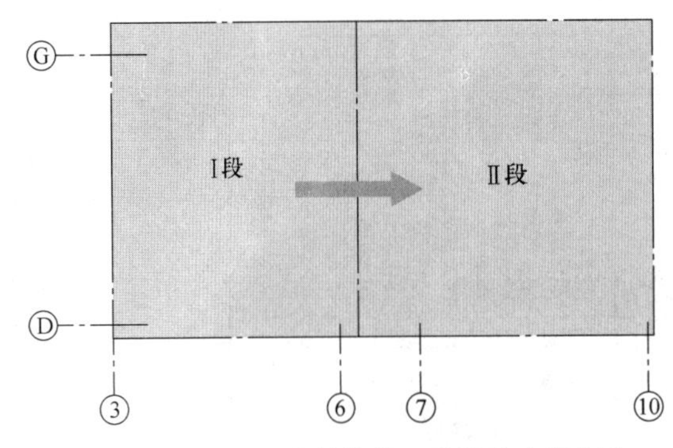

图 4-7　±0.00 以上结构施工阶段流水段划分

(2) 根据工程需要，首先落实的大型机具为塔式起重机、汽车式起重机、混凝土输送泵等。采用预拌混凝土，浇筑运输由拖式混凝土泵负责输送至浇筑现场，配置混凝土汽车泵配合混凝土施工。小型机械将随施工队伍一起落实。

(3) 根据施工总进度的要求，将对自己分包或业主指定分包的工程做好进场时间安排，提前考察和签订分包合同，并纳入总包管理之中，对分包工程的工程款、进度、质量、安全和文明施工提出明确要求，并监督实施，每周至少召开一次协调会，协商解决多专业之间施工交叉的有关问题。为保证分包施工的顺利进行，提供各种方便和各类服务。

4.9.4　施工进度计划

1. 施工进度计划编制原则

(1) 根据设计图纸、业主要求及结合现场土方施工实际情况，按照施工流水段的划分，及时清槽、钎探、验槽，提前穿插施工。同时要做到均衡生产，避免工作面闲置或窝工现象的发生。

(2) 在施工进度的组织安排上，整个施工管理分现场施工，图纸设计方案等准备，招标材料、设备及场外加工订货三条线同时进行。

(3) 现场施工主要是指工程施工深入展开，是主线；图纸设计方案等准备主要包括技术准备，各种材料计划、各种机械设备计划、检测仪器计划等各种资源需用准备；招标材料、设备及场外加工订货是指提前做好各种材料设备的采购订货，确保各种资源及时到位，保证不因材料机具等影响工程工期。

2. 主要里程碑计划

根据合同工期的相关要求，计划开工日期为本年 6 月 27 日开始进行土方阶段施工，竣工日期为第 3 年 5 月 18 日，用 691 个日历天完成全部总承包施工任务，其中结构施工阶段计划±0.00 及主体结构封顶两个节点完成时间分别为第 2 年 1 月 25 日和第 2 年 5 月 31 日。

3. 施工进度计划

施工进度计划略。

4. 专业分包工程施工计划安排

为更好地做好总承包管理施工，对分包及专业分包工程项目根据施工进度计划需求，制定了详细的招标与进场时间计划，达到工序衔接紧密、环环相扣的效果。详见表 4-9（内容略）。

专业分包工程施工计划安排　　**表 4-9**

序号	专业分包项目	考察队伍日期	分包（专业分包）合同签订日期	计划施工开始时间	计划施工完成时间

4.9.5 施工准备与资源配置计划

1. 技术准备

（1）一般性技术准备（略）。

（2）主要测量、试验等器具配置计划（略）。

（3）技术工作计划：

1）由各专业技术部门负责人认真编写各主要分项工程施工方案，经技术负责人审批后，报监理审批，经监理审批通过后的施工方案方可遵照执行。施工方案完成后，编制部门需对工程、质量、物资、安全等相关部门进行书面或口头交底。

2）基础施工阶段试验内容主要包括：混凝土、钢筋、钢筋连接、防水材料、二次结构、回填土等，对涉及结构安全的试块、试件和材料应100%实行见证取样和送检。

3）根据本工程结构情况和设计要求，建立一座试验室，内分为标准养护室和放置试验仪器及成型试件操作间，健全试验管理制度。标准养护室购置安装温度及湿度自控仪，降温及加湿采用淋水，升温采取加热器加热，以确保温度和湿度，试验室完全封闭做好保温隔热处理，确保室内温度在20±2℃范围内，湿度不小于95%。养护室的试件必须上架。必须保持仪器设备摆放整齐、房间整洁。

4）在各分项工程施工前先做样板，验收通过并形成书面记录后方可进行大面积施工。

2. 施工现场准备

（1）现场交接准备：进入现场前，须对现场实况进行交接。业主提供现场的水准点、平面位置控制点及相关的地质和地下管网线路资料，并办理相应的手续。

（2）施工用水准备：施工用水根据工程的实际情况编制详细的施工临时用水方案。

（3）施工临时用电准备：施工临时用电根据工程的实际情况编制详细的施工临时用电方案。

3. 材料、设备等准备

（1）进行施工前的工料分析，并按照施工进度计划编制加工订货及材料供应一览表，供业主、监理审查，制订分供方选择计划，保证物资供应。做好各种物资进场计划。

（2）提前做好模板设计详图及钢筋放样工作。

（3）向监理提交施工测量设备、计量设备清单及检定证书复印件，报监理备案。

（4）结构施工进场1台塔式起重机，塔式起重机臂长60m，塔式起重机基础布置在基础底板下，在土方开挖后，立即进行塔式起重机基础施工。考虑周边建筑物的相关影响及塔式起重机使用与安全距离的要求，塔式起重机中心位置位于④～⑤轴 IC～D 轴之间，⑤轴西偏4.5m、D轴南偏5.5m。

4. 场外工作协调

（1）制约和影响施工生产的因素很多，项目综合办公室应设专人联系，协调对外工作。

（2）走访当地街道和居委会，并根据本市和市建委的有关规定，征求街道和居民委员会的意见，合理调整和安排现场的施工计划，确保扰民和民扰问题的及时解决。

（3）与消防保卫部门、环保部门、当地派出所取得联系，做好现场的各种办证工作，使施工纳入法制化、合理化轨道。

（4）积极协调好建设单位、设计单位、监理单位及质量监督部门的关系，及时解决施工过程中出现的各类问题。

5. 主要劳动力计划及劳动力曲线

（1）劳务组织方案

施工劳务层是在施工过程中的实际操作人员，是施工质量、进度、安全、文明施工的最直接保证者。

本工程结构阶段劳动力月平均人数在300人，高峰期拟投入的劳动力为400人。合理划分施工区和施工段，组织平行施工和流水施工，减少交叉干扰。

（2）劳动力计划曲线（略）

4.9.6 主要项目施工方案

1. 测量放线

测量放线主要包括平面轴线控制网、高程控制网的测设以及平面轴线投测。

2. 垫层

基坑支护及土方开挖之后需要进行验槽及地基处理，之后进行土方回填和垫层施工。

本工程垫层设计为100mm厚C15混凝土，为保证垫层混凝土施工不出现裂缝并为后序的卷材防水施工创造条件，采取一次压光成活，并按6m距离设置分格条的做法。

垫层模板尺寸采用50mm×100mm，将垫层顶标高控制线用红油漆标记在钢筋上。

垫层混凝土采用泵送，平板振动器振捣，为了控制平整度，在基槽内打入小木桩，拉水平标高控制线在木桩上做垫层上口的标记。混凝土自出料口泵出后，进行摊铺整平，摊铺厚度稍高于实际垫层厚度，随即用平板振动器振捣，铁抹子压光，并在阴阳角处抹出小圆弧，以利于防水卷材施工。

电梯基坑及集水坑斜坡处采用坍落度小于100mm的混凝土进行浇筑，并随浇随抹随压光，将混凝土贴拍在边坡上。

3. 钢筋工程（略）

4. 模板工程（略）

5. 混凝土工程

本工程全部采用预拌混凝土。选择供应商，考察运距，能否满足施工需求及混凝土质量；随时抽检搅拌站后台计量、原材料等，确保供货质量；签订供货合同，由技术部和工程部提供具体供应时间、混凝土强度等级、所需车辆及其间隔时间，以及特殊要求如抗渗、防冻剂、入模温度、坍落度、水泥及预防混凝土碱骨料反应所需提供的资料等。

（1）混凝土配合比设计（略）

（2）混凝土运输

1）为了保证混凝土浇筑质量，形成连续浇筑，不出现“冷缝”，要求混凝土供应必须连续均衡，做到不压车、不等车。工长应加强调度联络工作，控制好发车间隔时间，力求缩短浇筑间歇时间。保证混凝土必须在初凝前连续浇筑完毕。

2）对独立柱及施工过程中的零星混凝土采用塔式起重机吊运浇筑施工。

3）墙柱、梁柱混凝土强度等级不同时，量少的部分用塔式起重机进行浇筑，量大的部分用泵车进行浇筑。

4）本工程主要采用泵送混凝土，地下室部分采用汽车泵与地泵相结合的施工方法，在汽车泵覆盖半径内的部分采用汽车泵输送混凝土，汽车泵覆盖不到的区域利用地泵进行输送。

5）结构混凝土运输主要采取泵送，部分柱、墙采用塔式起重机进行浇筑施工。本工程共设 2 台 HBT-80 地泵，泵管随结构施工同步升高，与顶板用架子管顶牢并加固。

（3）混凝土浇筑（略）

（4）施工缝留置与处置

1）地下室外墙施工缝留置：外墙第一道水平施工缝设置在底板上反 30cm 高位置；第二道水平施工缝设置在地下三层顶板下表面；第三道水平施工缝设置在地下三层顶板上表面；其他水平施工缝留置依次类推。第一道水平施工缝设置钢板止水带；外墙垂直施工缝设置在后浇带位置，设置橡胶止水带进行止水。

2）地下室内墙施工缝设置：第一道水平施工缝设置在底板顶面；其他水平施工缝位置与外墙相同。

3）地下室柱施工缝设置：第一道水平施工缝设置在底板面；第二道水平施工缝设置在地下三层顶梁下表面。

4）楼梯施工缝留在梯段的 1/3 处，汽车直线坡道部分预留钢筋，进行二次施工。

5）地上部分剪力墙水平施工缝设置在楼板的上下表面；柱水平施工缝设置在梁下和板面。梁板垂直施工缝设置在后浇带位置。

6）墙体竖向施工缝处置：利用快易收口网进行。挡墙模拆除后，在距离施工缝 50mm 处的墙面上两侧均匀弹线，用云石机沿墨线切一道 5mm 深的直缝；再用针子将直缝以外的混凝土软弱层剔掉，露出石子后，用气泵清理干净，保证混凝土的接槎质量。

7）墙体顶部水平施工缝处置：在墙体混凝土浇筑时，高于顶板底 30mm。墙模拆除后，在墙面上两侧均匀弹出顶板的底线，用云石机沿墨线切一道 5mm 深的水平直缝；再用钎子将直缝以上的混凝土软弱层剔掉，露出石子后，用气泵清理干净，保证混凝土的接槎质量。

8）墙柱底部施工缝处置：剔除浮浆并使剔除向下凹 20mm，沿墙柱外尺寸线向内 5mm 用砂轮切割机切齐，保证混凝土的接缝质量，并加以充分湿润和冲洗干净，且不易积水。

9）顶板施工缝处置：施工缝处底板下铁垫 15mm 厚的木条，保证下铁的保护层，上下铁之间用木板保证净距，与下铁接触木板侧面按下铁钢筋间距锯成豁口卡在上铁上。

10）施工缝处混凝土浇筑：在施工缝处继续浇筑混凝土时，已经浇筑混凝土的强度不小于 $1.2N/mm^2$。在浇筑混凝土前，必须在施工缝处铺一层与混凝土同成分的减石子水泥砂浆，厚度为 30～50mm。混凝土应细致捣实，使新旧混凝土紧密结合。

（5）大体积混凝土

本工程主楼底板厚度 1000mm，属大体积混凝土施工。施工时应按大体积混凝土施工要求进行，采用分层的浇筑方法，详见本工程专项施工方案。

（6）混凝土的养护

1）混凝土在浇筑完毕后 12h 内进行养护；

2）梁板混凝土养护采用浇水养护的方法，一般要求养护 7d；

3）墙体养护采用覆盖塑料薄膜并浇水的施工方法，养护 7d；

4）柱子的养护采用覆盖塑料薄膜并浇水的施工方法，养护 7d。

(7) 混凝土浇筑注意事项

1) 墙体

不同强度的混凝土浇筑时，先浇筑强度等级高的混凝土，后浇筑强度等级低的混凝土（必须在强度等级高的混凝土初凝前浇筑），中间用双层钢板网相隔。混凝土强度变化线自梁边500mm外45°斜面放射状伸入板内。

混凝土浇筑过程中应派专人看护模板，发现模板有变形、位移，应立即停止浇筑，并在已浇筑的混凝土凝结前修整好。

混凝土浇筑完毕后凝固前，及时用湿布将局部漏浆、杂物擦去；用同样的方法及时将粘在钢筋上的混凝土清除。对于移位的钢筋及预埋件，要校准其位置。

门窗洞口部位宜两侧同时下料，高差不能太大，以防止门窗洞口模板移动，先浇捣窗台下部，后浇捣窗与窗、门与门、窗与门间墙，以防窗台下部出现蜂窝孔洞。

混凝土从高处倾落的自由高度不得大于2m，当高度大于3m时，应采用溜管。

在混凝土终凝前，必须用木抹子按标高线把非结构性表面裂缝修整压平。

2) 楼板

顶板施工缝处先用与板混凝土同配合比水泥砂浆接槎，然后按泵管退行方向顺序浇筑。浇筑时，虚铺厚度应略大于板厚，用平板振动器垂直浇筑方向来回振捣；板厚较大时，也可用插入式振动器顺浇筑方向拖拉振捣。在钢筋的50m标志处绷好网线，用卷尺来控制混凝土厚度；对于大跨度的板，中部混凝土浇筑厚度应用铁钎来控制，防止因中部起拱造成板厚度减小。浇筑悬挑板时，应注意上部负筋的位置，当铺完底层混凝土后，应随即将钢筋调整到设计位置，再继续浇筑。

混凝土振捣完毕后，用4m刮杠找平，墙体根部刮杠找平，并用铁抹子收光，以利于墙体模板支设。为了防止产生干缩裂缝，应用木抹子抹平搓毛两遍以上，最后用扫帚扫毛，纹路要清晰均匀，方向和深浅一致。

各楼层的卫生间及厨房间楼面要进行三遍收光处理，作为防水卷材的基层。

浇筑时应随时派人观察模板、钢筋、钢筋保护层及钢筋垫块、预留洞和预埋件等有无走动，发现问题立即处理。

3) 框架梁、柱节点

框架梁柱节点处一般钢筋较密，施工时采用Hz6X30振捣施工。对节点处不同强度的混凝土浇筑时，先浇筑强度等级高的混凝土，后浇筑强度等级低的混凝土（必须在强度等级高的混凝土初凝前浇筑），中间用双层钢丝网相隔。

对于本工程框架柱混凝土强度与板、梁混凝土强度等级相差一级以上时，框架柱、柱头应利用塔式起重机单独浇筑。

6. 架子工程

(1) 地下结构施工架体

地下结构部分施工时间大约为3个多月，在此期间搭设双排落地脚手架。考虑与墙面拉结困难，地下室脚手架连墙件采用与外墙壁支护桩顶撑的办法。顶撑时在坡壁上放置木板，顶撑钢管顶在木板上，顶撑时要求顶紧，要求直线顶撑，必须有角度时，钢管与水平线夹角不准大于30°。详见本工程地下结构落地式外架方案。

(2) 地上结构施工架体

详见本工程外悬挑架施工方案。

4.9.7 施工现场平面布置

1. 施工平面布置现状

本工程周边场地狭窄，东、北、南三面基坑边距离用地红线 2.5～4m，南侧最小距离不足 1.5m，西侧为 6m，根据现场实际情况，用地红线界限点分别位于绿化带、人行便道、消防通道内，所以除去这些因素的影响，施工现场布置围墙后，围墙至基坑边距离为东侧 1.8m、西侧 4.8m、北侧 1.2m，南侧最宽部分 3.4m、最窄 1.2m，无法布置材料加工场地及堆场，因此考虑租赁部分场地，以满足地下室施工阶段场地的需要。地上阶段建筑退线，可利用地下室顶板布置加工场及堆场。

现场在西北角由业主提供变电箱，容量为 600kVA，临时水水源由市政自来水管网供给，本工程市政自来水水源接驳点位于施工现场东北面，市政水源接驳点管道口径为 *DN*150mm。

2. 临建布置

（1）办公区布置

办公区设置在现场的东南角，建筑红线内；办公区采用二层活动板房搭设，外部按照要求进行标化。各办公室内统一配备办公桌椅、电脑、电话、打印机、复印机、传真机等办公设施。办公区封闭管理，营造一个整洁、文明、舒心的办公环境。业主、总包、专业分包办公区统一布置，办公区内设置会议室、办公室、厕所、样品间等。办公区门卫室设于出入口外侧，设置保安 24h 值班并由专人进行管理。

（2）养护室、仓库、厕所、洗车槽等设施布置

1）混凝土标准养护室拟设置在现场东南侧，内配空调、增湿器、温度计、湿度计、混凝土振捣台等设备，面积 $18m^2$。

2）为了合理布置现场，拟在施工现场南侧搭设两间库房，每个库房占地面积 $18m^2$。

3）现场租用临时厕所，及时清理，保证现场文明施工。

4）在施工现场大门入口内侧处设置洗车槽，尺寸为 6m×4m。洗车池水沟盖板，用钢板进行焊制，可以周转使用，同时配备高压冲洗水枪。洗车池和沉淀池构成循环污水处理系统，冲洗车辆的水收集到沉淀池内沉淀，沉淀后的水进行现场洒水降尘等工作。

5）现场共设有两处大门，1 号大门位于施工现场西北角，2 号大门位于东北角，面对联想路，1 号门主要用于施工人员进入施工现场以及混凝土车辆和施工车辆出入施工现场；2 号大门主要用于消防应急使用。施工区大门宽度 8m，均按照标准制作。

（3）现场图牌、基坑围护、场区硬化

1）施工图牌：在大门入口处设置，包括施工平面布置图、总平面管理、安全生产、文明施工、环境保护、质量控制、材料管理等规章制度和主要参建单位名称和工程概况等。

2）安全标识牌：在施工通道、塔式起重机、施工电梯、临边洞口等处悬挂安全标识牌。

3）导向牌：为便于交通管理，在现场大门口设置导向牌。

4）围护：在现场基坑四周及道路两侧设置钢管护栏。立杆埋入地下，立杆间距 1500mm，钢管设水平杆 3 道，总高 1500mm，如图 4-8 所示。

5）场区地面硬化：为达到“市文明安全工地”的要求，对本工程施工现场基坑外所

有场地进行硬化。一边设置排水沟与排水系统相连，办公区设置独立的排水沟，基坑四周设置 300mm×400mm 的排水沟与主要排水沟相连。

（4）加工区及堆场布置

根据施工阶段的不同，加工区的布置也有调整。地下室施工阶段因施工现场受场地制约，加工场及材料堆场外租，待地下结构施工完毕后给予适当调整。

（5）现场施工阶段平面图

1）施工现场总平面布置图，如图 4-9 所示。

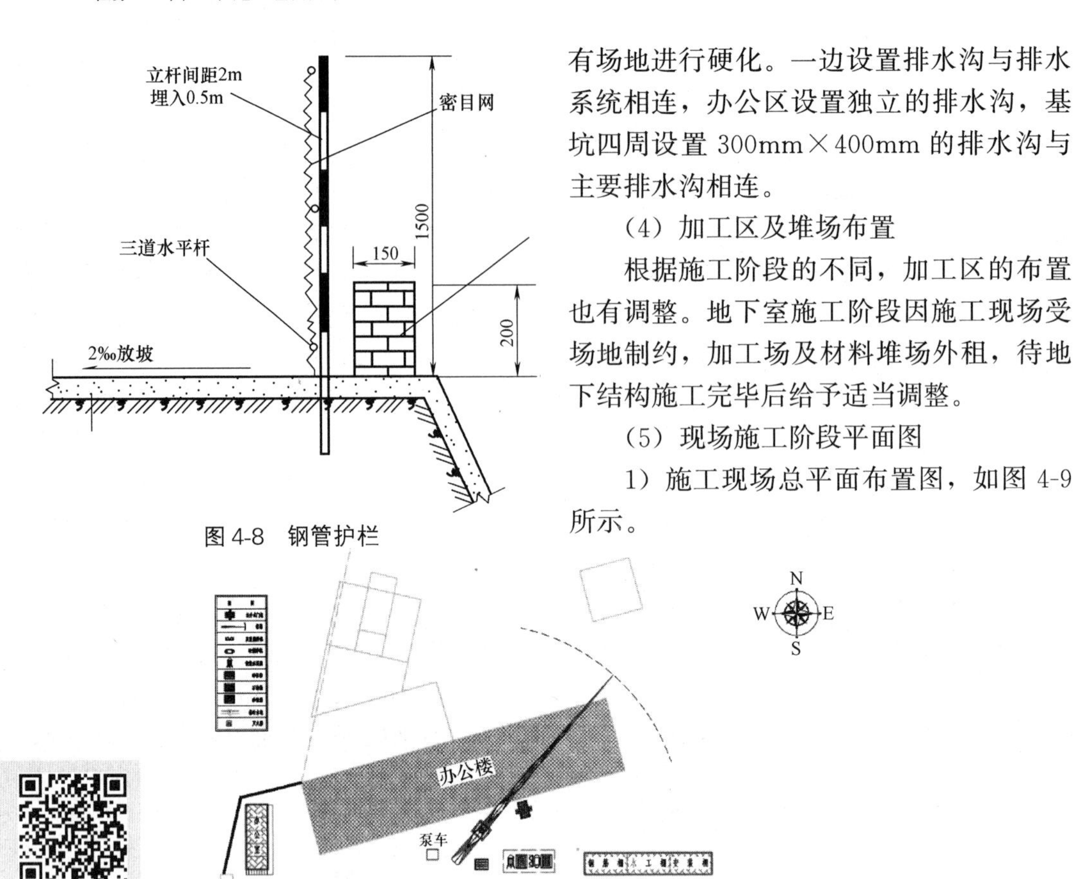

图 4-8 钢管护栏

注：本工程职工临时生活区按实际情况集中布置。

图 4-9 科研办公楼工程土建施工总平面图

2）现场临时水电平面布置图，如图 4-10 所示。

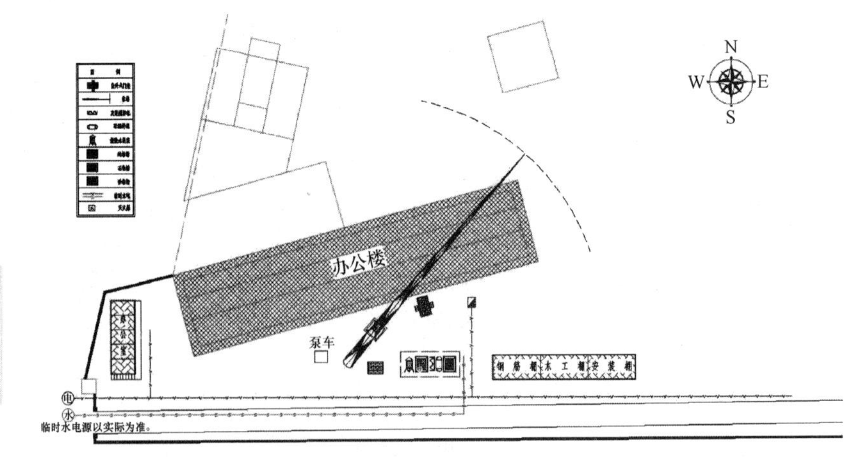

注：本工程职工临时生活区按实际情况集中布置。

图 4-10 科研办公楼工程临时水电总平面图

习 题

一、单项选择题（每题的备选项中，只有1个最符合题意）

1. 施工组织设计的核心是（　　）。

A. 施工方案　　B. 施工平面图

C. 施工进度计划　　D. 各种资源需要量计划

2. 在单位工程平面图设计的步骤中，当收集好资料后，紧接着应进行（　　）的布置。

A. 搅拌站　　B. 垂直运输机械

C. 加工厂　　D. 现场运输道路

3. 对外墙进行装饰抹灰，其流程为（　　）。

A. 自下而上　　B. 自上而下

C. 先自中而下，再自上而中　　D. 以上都可以

4. 某学校的教学楼，其外墙抹灰装饰分为干粘石、贴饰面砖、剁假石3种施工做法，其工程量分别是684.5m^2、428.7m^2、208.3m^2，所采用的产量定额分别是4.17m^2/工日、2.53m^2/工日、1.53m^2/工日，则加权平均产量定额为（　　）m^2/工日。

A. 2.74　　B. 2.81

C. 3.05　　D. 3.22

二、多项选择题（每题的备选项中，有2个或2个以上符合题意，至少有1个错项）

1. 选择施工机械时应着重考虑（　　）。

A. 首先根据工程特点，选择适宜主导工程的施工机械

B. 各种辅助机械或运输工具应与主导机械的生产能力协调配套，以充分发挥主导机械的效率

C. 在同一工地上，应针对每个施工工程采用最经济的机械，建筑机械的种类和型号多一些也没有关系

D. 施工机械的选择还应考虑充分发挥施工单位现有机械的能力

E. 在施工中发现施工单位缺少某些机械，立即进行采购新机械，这样在以后的施工中将有备无患

2. 多、高层全现浇钢筋混凝土框架结构建筑的施工一般可划分为（　　）个施工阶段。

A. 基础工程　　B. 预制工程

C. 主体结构工程　　D. 屋面工程及围护工程

E. 装饰工程

3. 在单位工程施工组织设计中，常见的技术组织措施有（　　）。

A. 质量保证措施　　B. 降低成本措施

C. 文明生产措施　　D. 安全施工措施

E. 加强合同管理措施

习题参考答案：

任务 5

建筑工程施工项目现场管理

任务 5.1 现 场 消 防

5.1.1 施工现场消防的一般规定

（1）施工现场的消防安全工作应以“预防为主、防消结合”为方针，健全防火组织，认真落实防火安全责任制。

（2）施工单位在编制施工组织设计时，必须包含防火安全措施内容，所采用的施工工艺、技术和材料必须符合防火安全要求。

（3）施工现场要有明显的防火宣传标志，必须设置临时消防车道，保持消防车道畅通无阻。

（4）施工现场应明确划分固定动火区和禁火区，现场动火必须严格履行动火审批程序，并采取可靠的防火安全措施，指派专人进行安全监护。

（5）施工现场材料的存放、使用应符合防火要求，易燃易爆物品应专库储存，并有严格的防火措施。

（6）施工现场使用的电气设备必须符合防火要求，临时用电系统必须安装过载保护装置。

（7）施工现场使用的安全网、防尘网、保温材料等必须符合防火要求，不得使用易燃、可燃材料。

（8）施工现场严禁工程明火保温施工。

（9）生活区的设置必须符合防火要求，宿舍内严禁明火取暖。

（10）施工现场食堂用火必须符合防火要求，火点和燃料源不能在同一房间内。

（11）施工现场应配备足够的消防器材，设置临时消防给水系统和应急照明等临时消防设施，并应指派专人进行日常维护和管理，确保消防设施和器材完好、有效。

（12）施工现场应认真识别和评价潜在的火灾危险源，编制防火安全应急预案，并定期组织演练。

（13）房屋建设过程中，临时消防设施应与在建工程同步设置，与主体结构施工进度差距不应超过 3 层。

（14）在建工程可利用已具备使用条件的永久性消防设施作为临时消防设施。

（15）施工现场的消防水泵应采用专用消防配电线路，且应从现场总配电箱的总断路上端接入，保持不间断供电。

（16）临时消防系统的给水池、消防水泵、室内消防竖管及水泵接合器应设置醒目标识。

5.1.2 施工现场动火等级的划分

（1）凡属下列情况之一的动火，均为一级动火：

禁火区域内；油罐、油箱、油槽车和储存过可燃气体、易燃液体的容器及与其连接在一起的辅助设备；各种受压设备；危险性较大的登高焊、割作业；比较密封的室内、容器内、地下室等场所；现场堆有大量可燃和易燃物质的场所。

（2）凡属下列情况之一的动火，均为二级动火：

在具有一定危险因素的非禁火区域内进行临时焊、割等用火作业；小型油箱等容器；登高焊、割等用火作业。

（3）在非固定的、无明显危险因素的场所进行用火作业，均属三级动火作业。

5.1.3 施工现场动火审批程序

（1）一级动火作业由项目负责人组织编制防火安全技术方案，填写动火申请表，报企业安全管理部门审查批准后，方可动火。

（2）二级动火作业由项目责任工程师组织拟定防火安全技术措施，填写动火申请表，报项目安全管理部门和项目负责人审查批准后，方可动火。

（3）三级动火作业由所在班组填写动火申请表，经项目责任工程师和项目安全管理部门审查批准后，方可动火。

（4）动火证当日有效，如动火地点发生变化，则需重新办理动火审批手续。

5.1.4 施工现场消防器材的配备

（1）在建工程及临时用房的下列场所应配置灭火器：

易燃易爆危险品存放及使用场所；动火作业场所；可燃材料存放、加工及使用场所；厨房操作间、锅炉房、发电机房、变配电房、设备用房、办公用房、宿舍等临时用房；其他具有火灾危险的场所。

（2）一般临时设施区，每 $100m^2$ 配备两个 10L 的灭火器，大型临时设施总面积超过 $1200m^2$ 的，应备有消防专用的消防桶、消防锹、消防钩、盛水桶（池）、消防砂箱等器材设施。

（3）临时木工加工车间、油漆作业间等，每 $25m^2$ 应配置一个种类合适的灭火器。

（4）仓库、油库、危化品库或堆料厂内，应配备足够组数、种类的灭火器，每组灭火器不应少于 4 个，每组灭火器之间的距离不应大于 30m。

（5）高度超过 24m 的建筑工程，应保证消防水源充足，设置具有足够扬程的高压水泵，安装临时消防竖管，管径不得小于 75mm，每层必须设消火栓口，并配备足够的水龙带。

5.1.5 施工现场灭火器的摆放

（1）灭火器应摆放在明显和便于取用的地点，且不得影响到安全疏散。

（2）灭火器应摆放稳固，其铭牌必须朝外。

（3）手提式灭火器应使用挂钩悬挂，或摆放在托架上、灭火箱内，也可直接放在室内干燥的地面上，其顶部离地面高度应小于1.5m，底部离地面高度宜大于0.15m。

（4）灭火器不应摆放在潮湿或强腐蚀性的地点，必须摆放时，应采取相应的保护措施。

（5）摆放在室外的灭火器应采取相应的保护措施。

（6）灭火器不得摆放在超出其使用温度范围以外的地点，灭火器的使用温度范围应符合规范规定。

5.1.6 施工现场消防车道

施工现场内应设置临时消防车道，临时消防车道与在建工程、临时用房、可燃材料堆场及其加工场的距离，不宜小于5m，且不宜大于40m；施工现场周边道路满足消防车通行及灭火救援要求时，施工现场内可不设置临时消防车道。

（1）临时消防车道宜为环形，如设置环形车道确有困难，应在消防车道尽端设置尺寸不小于12m×12m的回车场。

（2）临时消防车道的净宽度和净空高度均不应小于4m。

（3）下列建筑应设置环形临时消防车道，设置环形临时消防车道确有困难时，除设置回车场外，还应设置临时消防救援场地。

建筑高度大于24m的在建工程；建筑工程单体占地面积大于3000m^2的在建工程；超过10栋，且为成组布置的临时用房。

5.1.7 现场消防安全教育、技术交底和检查

（1）施工人员进场前，施工现场的消防安全管理人员应向施工人员进行消防安全教育和培训。消防安全教育和培训应包括下列内容：

施工现场消防安全管理制度、防火技术方案、灭火及应急疏散预案的主要内容；施工现场临时消防设施的性能及使用、维护方法；扑灭初起火灾及自救逃生的知识和技能；报火警、接警的程序和方法。

（2）施工作业前，施工现场的施工管理人员应向作业人员进行消防安全技术交底。消防安全技术交底应包括下列主要内容：

施工过程中可能发生火灾的部位或环节；施工过程应采取的防火措施及应配备的临时消防设施；初起火灾的扑救方法及注意事项；逃生方法及路线。

（3）施工过程中，施工现场的消防安全负责人应定期组织消防安全管理人员对施工现场的消防安全进行检查。消防安全检查应包括下列主要内容：

可燃物及易燃易爆危险品的管理是否落实；动火作业的防火措施是否落实；用火、用电、用气是否存在违章操作，电气焊及保温防水施工是否执行操作规程；临时消防设施是

否完好有效；临时消防车道及临时疏散设施是否畅通。

任务 5.2 施工临时用水

5.2.1 施工临时用水管理

（1）计算临时用水量

临时用水量包括：现场施工用水量、施工机械用水量、施工现场生活用水量、生活区生活用水量、消防用水量。同时应考虑使用过程中水量的损失。

（2）确定供水系统

供水系统包括：取水位置、取水设施、净水设施、贮水装置、输水管、配水管管网和末端配置。供水系统应经过科学的计算和设计。

（3）供水设施的布置及要求

供水管网布置的原则如下：在保证不间断供水的情况下，管道铺设越短越好；要考虑施工期间各段管网移动的可能性；主要供水管线采用环状布置，孤立点可设支线；尽量利用已有的或提前修建的永久管道；管径要经过计算确定。

管线穿路处均要套以铁管，并埋入地下 0.6m 处，以防重压。过冬的临时水管须埋入冰冻线以下或采取保温措施。排水沟沿道路两侧布置，纵向坡度不小于 0.2%，过路处须设涵管，在山地建设时应有防洪设施。消防用水一般利用城市或建设单位的永久消防设施。如自行设计，消防干管直径应不小于 100mm，消火栓处昼夜要有明显标志，配备足够的水龙带，周围 3m 内不准存放物品。临时室外消防给水干管的直径不应小于 $DN100$，消火栓间距不应大于 120m；距拟建房屋不应小于 5m 且不宜大于 25m，距路边不宜大于 2m。高度超过 24m 的建筑工程，应安装临时消防竖管，管径不得小于 75mm，严禁消防竖管作为施工用水管线。

5.2.2 施工临时用水计算

1. 用水量的计算

（1）现场施工用水量可按下式计算：

$$q_1 = K_1 \sum Q_1 \times \frac{N_1}{T_1 \times t} \times \frac{K_2}{8 \times 3600} \tag{5-1}$$

式中：q_1——施工用水量，L/s；

K_1——未预计的施工用水系数（可取 1.05～1.15）；

Q_1——年（季）度工程量；

N_1——施工用水定额（浇筑混凝土耗水量 2400L/m^3、砌筑耗水量 250L/m^3）；

T_1——年（季）度有效作业日，d；

t——每天工作班数（班）；

K_2——用水不均衡系数（现场施工用水取 1.5）。

（2）施工机械用水量可按下式计算：

$$q_2=K_1\sum Q_2\times N_2\times\frac{K_3}{8\times3600} \tag{5-2}$$

式中：q_2——机械用水量，L/s；

K_1——未预计的施工用水系数（可取 1.05～1.15）；

Q_2——同一种机械台数，台；

N_2——施工机械台班用水定额；

K_3——施工机械用水不均衡系数（可取 2.0）。

（3）施工现场生活用水量可按下式计算：

$$q_3=\frac{P_1\times N_3\times K_4}{t\times8\times3600} \tag{5-3}$$

式中：q_3——施工现场生活用水量，L/s；

P_1——施工现场高峰昼夜人数，人；

N_3——施工现场生活用水定额［一般为 20～60L/s（人·班），主要视当地气候而定］；

K_4——施工现场用水不均衡系数（可取 1.3～1.5）；

t——每天工作班数（班）。

（4）生活区生活用水量可按下式计算：

$$q_4=\frac{P_2\times N_4\times K_5}{24\times3600} \tag{5-4}$$

式中：q_4——生活区生活用水，L/s；

P_2——生活区居民人数，人；

N_4——生活区昼夜全部生活用水定额；

K_5——生活区用水不均衡系数（可取 2.0～2.5）。

（5）消防用水量（q_5）：最小 10L/s，并满足《建设工程施工现场消防安全技术规范》GB 50720—2011 的要求。

（6）总用水量（Q）计算：

1）当（$q_1+q_2+q_3+q_4$）$\leqslant q_5$ 时，则 $Q=q_5+(q_1+q_2+q_3+q_4)/2$；

2）当（$q_1+q_2+q_3+q_4$）$>q_5$ 时，则 $Q=q_1+q_2+q_3+q_4$；

3）当工地面积小于 $5hm^2$，而且（$q_1+q_2+q_3+q_4$）$<q_5$ 时，则 $Q=q_5$。最后计算出总用水量（以上各项相加），还应增加 10%的漏水损失。

2. 施工临时用水管径的计算

供水管径是在计算总用水量的基础上按公式计算的。如果已知用水量，按规定设定水流速度，就可以计算出管径。计算公式如下：

$$d=\sqrt{\frac{4Q}{\pi\times v\times1000}} \tag{5-5}$$

式中：d——配水管直径，m；

Q——耗水量，L/s；

v——管网中水流速度（1.5～2m/s）。

任务 5.3　施工临时用电

建筑工程施工项目工地施工情况复杂多变，需要加强专业技术人员对临时用电的管理和监督；全面落实《施工现场临时用电安全技术规范》JGJ 46—2005 和《建筑施工安全检查标准》JGJ 59—2011 的相关要求。

5.3.1　施工临时用电管理

（1）施工现场操作电工必须经过国家现行标准考核合格后，持证上岗工作。

（2）各类用电人员必须通过相关安全教育培训和技术交底，掌握安全用电基本知识和所用设备的性能，考核合格后方可上岗工作。

（3）安装、巡检、维修或拆除临时用电设备和线路，必须由电工完成并应有人监护。

（4）临时用电组织设计规定：施工现场临时用电设备在 5 台及以上或设备总容量在 50kW 及以上的，应编制用电组织设计；否则应制定安全用电和电气防火措施。装饰装修工程或其他特殊施工阶段，应补充编制单项施工用电方案。用电设备必须有专用的开关箱，严禁 2 台及以上设备共用一个开关箱。

（5）临时用电组织设计及变更必须由电气工程技术人员编制，相关部门审核，并经具有法人资格企业的技术负责人批准，现场监理签认后实施。

（6）临时用电工程必须经编制、审核、批准部门和使用单位共同验收，合格后方可投入使用。

（7）临时用电工程定期检查应按分部、分项工程进行，对安全隐患必须及时处理，并应履行复查验收手续。

（8）室外 220V 灯具距地面不得低于 3m，室内不得低于 2.5m。

5.3.2　《施工现场临时用电安全技术规范》JGJ 46—2005 的强制性条文

（1）施工现场临时用电工程电源中性点直接接地的 220/380V 三相四线制低压电力系统，必须符合下列规定：采用三级配电系统；采用 TN-S 接零保护系统；采用二级漏电保护系统。

（2）当采用专用变压器、TN-S 接零保护供电系统的施工现场，电气设备的金属外壳必须与保护零线连接。保护零线应由工作接地线、配电室（总配电箱）电源侧零线或总漏电保护器电源侧零线处引出。

（3）当施工现场与外电线路共用同一供电系统时，电气设备的接地、接零保护应与原系统保持一致，不得一部分设备做保护接零，另一部分设备做保护接地。

（4）TN-S 系统中的保护零线除必须在配电室或总配电箱处做重复接地外，还必须在配电系统的中间处和末端处做重复接地。

（5）配电柜应装设电源隔离开关及短路、过载、漏电保护电器。电源隔离开关分断时，应有明显可见的分断点。

（6）配电箱的电器安装板上必须分设 N 线端子板和 PE 线端子板。N 线端子板必须与金属电器安装板绝缘；PE线端子板必须与金属电器安装板做电气连接。

（7）配电箱、开关箱的电源进线端严禁采用插头和插座做活动连接。

（8）对混凝土搅拌机、钢筋加工机械、木工机械、盾构机械等设备进行清理、检查、维修时，必须将其开关箱分闸断电，呈现可见电源分断点，并关门上锁。

（9）下列特殊场所应使用安全特低电压照明器：

隧道、人防工程、高温、有导电灰尘、比较潮湿或灯具离地面高度低于2.5m等场所的照明，电源电压不应大于36V；潮湿和易触及带电体场所的照明，电源电压不得大于24V；特别潮湿场所、导电良好的地面、锅炉或金属容器内的照明；电源电压不得大于12V。

（10）照明变压器必须使用双绕组型安全隔离变压器，严禁使用自耦变压器。

（11）对夜间影响飞机或车辆通行的在建工程及机械设备，必须设置醒目的红色信号灯，其电源应设在施工现场总电源开关的前侧，并应设置外电线路停止供电时的应急、自备电源。

5.3.3 配电线路布置

1. 架空线路敷设基本要求

施工现场架空线必须采用绝缘导线，架设时必须使用专用电杆，严禁架设在树木、脚手架或其他设施上。导线长期连续负荷电流应小于导线计算负荷电流。三相四线制线路的N线和PE线截面不小于相线截面的50%，单相线路的零线截面与相线截面相同。架空线路必须有短路保护。采用熔断器做短路保护时，其熔体额定电流应小于等于明敷绝缘导线长期连续负荷允许载流量的1.5倍。架空线路必须有过载保护。采用熔断器或断路器做过载保护时，绝缘导线长期连续负荷允许载流量不应小于熔断器熔体额定电流或断路器长延时过流脱扣器脱扣电流整定值的1.25倍。

2. 电缆线路敷设基本要求

电缆中必须包含全部工作芯线和作保护零钱的芯线，即五芯电缆。五芯电缆必须包含淡蓝、绿/黄两种颜色绝缘芯线。淡蓝色芯线必须用作N线；绿/黄双色芯线必须用作PE线，严禁混用。电缆线路应采用埋地或架空敷设，严禁沿地面明设，并应避免机械损伤和介质腐蚀。直接埋地敷设的电缆过墙、过道、过临建设施时，应套钢管保护。电缆线路必须有短路保护和过载保护。

3. 室内配线要求

室内配线必须采用绝缘导线或电缆。室内非埋地明敷主干线距地面高度不得小于2.5m。室内配线必须有短路保护和过载保护。

5.3.4 配电箱与开关箱的布置

（1）配电系统应采用配电柜或总配电箱、分配电箱、开关箱三级配电方式。

（2）总配电箱应设在靠近进场电源的区域，分配电箱应设在用电设备或负荷相对集中的区域，分配电箱与开关箱的距离不得超过30m，开关箱与其控制的固定式用电设备的水平距离不宜超过3m。

（3）每台用电设备必须有各自专用的开关箱，严禁用同一个开关箱直接控制两台及两台以上用电设备（含插座）。

（4）配电箱、开关箱（含配件）应装设端正、牢固。固定式配电箱、开关箱的中心点与地面的垂直距离应为 1.4～1.6m。移动式配电箱、开关箱应装设在坚固、稳定的支架上，其中心点与地面的垂直距离宜为 0.8～1.6m。

（5）配电箱的电器安装板上必须分设 N 线端子板和 PE 线端子板。N 线端子板必须与金属电器安装板绝缘；PE 线端子板必须与金属电器安装板做电气连接。进出线中的 N 线必须通过 N 线端子板连接，PE 线必须通过 PE 线端子板连接。

（6）配电箱、开关箱的金属箱体、金属电器安装板以及电器正常不带电的金属底座、外壳等必须通过 PE 线端子板与 PE 线做电气连接，金属箱门与金属箱体必须采用编织软铜线做电气连接。

任务 5.4 临时办公区与生活区

5.4.1 临时办公区与生活区的内容

1. 临时办公区与生活区平面布置的一般规定

（1）施工现场应布置办公用房（办公室、会议室、资料室等）、生活用房（宿舍、食堂、餐厅、卫生间、浴室、文体活动室等）。

（2）临时办公区与生活区选址布局应合理，宜成组布置集中建设，体形不宜凹凸与错落，应基本满足通风、日照、采光和节能要求；并应符合有关消防要求和规定。严禁用在建工程做临建设施，严禁在建工程内住人。

（3）根据现场条件，办公及宿舍用房可选用拆装式活动房、拼板式组合房或箱式组合房；食堂、餐厅、浴室、工人厕所等生活设施可采用砖砌。

（4）施工区域应与办公、生活区划分清晰，且应采取相应的隔离措施，并应设置导向、警示、定位、宣传等标识。

（5）办公区域与生活区域应分隔搭建；且宜位于建筑物的坠落半径和塔式起重机等机械作业半径之外。不能满足时应进行安全防护设计。

（6）办公区域与生活区临时建筑不应超过二层，会议室、餐厅、仓库等人员较密集、荷载较大的用房应设在临时建筑的底层；且与外电线路应保持安全距离，高压线下方不应设临时建筑。

（7）办公区和生活区应设置封闭式建筑垃圾站，食堂与厕所、垃圾站等污染源的距离不宜小于 15m，且不宜设在污染源的下风侧。

2. 现场办公用房

办公区应设置办公用房、停车场、宣传栏、密闭式垃圾容器等设施。办公用房室内净高不应低于 2.5m。普通办公室每人使用面积不应小于 $4m^2$，会议室使用面积不宜小于 $30m^2$。办公室、会议室应有天然采光和自然通风，窗地面积比不应小于 1/7，通风开口面积不应小于房间地板面积的 1/20。

3. 现场生活用房

管理人员生活区域与工人生活区域各自分开。分别包括宿舍、食堂、餐厅、浴室、厕所、盥洗间或盥洗台。

5.4.2 临时办公区与生活区的管理要求

1. 办公室应满足下列要求

办公室内应悬挂安全生产、文明施工管理制度、组织机构图、施工总平面布置图、施工进度图等。在醒目处应张贴施工许可证、资质证、安全许可证等证件的复印件；办公区、生活区应保持整洁卫生，生活垃圾与施工垃圾不得混放；施工现场应制定卫生急救措施，配备保健药箱、一般常用药品及绷带、止血带等急救器材，应为有毒有害作业人员配备有效的防护用品。有条件的施工现场可设置流动医疗站。

2. 现场门卫管理要求

施工现场设置固定的出入口和门卫室。门卫室配备专职门卫人员、24小时值班负责人员，对车辆的出入进行登记管理。发现有可疑现象，及时报告项目部责任人。加强对出入现场人员的管理。未佩戴工作卡或其他有效证明的人员不得进入施工现场。除领导和上级工作检查之外，与施工无关人员不得进入施工场所，施工期间谢绝外来人员参观。

3. 宿舍卫生及安全管理要求

宿舍内应保证必要的生活空间，室内净高不得小于2.5m，通道宽度不小于0.9m；宿舍内的床铺不得超过2层，严禁使用通铺；宿舍应设置可开启式窗户，保证室内通风良好。每间宿舍居住人数不得超过16人；管理人员每间宿舍居住人数不宜超过8人。夏季应有防暑降温和灭蚊蝇措施，冬季应有取暖措施，严禁使用煤炉等明火设备和电褥子取暖。

宿舍内应设置生活用品专柜，有条件的宿舍宜设置生活用品储藏室；应悬挂宿舍管理制度和卫生值日制度；严禁存放施工材料、施工机具和其他杂物；室内外环境整洁有序，设有收集废弃物的专用容器，并及时处理。

4. 食堂应满足下列要求

(1) 食堂必须有卫生许可证，炊事人员必须持身体健康证上岗，并穿戴洁净的工作服帽。

(2) 食堂与厕所、垃圾站等污染源的距离不宜小于15m，且不应设在污染源的下风侧。食堂宜采用单层结构。管理人员食堂餐厅人均面积为1.5～2m^2，工人食堂餐厅人均面积为0.5～1m^2。

(3) 食堂必须设置独立的制作间、库房和燃气罐存放间，必须设置隔油池，应配备必要的排风设施和消毒设施，必须设置密闭式泔水桶。

(4) 制作间灶台及其周边应贴瓷砖，地面进行硬化，保持墙面、地面干净；下水管线应与污水管线连接，保证排水通畅。制作间必须有生熟分开的刀、盆、案板等炊具及存放柜橱。

(5) 食堂和仓库不得兼作宿舍使用；严禁购买无证、无照商贩食品，严禁食用变质食物。库房内应有存放各种佐料和副食的密闭器皿，应有距墙、地面大于20cm的粮食存放台。

（6）食堂环境应清洁、卫生，桌凳摆放整齐。夏季食品应有防蚊蝇措施。

（7）食堂应有防火设施，操作间应安装防爆、防潮灯具。

（8）食堂与厕所、垃圾站点及有毒有害场所的间距必须大于 15m，并设置在地区主导风向的上风侧。

任务 5.5 文明施工与职业健康

5.5.1 施工项目现场文明施工的要求

1. 施工现场文明施工主要内容

（1）规范场容、场貌，保持作业环境整洁卫生；

（2）创造文明有序和安全生产的条件和氛围；

（3）减少施工过程对居民和环境的不利影响；

（4）树立绿色施工理念，落实项目文化建设。

2. 施工现场文明施工管理基本要求

依据我国相关标准，文明施工的要求主要包括现场围挡、封闭管理、施工场地、材料堆放、现场住宿、现场防火、治安综合治理、施工现场标牌、生活设施、保健急救、社区服务 11 项内容。总体上应符合以下要求：

有整套的施工组织设计或施工方案，施工总平面布置紧凑，施工场地规划合理，符合环保、市容、卫生的要求。有健全的施工组织管理机构和指挥系统，岗位分工明确，工序交叉合理，交接责任明确。有严格的成品保护措施和制度，大小临时设施和各种材料构件、半成品按平面布置堆放整齐。施工场地平整，道路畅通，排水设施得当，水电线路整齐，机具设备状况良好，使用合理，施工作业符合消防和安全要求。搞好环境卫生管理，包括施工区、生活区环境卫生和食堂卫生管理。文明施工应贯穿施工结束后的清场。实现文明施工，不仅要抓好现场的场容管理，而且还要做好现场材料、机械、安全、技术、保卫、消防和生活卫生等方面的工作。

5.5.2 施工项目现场文明施工的措施

1. 加强现场文明施工的管理

（1）建立文明施工的管理组织

应确立项目经理为现场文明施工的第一责任人，以各专业工程师、施工质量、安全、材料、保卫等现场项目经理部人员为成员的施工现场文明管理组织，共同负责本工程现场文明施工工作。

（2）健全文明施工的管理制度

包括建立各级文明施工岗位责任制，将文明施工工作考核列入经济责任制，建立定期的检查制度，实行自检、互检、交接检制度，建立奖惩制度，开展文明施工立功竞赛，加强文明施工教育培训等。

2. 落实现场文明施工的各项管理措施

针对现场文明施工的各项要求，落实相应的各项管理措施。

（1）施工平面布置

施工总平面图是现场管理、实现文明施工的依据。施工总平面图应对施工机械设备、材料和构配件的堆场、现场加工场地，以及现场临时运输道路、临时供水供电线路和其他临时设施进行合理布置，并随工程实施的不同阶段进行场地布置和调整。

（2）现场围挡、标牌

1）施工现场必须实行封闭管理，设置进出口大门，制定门卫制度，严格执行外来人员进场登记制度。沿工地四周连续设置围挡，市区主要路段和其他涉及市容景观路段的工地设置围挡的高度不低于2.5m，其他工地的围挡高度不低于1.8m，围挡材料要求坚固、稳定、统一、整洁、美观。

2）施工现场必须设有“五牌一图”，即工程概况牌、管理人员名单及监督电话牌、消防保护（防火责任）牌、安全生产牌、文明施工牌和施工现场总平面图。

3）施工现场应合理悬挂安全生产宣传和警示牌，标牌悬挂牢固可靠，特别是主要施工部位、作业点和危险区域以及主要通道口都必须有针对性地悬挂醒目的安全警示牌。

（3）施工场地

施工现场应积极推行硬地坪施工，作业区、生活区主干道地面必须用一定厚度的混凝土硬化，场内其他道路地面也应做硬化处理；现场道路畅通、平坦、整洁，无散落物；设置排水系统，排水畅通，不积水；严禁泥浆、污水、废水外流或未经允许排入河道，严禁堵塞下水道和排水河道；施工现场适当地方设置吸烟处，作业区内禁止随意吸烟；积极美化施工现场环境，根据季节变化，适当进行绿化布置。

（4）材料堆放、周转设备管理

1）建筑材料、构配件、料具必须按施工现场总平面布置图堆放，布置合理。

2）建筑材料、构配件及其他料具等必须做到安全、整齐堆放（存放），不得超高。堆料分门别类，悬挂标牌，标牌应统一制作，标明名称、品种、规格数量等。

3）建立材料收发管理制度，仓库、工具间材料堆放整齐，易燃易爆物品分类堆放，专人负责，确保安全。

4）施工现场建立清扫制度，落实到人，做到工完料尽场地清，车辆进出场应有防泥带出措施。建筑垃圾及时清运，临时存放现场的也应集中堆放整齐、悬挂标牌。不用的施工机具和设备应及时出场。

5）施工设施、大模板、砖夹等，集中堆放整齐；大模板成对放稳，角度正确。钢模及零配件、脚手扣件分类分规格，集中存放。竹木杂料，分类堆放、规则成方、不散不乱、不作他用。

（5）现场生活设施

1）施工现场作业区与办公、生活区必须明显划分，确因场地狭窄不能划分的，要有可靠的隔离栏防护措施。

2）宿舍内应确保主体结构安全，设施完好。宿舍周围环境应保持整洁、安全。

3）宿舍内应有保暖、消暑、防煤气中毒、防蚊虫叮咬等措施。严禁使用煤气灶、煤油炉、电饭煲、热得快、电炒锅、电炉等器具。

4）食堂应有良好的通风和洁卫措施，保持卫生整洁，炊事员持健康证上岗。

5）建立现场卫生责任制，设卫生保洁员。

6）施工现场应设固定的男、女简易淋浴室和厕所，并要保证结构稳定、牢固和防风雨。并实行专人管理、及时清扫，保持整洁，要有灭蚊蝇滋生措施。

（6）现场消防、防火管理

1）现场建立消防管理制度，建立消防领导小组，落实消防责任制和责任人员，做到思想重视、措施跟上、管理到位。

2）定期对有关人员进行消防教育，落实消防措施。

3）现场必须有消防平面布置图，临时设施按消防条例有关规定搭设，做到标准规范。

4）易燃易爆物品堆放间、油漆间、木工间、总配电室等消防防火重点部位要按规定设置灭火机和消防沙箱，并有专人负责，对违反消防条例的有关人员进行严肃处理。

5）施工现场用明火做到严格按动用明火规定执行，审批手续齐全。

（7）医疗急救的管理

展开卫生防病教育，准备必要的医疗设施，配备经过培训的急救人员，有急救措施、急救器材和保健医药箱。在现场办公室的显著位置张贴急救车和有关医院的电话号码等。

（8）社区服务的管理

建立施工不扰民的措施。现场不得焚烧有毒、有害物质等。

（9）治安管理

1）建立现场治安保卫领导小组，有专人管理；

2）新入场的人员做到及时登记，做到合法用工；

3）按照治安管理条例和施工现场的治安管理规定搞好各项管理工作；

4）建立门卫值班管理制度，严禁无证人员和其他闲杂人员进入施工现场，避免安全事故和失盗事件的发生。

3. 建立检查考核制度

对于建设工程文明施工，国家和各地大多制定了标准或规定，也有比较成熟的经验。在实际工作中，项目应结合相关标准和规定建立文明施工考核制度，推进各项文明施工措施的落实。

4. 抓好文明施工建设工作

（1）建立宣传教育制度。现场宣传安全生产、文明施工、国家大事、社会形势、企业精神、优秀事迹等。

（2）坚持以人为本，加强管理人员和班组文明建设。教育职工遵纪守法，提高企业整体管理水平和文明素质。

（3）主动与有关单位配合，积极开展共建文明活动，树立企业良好的社会形象。

5.5.3 施工项目现场职业健康安全卫生的要求

根据我国相关标准，施工现场职业健康安全卫生主要包括现场宿舍、现场食堂、现场厕所、其他卫生管理等内容；基本要符合以下要求：

（1）施工现场应设置办公室、宿舍、食堂、厕所、淋浴间、开水房、文体活动室、密闭式垃圾站（或容器）及盥洗设施等临时设施。临时设施所用建筑材料应符合环保、消防要求。

(2) 办公区和生活区应设密闭式垃圾容器。

(3) 办公室内布局合理，文件资料宜归类存放，并应保持室内清洁卫生。

(4) 施工企业应根据法律、法规的规定，制定施工现场的公共卫生突发事件应急预案。

(5) 施工现场应配备常用药品及绷带、止血带、颈托、担架等急救器材。

(6) 施工现场应设专职或兼职保洁员，负责卫生清扫和保洁。

(7) 办公区和生活区应采取灭鼠、蚊、蝇、蟑螂等措施，并应定期投放和喷洒药物。

(8) 施工企业应结合季节特点，做好作业人员的饮食卫生和防暑降温、防寒保暖、防煤气中毒、防疫等工作。

(9) 施工现场必须建立环境卫生管理和检查制度，并应做好检查记录。

任务 5.6 安全警示牌

施工现场安全标志分为禁止标志、警告标志、指令标志和提示标志四大类型。

5.6.1 安全警示牌的作用和基本形式

(1) 禁止标志是用来禁止人们不安全行为的图形标志。基本形式是红色带斜杠的圆边框，图形是黑色，背景为白色。

(2) 警告标志是用来提醒人们对周围环境引起注意，以避免发生危险的图形标志。基本形式是黑色正三角形边框，图形是黑色，背景为黄色。

(3) 指令标志是用来强制人们必须做出某种动作或必须采取一定防范措施的图形标志。基本形式是黑色圆形边框，图形是白色，背景为蓝色。

(4) 提示标志是用来向人们提供目标所在位置与方向性信息的图形标志。基本形式是矩形边框，图形文字是白色，背景是所提供的标志，为绿色；消防设施提示标志用红色。

施工现场安全警示牌的设置应遵循“标准、安全、醒目、便利、协调、合理”的原则。

5.6.2 施工现场使用安全警示牌的基本要求

现场存在安全风险的重要部位和关键岗位必须设置能提供相应安全信息的安全警示牌。根据有关规定，现场出入口、施工起重机械、临时用电设施、脚手架、通道口、楼梯口、电梯井口、孔洞、基坑边沿、爆炸物及有毒有害物质存放处等属于存在安全风险的重要部位，应当设置明显的安全警示标牌。例如，在爆炸物及有毒有害物质存放处设“禁止烟火”等禁止标志；在木工圆锯旁设置“当心伤手”等警告标志；在通道口处设置“安全通道”等提示标志等。

安全警示牌应设置在所涉及的相应危险地点或设备附近最容易被观察的地方；应设置在明亮的、光线充分的环境中，如在应设置标志牌的位置附近光线较暗，则应考虑增加辅助光源；应牢固地固定在依托物上，不能产生倾斜、卷翘、摆动等现象，高度应尽量与人眼的视线高度相一致；不得设置在门、窗、架体等可移动的物体上，警示牌的正面或其邻近不得有妨碍人们视读的固定障碍物，并尽量避免经常被其他临时性物体所遮挡。现场布置的安全警示牌未经允许，任何人不得私自进行挪动、移位、拆除或拆换。

多个安全警示牌在一起布置时，应按警告、禁止、指令、提示类型的顺序，先左后右、先上后下进行排列。各标志牌之间的距离至少应为标志牌尺寸的 0.2 倍。室外露天场所设置的消防安全标志宜选用由反光材料或自发光材料制成的警示牌。

有触电危险的场所，应选用由绝缘材料制成的安全警示牌。对有防火要求的场所，应选用由不燃材料制成的安全警示牌。

现场布置的安全警示牌应进行登记造册，并绘制安全警示布置总平面图，按图进行布置，如布置的点位发生变化，应及时保持更新。

任务 5.7 施工现场综合考评分析

5.7.1 施工现场综合考评的概念

建设工程施工现场综合考评是指对工程建设参与各方（建设、监理、设计、施工、材料及设备供应单位等）在现场中主体行为责任履行情况的评价。

5.7.2 施工现场综合考评的内容

建设工程施工现场综合考评的内容，分为建筑业企业的施工组织管理、工程质量管理、施工安全管理、文明施工管理和建设、监理单位的现场管理等五个方面。综合考评满分为 100 分。

1. 施工组织管理

施工组织管理考评满分为 20 分。考评的主要内容是企业及项目经理资质情况、合同签订及履约管理、总分包管理、关键岗位培训及持证上岗、施工组织设计及实施情况等。有下列行为之一的，该项考评得分为零分：企业资质或项目经理资质与所承担的工程任务不符的；总包单位对分包单位不进行有效管理，不按照本办法进行定期评价的；没有施工组织设计或施工方案，或其未经批准的；关键岗位未持证上岗的。

2. 工程质量管理

工程质量管理考评满分为 40 分。考评的主要内容是质量管理与质量保证体系、工程实体质量、工程质量保证资料等情况。工程质量检查按照现行国家标准、行业标准、地方标准和有关规定执行。

有下列情况之一的，该项考评得分为零分：当次检查的主要项目质量不合格的；当次检查的主要项目无质量保证资料的；出现结构质量事故或严重质量问题的。

3. 施工安全管理

施工安全管理考评满分为 20 分。考评的主要内容是安全生产保证体系和施工安全技术、规范、标准的实施情况等。施工安全管理检查按照国家现行有关法规、标准、规范和有关规定执行。

有下列情况之一的，该项考评得分为零分：当次检查不合格的；无专职安全员的；无消防设施或消防设施不能使用的；发生死亡或重伤2人以上（包括2人）事故的。

4. 文明施工管理

文明施工管理考评满分为10分。考评的主要内容是场容场貌、料具管理、环境保护、社会治安情况等。

有下列情况之一的，该项考评得分为零分：用电线路架设、用电设施安装不符合施工组织设计，安全没有保证的；临时设施、大宗材料堆放不符合施工总平面图要求，侵占场道及危及安全防护的；现场成品保护存在严重问题的；尘埃及噪声严重超标，造成扰民的；现场人员扰乱社会治安，受到拘留处理的。

5. 建设单位、监理单位的现场管理

建设单位、监理单位现场管理考评满分为10分。考评的主要内容是有无专人或委托监理单位对现场实施管理、有无隐蔽验收签认、有无现场检查认可记录及执行合同情况等。

有下列情况之一的，该项考评得分为零分：未取得施工许可证而擅自开工的；现场没有专职管理人员、技术人员的；没有隐蔽验收签认制度的；无正当理由严重影响合同履约的；未办理质量监督手续而进行施工的。

5.7.3 施工现场综合考评办法与奖惩

建设工程施工现场的综合考评，实行考评机构定期抽查和企业主管部门或总包单位对分包单位日常检查相结合的办法。企业日常检查应按考评内容每周检查一次。考评机构的定期抽查每月不少于一次。一个施工现场有多个单体工程的，应分别按单体工程进行考评；多个单体工程过小，也可以按一个施工现场考评。

建设工程施工现场综合考评，得分在70分以上（含70分）的施工现场为合格现场。当次考评达不到70分或有一项单项得分为零的施工现场为不合格现场。

对于施工现场综合考评发现的问题，由主管考评工作的建设行政主管部门根据责任情况，向建筑业企业、建设单位或监理单位提出警告。

对于一个年度内，同一个施工现场被两次警告的，根据责任情况，给予建筑业企业、建设单位或监理单位通报批评的处罚；给予项目经理或监理工程师通报批评的处罚。

对于一个年度内，同一个施工现场被三次警告的，根据责任情况，给予建筑业企业或监理单位降低资质一级的处罚；给予项目经理、监理工程师取消资格的处罚；责令该施工现场停工整顿。

任务5.8 BIM技术在现场管理中的应用

利用BIM技术可以对施工项目现场平面进行科学、合理的布置，减少现场材料、机具二次搬运以及避免环境污染，并符合施工现场卫生、安全防火和环境保护等要求。

5.8.1 BIM技术概述

BIM（Building Information Modeling）是指在建设工程及设施全生命期内，对其物理和功能特性进行数字化表达，并依此设计、施工、运营的过程和结果的总称。B 代表的是 BIM 的广度，也就是整个建设领域；I 就是基于全寿命周期的信息及信息化。M 是模拟，代表的是 BIM 的力度和 BIM 的实际应用。因此 BIM 技术具有可视化、协同性、可模拟、可优化等特点。

5.8.2　BIM 施工项目现场管理中的应用

BIM 技术在施工应用中，主要包括三大板块：技术管理应用、商务管理应用，以及现场管理应用。

现场管理应用主要是对施工 BIM 项目模型添加数据来进行的。工程开工前，利用 BIM 技术对项目进行场地模拟布置，对生活区、办公区、施工区进行科学合理布局，快速出图，减少工期、节约成本等，并可以配合制作场地漫游、施工动画、脚手架模拟、天气模拟等。现场拟建布置得是否合理、科学，在 BIM 演示中均能找到答案，其细节中也能映射出施工组织、文明施工，及施工进度、工程成本、工程质量等。

1. 建立场地模型

BIM 技术能够将施工场内的平面元素立体化，直观地进行各阶段场地的布置策划，综合考虑各阶段的场地转换，并结合绿色施工中节地的理念优化场地，避免重复布置。根据场内临建设施建立标准化族库（图 5-1），族库内所有元素形成详细做法，统一标准。

图 5-1　临建元素标准化族库

通常施工现场布置包括的内容有：

（1）项目施工用地范围内的地形状况；

（2）全部拟建建筑物和其他基础设施的位置；

（3）项目施工用地范围内的加工、运输、存储、供电、供水供热、排水排污设施以及临时施工道路和办公、生活用房；

（4）施工现场必备的安全、消防、保卫和环保设施；

（5）相邻的地上、地下既有建筑物及相关环境。

根据整个现场的道路标高系统、排水系统、塔式起重机、施工升降机等其他临建设施的布置位置，生成三维布置图，更加直观地展示施工场地。利用 BIM 的三维属性，提前查看场地布置的效果；准确得到道路的位置、宽度及路口设置；以及塔式起重机与建筑物的三维空间位置；形象展示场地 CI（企业识别系统）布置情况，并可以进行虚拟漫游等展示。

2. 施工场地现场规划

施工现场规划能够减少作业空间的冲突，优化空间利用效益，包括施工机械设施规划、现场物流和人流规划等。将BIM技术应用到施工现场临时设施规划阶段，可更好地指导施工，为施工企业降低施工风险与成本运营，譬如BIM可以实现在模型上展现塔式起重机的外形和姿态，配合BIM应用的塔式起重机规划就显得更加贴近实际。将BIM与物联网集成，可实现基于BIM施工现场实时物资需求驱动的物流规划和供应；以BIM为空间载体，集成建筑物中的人流分布数据，可进行施工现场各个空间的人流模拟，检测碰撞，调整布局，并以3D模型进行表现。

3. 施工场地动态管理

施工现场中的一切施工行为都是动态的，决定了施工场地是一个动态的场所。由于施工场地是对施工人员利用各种施工机械器具对施工材料进行改造和生产提供的空间，因此需要实时掌握施工阶段的情况，分阶段对场内布置进行提前策划和转换预演，找出最优布置方案，提高场地使用效率，减少二次布置所产生的费用。

习　　题

一、单项选择题（每题的备选项中，只有1个最符合题意）

1. 施工现场内应设置临时消防车道，临时消防车道与在建工程、临时用房、可燃材料堆场及其加工场的距离，不宜小于（　　）m，且不宜大于（　　）m。

A. 6，40　　B. 5，35

C. 5，40　　D. 6，35

2. 下述有关施工现场文明施工的论述，错误的是（　　）。

A. 规范场容、场貌，保持作业环境整洁卫生

B. 创造文明有序和安全生产的条件和氛围

C. 施工过程对居民和环境的影响可不予考虑

D. 树立绿色施工理念，落实项目文化建设

二、多项选择题（每题的备选项中，有2个或2个以上符合题意，至少有1个错项）

下列（　　）情况的动火属于二级动火。

A. 在具有一定危险因素的非禁火区域内进行临时焊、割等用火作业

B. 小型油箱等容器

C. 比较密封的室内、容器内、地下室等场所

D. 登高焊、割等用火作业

E. 现场堆有大量可燃和易燃物质的场所

习题参考答案：

任务 6

建筑工程施工项目进度管理

任务 6.1　施工项目进度管理概述

6.1.1　施工项目进度管理的含义

建筑工程施工项目进度管理是为实现项目的进度目标而进行的计划、组织、指挥、协调和控制等专业化的活动。进度管理体系是企业管理体系的一部分，以工程管理部门为主管部门，物资管理部门、人力资源管理部门、项目经理部及其他相应业务部门为相关部门，通过任务分工表和职能分工表明确各自的责任。

6.1.2　施工项目进度管理目标体系

施工项目进度管理目标随组织的任务不同而不同。施工项目进度管理目标应从下面不同角度进行分解。

（1）按建设项目的组成进行的进度目标分解，如图 6-1 所示。

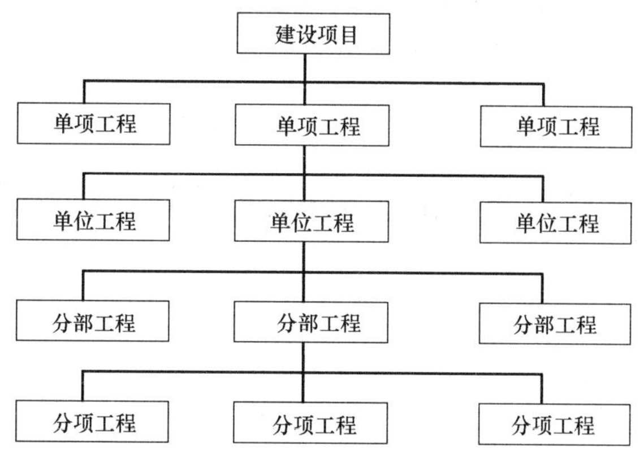

图 6-1　按组成分解进度目标

（2）按专业进行的进度目标分解，如图 6-2 所示。

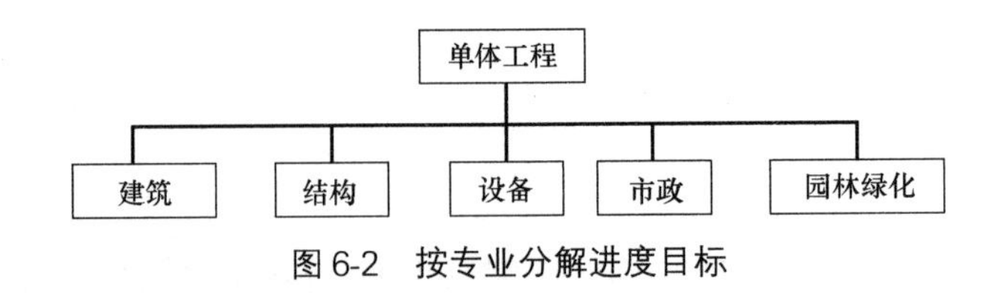

图6-2 按专业分解进度目标

（3）按项目实施的阶段分解，如图6-3所示。

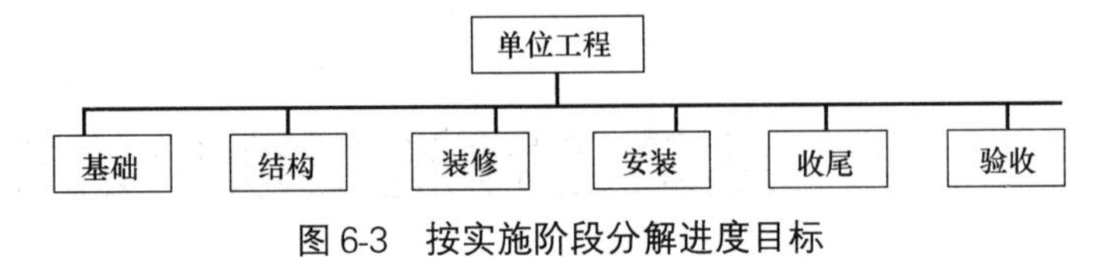

图6-3 按实施阶段分解进度目标

（4）按项目进度周期分解，如图6-4所示。

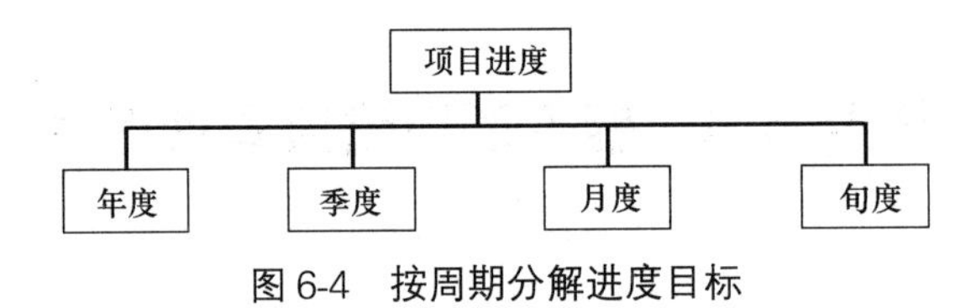

图6-4 按周期分解进度目标

6.1.3 施工项目进度管理程序

（1）确定进度管理的目标；

（2）编制施工项目进度计划；

（3）进度计划交底，落实管理责任；

（4）实施进度计划；

（5）进行进度控制和变更管理。

施工项目进度管理程序实际上就是我们通常所说的PDCA管理循环过程。就是编制计划、执行计划、检查和处理。在进行管理的时候，每一步都是必不可少的。因此，施工项目进度管理的程序，与所有管理的程序基本上都是一样的。通过PDCA环，可不断提高进度管理水平，确保最终目标的实现。

任务6.2 流水施工原理在建筑工程中的应用

6.2.1 组织施工的方式

施工项目组织实施的方式分三种：依次施工、平行施工、流水施工。

1. 依次施工

（1）依次施工的概念

依次施工又称顺序施工，是将拟建工程划分为若干个施工过程，每个施工过程按施工工艺流程依次进行施工，前一个施工过程完成后，后一个施工过程才开始施工。

（2）依次施工的适用范围

依次施工是按照单一的顺序组织施工，施工现场管理比较简单，单位时间内投入的劳动力和物资较少，有利于资源的组织供应工作。各专业施工队的作业不连续，工作面有间歇，导致工期较长，依次施工通常适用于施工工作面有限、规模较小的工程。

2. 平行施工

（1）平行施工的概念

平行施工是将拟建工程划分为若干施工段，并将施工对象分解为若干个施工过程，按照施工过程的先后顺序，各个施工段上同时开始同时完工。

（2）平行施工的适用范围

当拟建工程十分紧迫时通常组织平行施工，在工作面、资源供应允许的前提下，组织多个相同的施工队，在同一时间、不同的施工段上同时组织施工。该方式一般适用于工期十分紧迫、工作面须满足要求及资源供应有保证的施工项目。

3. 流水施工

（1）流水施工的概念

流水施工是将拟建工程划分为若干施工段，并将施工对象分解为若干个施工过程，按施工过程成立相应工作队，各工作队按施工过程顺序依次完成施工段内的工作任务，并依次从一个施工段转到下一个施工段；施工在各施工段、施工过程上连续、均衡地进行，使相应专业工作队间最大限度地实现搭接施工。

（2）流水施工的特点

1）科学利用工作面，争取时间，合理缩短工期；

2）工作队实现专业化施工，有利于工作质量和效率的提升；

3）工作队及其工人、机械设备连续作业，同时使相邻专业工作队的开工时间能够最大限度地搭接，减少窝工和其他支出，降低建造成本；

4）单位时间内资源投入量较均衡，有利于资源组织与供给。

（3）流水施工的分类

1）根据流水施工对象的范围分类

① 分项工程流水（细部流水），它是在一个专业工种内部组织起来的流水施工。在项目施工进度计划表上，它是一条标有施工段或工作队编号的水平进度指示线段或斜向进度指示线段。

② 分部工程流水（专业流水），它是在一个分部工程内部、各分项工程之间组织起来的流水施工。

③ 单位工程流水（工程项目流水、综合流水），它是在一个单位工程内部、各分部工程之间组织起来的流水施工。

④ 群体工程流水（大流水），它是在若干单位工程之间组织起来的流水施工。反映在项目施工进度计划上，是一个工程项目的施工总进度计划。

2）根据流水的节奏特征分类

按组织施工节奏特征不同，流水施工可分为有节奏流水和无节奏流水两类，其中有节奏流水还可分为等节奏流水和异节奏流水两种。

各种流水施工方式之间的关系，如图 6-5 所示。

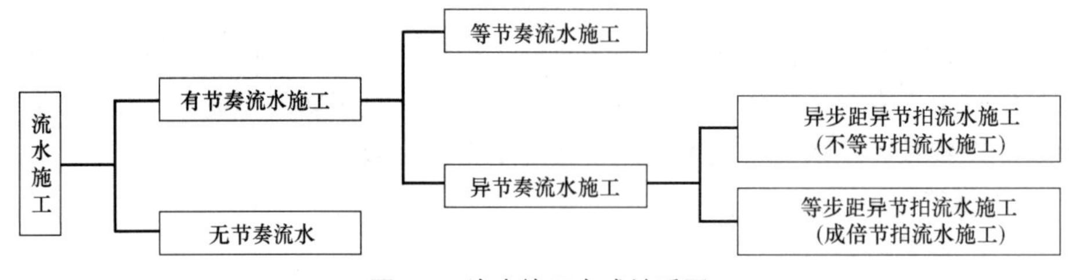

图 6-5 流水施工方式关系图

6.2.2 流水施工的主要参数

在组织流水施工时，为了表达流水施工在工艺程序、空间布置和时间排列上所处的状态，而引入的一些描述施工进度计划特征和各种数量关系的参数，称为流水施工参数，包括工艺参数、空间参数和时间参数。

1. 工艺参数

工艺参数是指参与拟建工程施工并用以表达流水施工在施工工艺上开展的顺序及其特征的参数。通常，工艺参数是指施工过程数，用符号 N 或 n 表示。

施工过程是施工进度计划的基本组成单元，其数目的多少与施工进度计划的性质、施工方案、劳动力组织和工程量的大小等因素有关。施工过程可以是一个工序，也可以是一项分项工程，还可以是它们的组合。在计算施工过程数时，应考虑以下几种情况：

（1）在流水施工中，每一个施工过程均只有一个施工队组先后开始施工时，工艺参数就是施工过程数，用 N 或 n 表示。

（2）在流水施工中，如有两个或两个以上的施工过程齐头并进地同时开工和完工，则这些施工过程应按一个施工过程计入工艺参数内。

（3）在流水施工中，如某一施工过程有两个或两个以上的施工队组，间隔一定时间先后开始施工时，则应以施工队（班组）数计算，用 N 表示。

（4）由于建造类施工过程占有施工对象的空间，直接影响工期的长短，因此，必须列入施工进度计划，并在其中大多作为起主导作用的施工过程或关键工作。运输类与制备类施工过程一般不占有施工对象的工作面，不影响工期，故不需要列入流水施工进度计划之中。只有当其占有施工对象的工作面，影响工期时，才列入施工进度计划中。

2. 空间参数

空间参数是指组织流水施工时，表达流水施工在空间布置上所处状态的参数。包括施工段和施工层数。

施工段是指为组织流水施工将拟建工程平面、空间所划分的作业区域，为各施工队规定的从事施工活动的空间。拟建工程每一层平面上划分的平面施工段数用 m_0 表示；竖向空间划分的施工层数用 r 表示；整个工程所划分的施工段总数用 m 表示。对于每个施工层的面积基本相等的拟建工程，其总段数 m 等于平面上的施工段数 m_0 与空间上的施工层数 r 之积，即：

$$m=m_0\times r \tag{6-1}$$

3. 时间参数

在组织流水施工时，用以表达流水施工在时间排列上所处状态的参数，称为时间参数。时间参数主要有：流水节拍、流水步距、平行搭接时间、技术与组织间歇时间、流水施工工期。

（1）流水节拍

流水节拍是指一个施工过程在一个施工段上的工作持续时间，用符号 t_i 表示（$i=1$，2，3…）。

1）流水节拍的计算

流水节拍的大小直接关系到投入的劳动力、材料和机械的多少，决定着流水施工方式和施工速度。因此，流水节拍数值的确定很重要，必须进行合理的选择和计算。通常有定额计算法和经验估计法。

① 定额计算法

$$t_i=\frac{Q_i}{S_iR_iB_i}=\frac{Q_iH_i}{R_iB_i}=\frac{P_i}{R_iB_i} \tag{6-2}$$

式中：t_i——某施工过程流水节拍；

Q_i——某施工过程在某施工段上的工程量；

S_i——某施工过程的每工日产量定额；

R_i——某施工过程的施工班组人数或机械台数（施工班组人数受到最小工作面和最小劳动组合的限制）；

B_i——每天工作班制（按 8 小时工作制计算，最大为 3 班，最小为 1 班）；

P_i——某施工过程在某施工段上的劳动量；

H_i——某施工过程的时间定额。

若流水节拍根据工期要求来确定，则也很容易使用上式计算出所需的人数（或机械台班）。但在这种情况下，必须检查劳动力和机械供应的可能性，以及能否保证物资供应。

② 经验估算法

它是根据以往的施工经验进行估算。一般为了提高其准确程度，往往先估算出该流水节拍的最长、最短和正常（最可能）三种时间值，然后据此计算出期望时间值，作为某专业工作队的某施工段上流水节拍，如下式所示：

$$t=\frac{a+4b+c}{6} \tag{6-3}$$

式中：a——流水节拍的最长时间；

b——流水节拍的正常时间；

c——流水节拍的最短时间。

2）确定流水节拍时应考虑的因素

① 施工队组人数应符合该施工工程最少劳动组合人数和工作面上所能允许的施工队组最大人数的要求。

② 工作班制要恰当。当工期不紧迫，工艺上又无连续施工要求时，可采用一班制；当工期较紧或工艺上要求连续施工，或为了提高施工机械的使用效率时，某些项目可考虑二班制或者三班制施工。

③ 施工现场对各种材料、构件等的堆放容量、供应能力及其他因素的制约；机械的台班效率或机械台班产量的大小。

④ 流水节拍值一般取整数，必要时才考虑保留 0.5 天（或台班）的小数值。

（2）流水步距

流水步距是指在流水施工中，相邻两个专业工作队（或施工班组）先后开始施工的合理时间间隔，用符号 $K_{i,i+1}$ 表示（i 表示前一个施工过程，$i+1$ 表示后一个施工过程）。确定流水步距的方法很多，简捷、实用的方法主要有分析计算法（图上分析法）和累加数列错位相减取大差法（潘特考夫斯基法）。最大差法一般适用于无节奏流水施工和异步距异节拍流水施工，计算步骤如下：

第一步：将每个施工过程的流水节拍逐个累加，求出累加数列 $\sum^{m} t_i$ ；

第二步：错位相减，即从前一个施工班组由加入流水起到完成该段工作止的持续时间之和减去后一个施工班组由加入流水起到完成前一个施工段工作止的持续时间之和（即错位相减），得到一组差数，即 $\sum^{m} t_i - \sum^{m-1} t_{i+1}$；

第三步：取上一步错位相减中的最大值作为流水步距，即

$$K_{i,i+1}=\max\left\{\sum^{m} t_i - \sum^{m-1} t_{i+1}\right\} \tag{6-4}$$

（3）间歇时间

在组织流水施工中，由于施工过程之间的工艺或组织上的需要，必须要留的时间间隔，用符号 t_j 表示。它包括技术间歇时间和组织间歇时间。

技术间歇时间是指在同一施工段的相邻两个施工过程之间必须有的工艺技术间隔时间，用 t_j 表示。例如，钢筋混凝土的养护、油漆的干燥等。

组织间歇时间是指流水施工中，某些施工过程完成后要有必要的检查验收时间或后续施工过程的准备时间，也用 t_j 来表示。例如基础工程完成后，在回填土前必须进行检查验收并做好隐蔽工程记录所需要的时间。

（4）平行搭接时间

在组织流水施工时，有时为了缩短工期，在工作面允许的情况下，如果前一个专业工作队完成部分施工任务后，能够提前为后一个专业工作队提供工作面，使后者提前进入前一个施工段，两者在同一个施工段上平行搭接施工，这个搭接时间称为平行搭接时间或插入时间，通常用 t_d 表示。

（5）流水工期

流水工期是指在组织某项拟建工程（或其中的某一分部工程流水组）的流水施工时，从第一个施工过程进入第一个施工段开始施工到最后一个施工过程退出最后一个施工段施工的整个持续时间。拟建工程的流水工期用 T_L 表示，计算公式为：

$$T_L=\Sigma K_{i,i+1}+T_N+\Sigma t_j-\Sigma t_d \tag{6-5}$$

式中：T_L——流水工期；

$\Sigma K_{i,i+1}$——流水施工中各流水步距之和；

T_N——流水施工中，最后一个施工过程的持续时间；

Σt_j——所有技术与组织间歇时间之和；

$\sum t_d$——所有平行搭接时间之和。

6.2.3 流水施工的组织方法

1. 等节奏流水施工

等节奏流水施工指在流水施工中，同一施工过程在各个施工段上的流水节拍都相等，并且不同施工过程之间的流水节拍也相等的一种流水施工组织方式。也称为固定节拍流水施工或全等节拍流水施工。

（1）等节奏流水施工的特征

1）同一施工过程流水节拍相等，不同施工过程流水节拍也相等，即 $t_1=t_2=\cdots=t_n=t$，要做到这一点的前提是使各施工段的工作量基本相等；

2）各施工过程之间的流水步距相等，且等于流水节拍，即 $K_{1,2}=K_{2,3}=\cdots=t$；

3）专业工作队数等于施工过程数，即每一个施工过程成立一个专业工作队，由该队完成相应施工过程所有施工任务；

4）各个专业工作队在各施工段上能够连续作业，各施工过程之间没有空闲时间。

（2）确定流水步距

由等节奏流水施工的特征可知：$K_{i,i+1}=t$。

（3）计算流水施工的工期

$$T_L=(m+n-1)t_i+\sum t_j-\sum t_d \tag{6-6}$$

（4）等节奏流水施工组织应用

等节奏流水施工比较适用于分部、分项工程流水或者施工班组的作业流水，以及工程量大致相等的单位工程或者建筑群。等节奏流水施工虽然是一种比较理想的流水施工方式，它能保证专业班组连续工作，充分利用工作面，实现均衡施工，但由于它要求所划分的施工过程都采用相同的流水节拍，具体实践中往往不容易达到。

【例 6-1】 某分部工程为 5 层框架结构办公楼的室内装饰工程，该室内装饰工程分为顶棚、墙面、地（楼）面工程三个施工过程，每层为一个施工段，流水节拍均为 4 周。按等节奏流水组织施工，计算施工工期，并绘制施工进度横道图。

【解析】（1）由题意可知 $m=5$，$n=3$，$k=t=4$ 周，$t_j=0$，$t_d=0$。

（2）计算施工工期：

$$T_L=(m+n-1)t_i+\sum t_j-\sum t_d=(5+3-1)\times 4=28\text{ 周}$$

（3）绘制施工进度计划横道图，如图 6-6 所示。

在工程项目施工工期已经规定的情况下，也可以采用倒排进度的方法，按等节奏流水施工方法组织施工。此时只需将等节奏流水施工的工期计算公式（6-6）移项，即可导出组织等节奏流水施工的流水节拍值 t_i。

$$t_i=\frac{T_L-(\sum t_j-\sum t_d)}{m+n-1} \tag{6-7}$$

2. 异步距异节拍流水施工

异步距异节拍流水施工指在流水施工中，同一施工过程在各个施工段上的流水节拍均相等，不同施工过程之间的流水节拍不一定相等的流水施工方式。

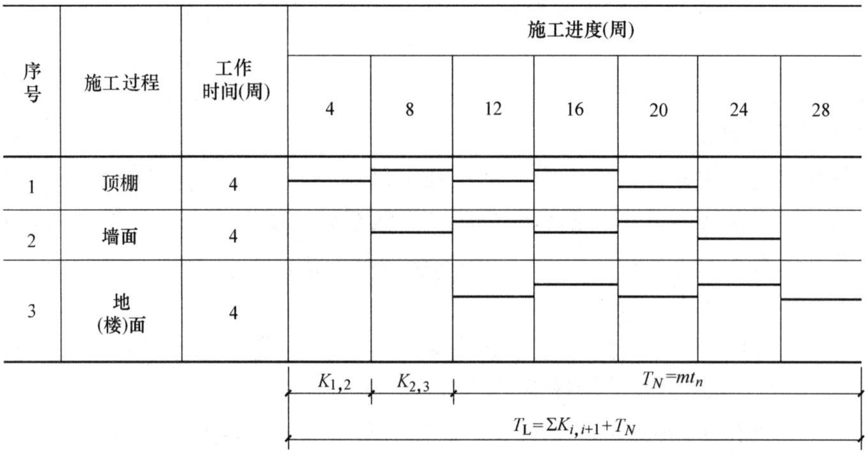

序号	施工过程	工作时间(周)	施工进度(周)						
			4	8	12	16	20	24	28
1	顶棚	4							
2	墙面	4							
3	地(楼)面	4							

$K_{1,2}$　$K_{2,3}$　$T_N=mt_n$

$T_L=\Sigma K_{i,i+1}+T_N$

图 6-6　等节奏流水施工进度计划横道图

（1）异步距异节拍流水施工的特征

1）同一施工过程在各个施工段上流水节拍均相等，不同施工过程之间的流水节拍不尽相等；

2）相邻施工过程之间的流水步距不尽相等；

3）专业工作队数等于施工过程数；

4）各个专业工作队在各施工段上能够连续作业，部分施工段上有工作面的闲置。

（2）确定流水步距 $K_{i,i+1}$

利用累加错位相减取大差法计算流水步距。

（3）计算流水施工工期 T_L

$$T_L=\Sigma K_{i,i+1}+mt_N+\Sigma t_j-\Sigma t_d \quad (6\text{-}8)$$

（4）异步距异节拍流水施工的应用

【例 6-2】 某基础工程划分为挖土方、混凝土垫层、独立混凝土基础、回填土 4 个施工过程，调整施工班组人数后每个施工过程划分为 4 个施工段，4 个施工过程的流水节拍分别为：挖土方 $t_1=3$d，混凝土垫层 $t_2=1$d，混凝土基础 $t_3=3$d，回填土 $t_4=2$d，不考虑间歇和搭接时间。试计算流水工期并绘制进度计划横道图。

【解析】 （1）确定流水步距$\Sigma K_{i,i+1}$

根据已知条件可知，此基础工程可组织成异步距异节拍流水施工，其流水步距可用最大差法计算。

① 各施工过程流水节拍的累加数列：

挖土方（Ⅰ）：　3 6 9 12　　混凝土垫层（Ⅱ）：1 2 3 4

独立混凝土基础（Ⅲ）：3 6 9 12　　回填土（Ⅳ）：　2 4 6 8

② 错位相减，取最大值得流水步距：

$$\begin{array}{lrrrrr} K_{Ⅰ,Ⅱ} & 3 & 6 & 9 & 12 & \\ - & & 1 & 2 & 3 & 4 \\ \hline & 3 & 5 & 7 & 9 & -4 \end{array}$$

所以：$K_{Ⅰ,Ⅱ}=9$d

$$
\begin{array}{llllll}
K_{\text{Ⅱ},\text{Ⅲ}} & 1 & 2 & 3 & 4 & \\
- & & 3 & 6 & 9 & 12 \\
\hline
 & 1 & -1 & -3 & -5 & -12
\end{array}
$$

所以：$K_{\text{Ⅱ},\text{Ⅲ}}=1\text{d}$

$$
\begin{array}{llllll}
K_{\text{Ⅲ},\text{Ⅳ}} & 3 & 6 & 9 & 12 & \\
- & & 2 & 4 & 6 & 8 \\
\hline
 & 3 & 4 & 5 & 6 & -8
\end{array}
$$

所以：$K_{\text{Ⅲ},\text{Ⅳ}}=6\text{d}$

（2）计算流水组工期 T_L

$$T_L=\sum K_{i,i+1}+mt_N+\sum t_j-\sum t_d=(9+1+6)+4\times 2+0-0=16+8=24\text{d}$$

（3）绘制施工进度计划横道图，如图 6-7 所示。

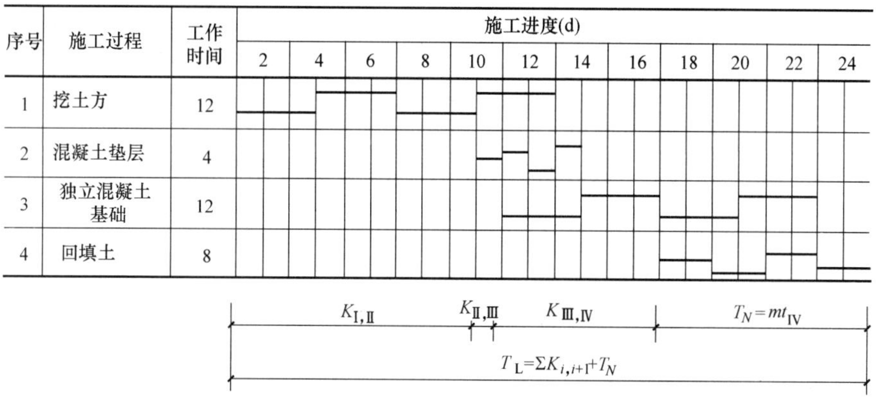

序号	施工过程	工作时间	施工进度(d)											
			2	4	6	8	10	12	14	16	18	20	22	24
1	挖土方	12												
2	混凝土垫层	4												
3	独立混凝土基础	12												
4	回填土	8												

$K_{\text{Ⅰ},\text{Ⅱ}}$　$K_{\text{Ⅱ},\text{Ⅲ}}$　$K_{\text{Ⅲ},\text{Ⅳ}}$　$T_N=mt_{\text{Ⅳ}}$

$T_L=\Sigma K_{i,i+1}+T_N$

图 6-7　异步距异节拍流水施工进度计划横道图

3. 等步距异节拍流水施工

等步距异节拍流水施工是一种加快的流水施工组织方式，在流水施工中，同一施工过程在各个施工段的流水节拍相等，不同施工过程之间的流水节拍不完全相等，但各个施工过程的流水节拍均为某一个常数（流水节拍的最大公约数或者最小值）的倍数，这种组织方式也可称为成倍节拍流水施工。

（1）等步距异节拍流水施工的特征

1）同一施工过程在其各个施工段上的流水节拍均相等，不同施工过程的流水节拍不全相等，其值为某个常数 K_b 的倍数；

2）相邻施工过程的流水步距相等，且等于常数 K_b；

3）专业工作队数大于施工过程数，部分或全部施工过程按倍数增加相应专业工作队；每个施工过程的工作队数等于本施工过程的流水节拍与最小流水节拍的比值，即

$$b_i=\frac{t_i}{K_b} \tag{6-9}$$

式中：b_i——某施工过程所需施工队数；

K_b——所有流水节拍的最大公约数或者最小值。

$$n_1=\sum b_i \tag{6-10}$$

式中：n_1——施工队组数总和；

b_i——第 i 个施工过程的施工队组数。

4）各个专业工作队在各施工段上能够连续作业，工作面没有闲置时间。

（2）流水步距

$$K_{i,i+1}=K_b \tag{6-11}$$

（3）流水施工工期 T_L

$$T_L=(m+n_1-1)K_b+\sum t_j-\sum t_d \tag{6-12}$$

（4）等步距异节拍流水施工的应用

等步距异节拍流水施工方式比较适用于资源相对比较充足、要求缩短工期的施工组织安排。

【例 6-3】 某建设项目包括 3 个结构形式与建造规模完全一样的单位工程，每个单位工程共由 4 个施工过程组成，分别为：土方工程（Ⅰ）、基础施工（Ⅱ）、地上结构（Ⅲ）、装饰工程（Ⅳ），各施工过程的流水节拍值为 4 周、4 周、6 周、6 周。现在拟采用等步距异节拍流水施工组织方式，计算总工期并绘制流水施工进度计划横道图。

【解析】 （1）计算每个施工过程的施工队组数 b_i

根据公式，$b_i=\frac{t_i}{K_b}$，K_b 取流水节拍 4、4、6、6 的最大公约数 2，则：

$$b_Ⅰ=\frac{t_Ⅰ}{K_b}=\frac{4}{2}=2 \qquad b_Ⅱ=\frac{t_Ⅱ}{K_b}=\frac{4}{2}=2$$

$$b_Ⅲ=\frac{t_Ⅲ}{K_b}=\frac{6}{2}=3 \qquad b_Ⅳ=\frac{t_Ⅳ}{K_b}=\frac{6}{2}=3$$

（2）计算施工队组总数 n_1

$$n_1=\sum b_i=2+2+3+3=10$$

（3）计算工期 T_L

$$\begin{aligned}T_L&=(m+n_1-1)K_b+\sum t_j-\sum t_d\\&=(3+10-1)\times 2+0-0=24\text{ 周}\end{aligned}$$

（4）绘制施工进度计划横道图，如图 6-8 所示。

4. 无节奏流水施工

无节奏流水施工指在流水施工中，相同或不相同的施工过程的流水节拍均不完全相等的一种流水施工方式，这种施工是流水施工中最常见的一种。

（1）无节奏流水施工的特征

1）同一施工过程流水节拍不完全相等，不同施工过程流水节拍也不完全相等；

2）各个施工过程之间的流水步距不完全相等且差异较大；

3）专业工作队数等于施工过程数；

4）各专业工作队在施工段上能够连续施工，部分施工段可能存在闲置时间。

（2）确定流水步距：最大差法计算流水步距

（3）计算流水施工的计划工期［公式（6-5）］

（4）无节奏流水施工的组织应用

无节奏流水施工不像有节奏流水施工那样有一定的时间规律约束，在进度安排上比较

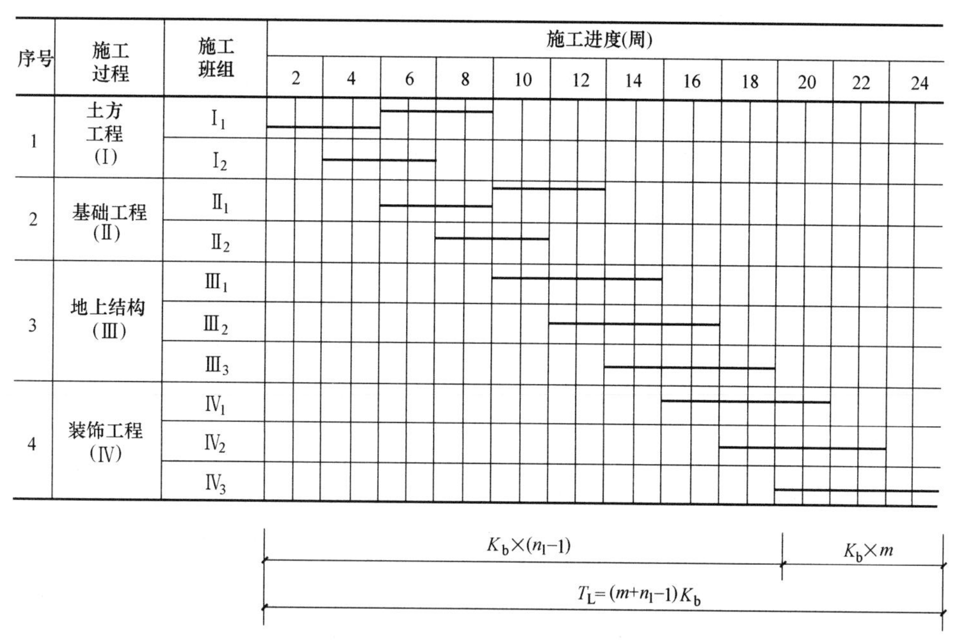

图 6-8　等步距异节拍流水施工进度计划横道图

灵活、自由，因此它适用于大多数分部工程和单位工程及大型建筑群的流水施工，是流水施工中应用最广泛的一种方式。

【例 6-4】 某工程可以分为 A、B、C、D 4 个施工过程，4 个施工段，各施工过程在不同施工段上的流水节拍见表 6-1，试计算流水步距和工期，绘制流水施工进度计划横道图。

某工程的流水节拍（单位：d）　　**表 6-1**

施工过程	施工段			
	Ⅰ	Ⅱ	Ⅲ	Ⅳ
A	5	4	2	3
B	4	1	3	2
C	3	5	2	3
D	1	2	2	3

【解析】 （1）计算流水步距，采用“累加错位相减取最大差法”计算

1）求 K_{AB}：

$$\begin{array}{rrrrr} 5 & 9 & 11 & 14 & \\ - & 4 & 5 & 8 & 10 \\ \hline 5 & 5 & 6 & 6 & -10 \end{array}$$

所以：$K_{AB}=6\text{d}$

2）求 K_{BC}：

$$\begin{array}{rrrrrr} & 4 & 5 & 8 & 10 & \\ - & & 3 & 8 & 10 & 13 \\ \hline & 4 & 2 & 0 & 0 & -13 \end{array}$$

所以：$K_{BC}=4d$

3）求 K_{CD}：

$$\begin{array}{rrrrrr} & 3 & 8 & 10 & 13 & \\ - & & 1 & 3 & 5 & 8 \\ \hline & 3 & 7 & 7 & 8 & -8 \end{array}$$

所以：$K_{CD}=8d$

（2）计算流水工期

$$T_L=\sum K_{i,i+1}+T_N=(6+4+8)+8=26d$$

根据计算的流水参数绘制施工进度计划横道图如图 6-9 所示。

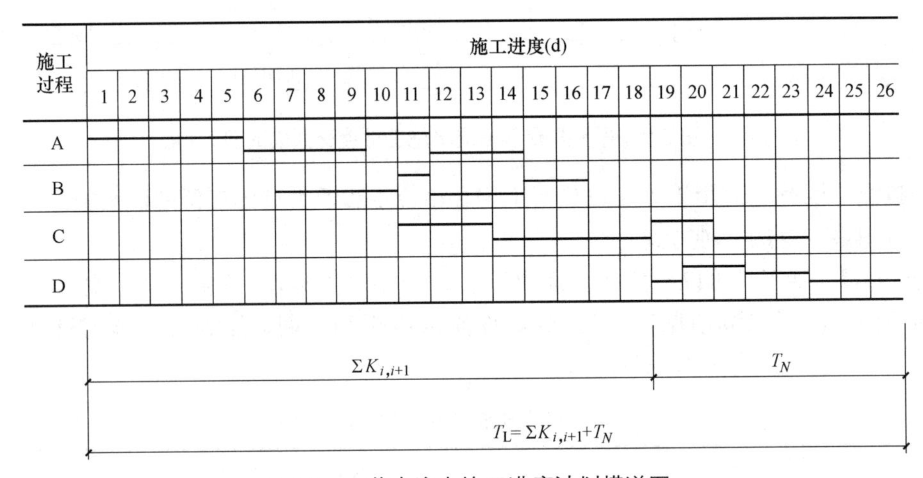

图 6-9 无节奏流水施工进度计划横道图

任务 6.3 网络计划在建筑工程中的应用

6.3.1 网络计划概述

1. 网络计划的分类

国际上工程网络计划有许多名称，如 CPM、PERT、CPA、MPM 等。工程网络计划的类型有如下几种不同的划分方法：

（1）工程网络计划按工作持续时间的特点划分

1）肯定型问题的网络计划；

2）非肯定型问题的网络计划；

3）随机网络计划等。

(2) 工程网络计划按工作和事件在网络节点的表示方法划分

1) 事件网络计划：以节点表示事件的网络计划；

2) 工作网络计划：以节点表示工作的网络计划。

① 以箭线表示工作的网络计划，如图 6-10 所示；

② 以节点表示工作的网络计划，如图 6-11 所示。

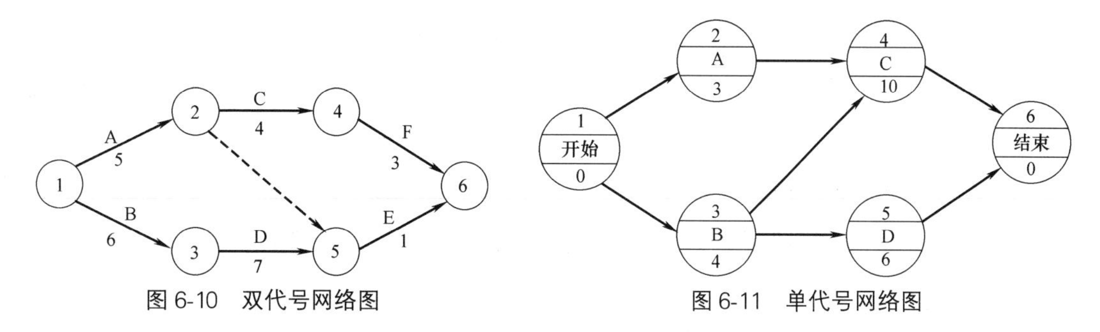

图 6-10 双代号网络图

图 6-11 单代号网络图

(3) 工程网络计划按计划平面的个数划分

1) 单平面网络计划；

2) 多平面网络计划（多阶网络计划，分级网络计划）。

2. 网络计划技术的基本原理

用网络计划对任务的工作进度进行安排和控制，以保证实现预定目标的科学的计划管理技术称为网络计划技术。网络计划中的任务是指计划所承担的有规定目标及约束条件（时间、资源、成本、质量等）的工作总和，如规定有工期和投资额的一个工程项目即可称为一个项目。网络计划技术可以为施工管理者提供许多信息，有利于加强施工管理，它是一种编制计划技术的方法，又是一种科学的管理方法。它有助于管理人员全面了解、重点掌握、灵活安排、合理组织、多快好省地完成计划任务，不断提高管理水平。

6.3.2 双代号网络图计划

1. 双代号网络图的基本概念

双代号网络图是以箭线及其两端节点的编号表示工作先后顺序的网络图，其构成要素包括：箭线、节点、线路。

(1) 箭线（工作）

工作是泛指一项需要消耗人力、物力和时间的具体活动过程，也称工序、活动、作业。双代号网络图中，每一条箭线表示一项工作，工作名称可标注在箭线的上方，完成该项工作所需要的持续时间可标注在箭线的下方，如图 6-12 所示。在建设工程中，一条箭线表示项目中的一个施工过程，它可以是一道工序、一个分项工程、一个分部工程或一个单位工程，其粗细程度和工作范围的划分根据计划任务的需要确定。

施工过程 i t j i 0 j

图 6-12 网络图中工作的表示方法

在双代号网络图中，为了正确表达工作之间的逻辑关系，往往需要应用虚箭线，其表示方法如图 6-12 所示。虚箭线是实际工作中并不存在的一项虚拟工作，故它不占用时间，也不消耗资源，一般起着工作间的联系、区分和断路作用。

1）联系作用

例如：如图 6-13 所示虚工作②-⑤把工作 A 和工作 D 的先后顺序联系起来。

2）区分作用

例如：如图 6-14（*a*）所示，两个工作用同一代号，则不能明确表示该代号表示哪一项工作。因此，必须增加虚工作，如图 6-14（*b*）所示。

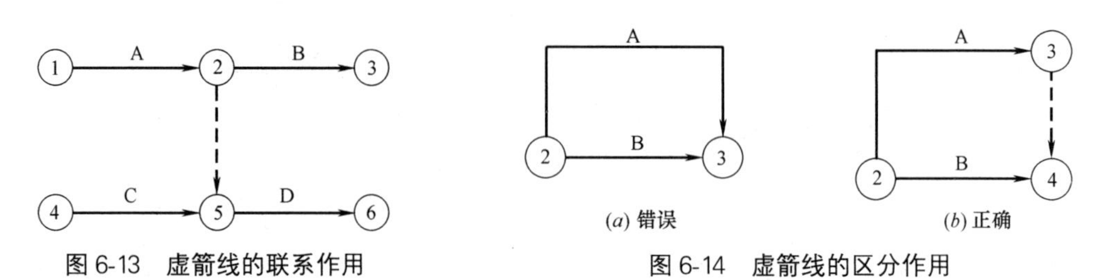

图 6-13 虚箭线的联系作用

图 6-14 虚箭线的区分作用

3）断路作用

虚箭线的断路作用是用虚箭线把没有关系的工作断开，如图 6-15 所示。在图 6-15 中，虚箭线④-⑤切断了支模Ⅱ和混凝土Ⅰ这两项毫无关系的工作，避免了逻辑错误。这就是虚箭线的断路法。

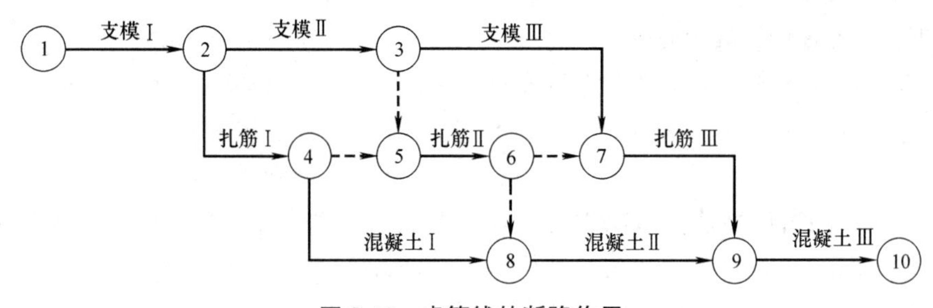

图 6-15 虚箭线的断路作用

4）工作间的关系

在网络图中，通常将被研究的对象称为本工作，用 $i-j$ 表示；紧安排在本工作之前进行的工作称为本工作的紧前工作（不考虑虚工作间隔），用 $h-i$ 表示；紧安排在本工作之后进行的工作称为本工作的紧后工作，用 $j-k$ 表示；与本工作同时进行的工作称为本工作的平行工作，如图 6-16 所示。

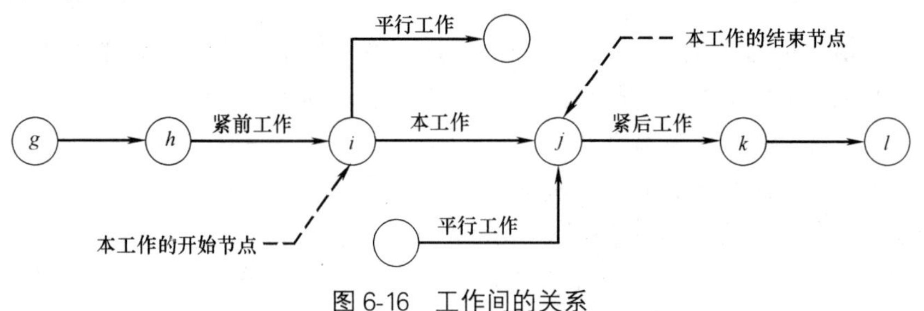

图 6-16 工作间的关系

（2）节点

节点就是网络图中箭线端部的圆圈或其他形状的封闭图形。在双代号网络图中，它表示工作间的逻辑关系，即起着承上起下的作用。

1）节点的种类

① 起始节点。在网络图中只有外向箭线的节点称为起始节点，如图 6-17（*a*）所示。

② 中间节点。网络图中既有外向箭线，又有内向箭线的节点称为中间节点。它既表示紧前各工作的结束，又表示紧后各工作的开始，如图 6-17（*b*）所示。

③ 终点节点。网络图中只有内向箭线的节点称为终点节点，即网络图的最后一个节点，它表示一项计划（或工程）的结束，如图 6-17（*c*）所示。

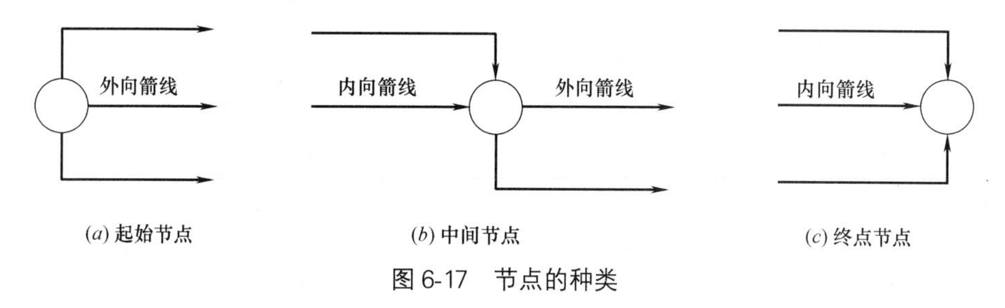

图 6-17 节点的种类

2）节点的编号

网络计划中的每个节点都有自己的编号，以便赋予每项工作以代号，便于计算网络计划的时间参数和检查网络计划是否正确。在对节点进行编号时必须满足以下要求：

① 从左到右，由小到大；

② 箭尾编号小于箭头编号，即 $i<j$；

③ 节点的编号不能重复，号码可以连续，也可以不连续。

（3）线路

网络图中从起始节点开始，沿箭头方向顺序通过一系列箭线与节点，最后达到终点节点的通路称为线路。在一个网络图中可能有很多条线路，线路中各项工作持续时间之和就是该线路的长度，即线路所需要的时间。一般网络图有多条线路，可依次用该线路上的节点代号来记述，例如图 6-10 中的三条线路：①→②→④→⑥，①→②→⑤→⑥，①→③→⑤→⑥。在各条线路中，有一条或几条线路的总时间最长，称为关键线路，一般用双线或粗线标注。其他线路长度均小于关键线路，称为非关键线路。

（4）逻辑关系

网络图中工作间相互制约或相互依赖的关系称为逻辑关系。工作之间的逻辑关系包括工艺关系和组织关系。

1）工艺关系。生产性工作之间由工艺过程决定的，非生产性工作之间由工作程序决定的先后顺序称为工艺关系，如图 6-15 中，支模Ⅰ→扎筋Ⅰ→混凝土Ⅰ、支模Ⅱ→扎筋Ⅱ→混凝土Ⅱ、支模Ⅲ→扎筋Ⅲ→混凝土Ⅲ为工艺关系。

2）组织关系。组织关系是指工作之间由于组织安排需要或资源（人力、材料、机械设备和资金等）调配需要而确定的先后顺序关系称为组织关系。例如：建筑群中各个建筑物的开工顺序的先后、施工对象的分段流水作业等。组织顺序可以根据具体情况，按安全、经济、高效的原则统筹安排。如图 6-15 中，支模Ⅰ→支模Ⅱ→支模Ⅲ、扎筋Ⅰ→扎筋Ⅱ→扎筋Ⅲ、混凝土Ⅰ→混凝土Ⅱ→混凝土Ⅲ为组织关系。

2. 双代号网络图的绘制

网络图必须正确地表达整个工程或任务的工艺流程和各工作开展的先后顺序，以及它们之间相互依赖和相互制约的逻辑关系。

（1）双代号网络图必须正确表达已定的逻辑关系。

常见的逻辑关系表达示例见表6-2。

常见的逻辑关系表示方法 **表6-2**

序号	工作之间的逻辑关系	在网络图中的表示
1	B的紧前工作是A C的紧前工作是B	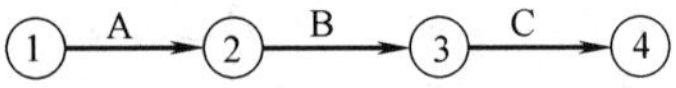
2	B、C的紧前工作均是A	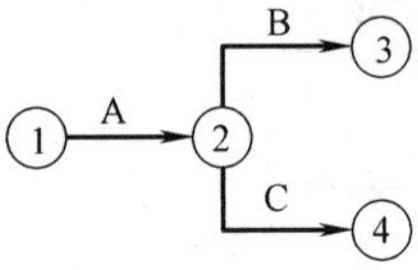
3	C的紧前工作是A、B	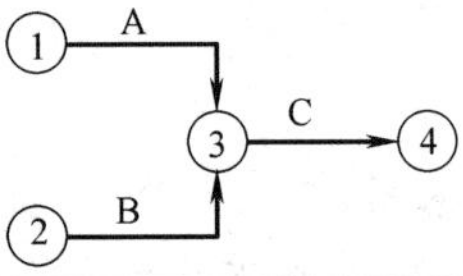
4	C、D的紧前工作是A、B	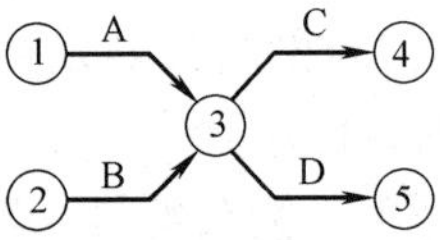
5	B、C的紧前工作是A D的紧前工作是B、C	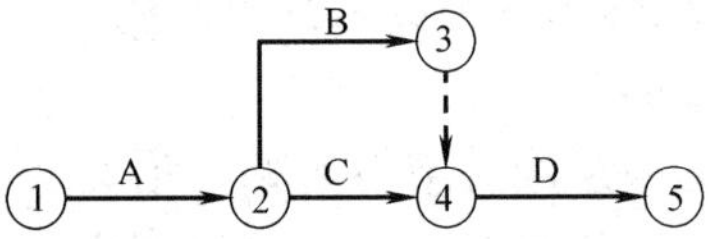
6	D的紧前工作是A、B C的紧前工作是A	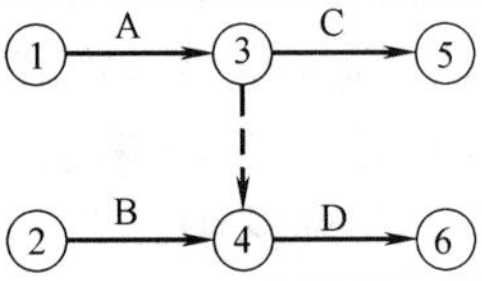
7	D的紧前工作是A、B、C E的紧前工作是B、C	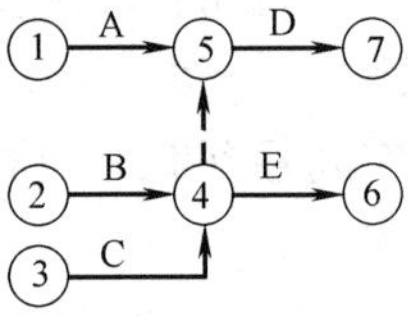
8	C的紧前工作是A D的紧前工作是A、B E的紧前工作是B	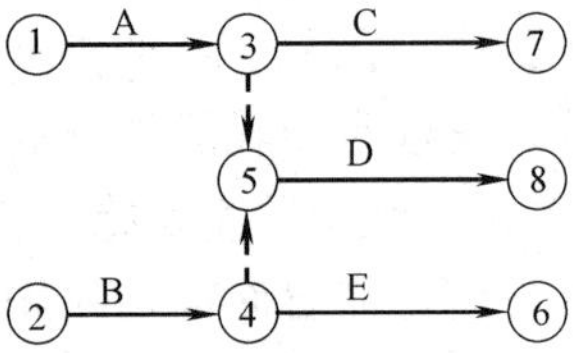

（2）在双代号网络图中，严禁出现循环回路。即不允许从一个节点出发，沿箭线方向再返回到原来的节点。

（3）在双代号网络图中，节点之间严禁出现带双向箭头或无箭头的连线。

（4）在双代号网络图中，严禁出现没有箭头节点或没有箭尾节点的箭线。

（5）当双代号网络图的某些节点有多条外向箭线或多条内向箭线时，为使图形简洁，可使用母线法绘制（但应满足一项工作用一条箭线和相应的一对节点表示），如图 6-18 所示。

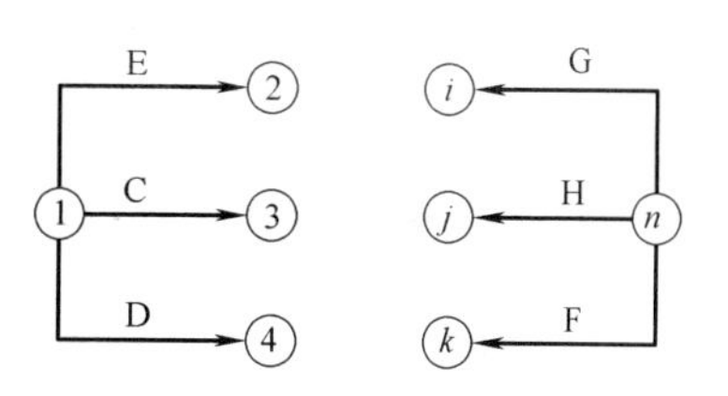

图 6-18 母线法绘制同时开始或者同时结束的工作

（6）双代号网络图中应只有一个起点节点和一个终点节点（多目标网络计划除外），而其他所有节点均应是中间节点。

（7）绘制网络图时，箭线不宜交叉。当交叉不可避免时，可用过桥法、断线法或指向法。如图 6-19（*a*）为过桥法形式，图 6-19（*b*）为断线法形式。当箭线交叉过多时，使用指向法，如图 6-19（*c*）所示。

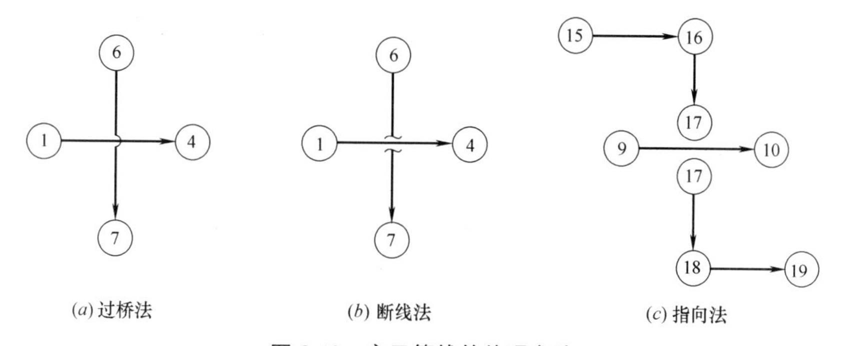

图 6-19 交叉箭线的处理方法

（8）双代号网络图应条理清楚、布局合理。例如，网络图中的工作箭线不宜画成任意方向或曲线形状，尽可能用水平线或斜线；关键线路、关键工作尽可能安排在图面中心位置，其他工作分散在两边；避免倒回箭头等。

【例 6-5】 已知某施工过程工作间的逻辑关系见表 6-3，试绘制双代号网络图。

某工程工作间的逻辑关系 **表 6-3**

工作名称	A	B	C	D	E	F	G	H
紧前工作	—	A	B	B	B	C、D	C、E	G、F

【解析】

（1）绘制没有紧前工作的工作 A，如图 6-20（*a*）所示；

（2）按表 6-3 中的方法描述绘制工作 B，如图 6-20（*b*）所示；

（3）按表 6-3 中的方法描述绘制工作 E、C、D，如图 6-20（*c*）所示；

（4）按表 6-3 中的方法描述绘制工作 G、F，如图 6-20（*d*）所示；

（5）按表 6-3 中的方法描述绘制工作 H，如图 6-20（*e*）所示，对节点进行编号并调整绘制好的网络图，使其美观。

【例 6-6】 已知某分部工程划分为 A、B、C、D 4 个施工过程，每个施工过程划分为 4 个施工段，按流水施工组织，试直接绘制双代号网络图。

【解析】 施工过程 A 在 4 个施工段的工作分别记作 A_1、A_2、A_3、A_4 四项工作，同样将施工过程 B、C、D 记作 12 项工作，这些工作之间的逻辑关系见表 6-4。

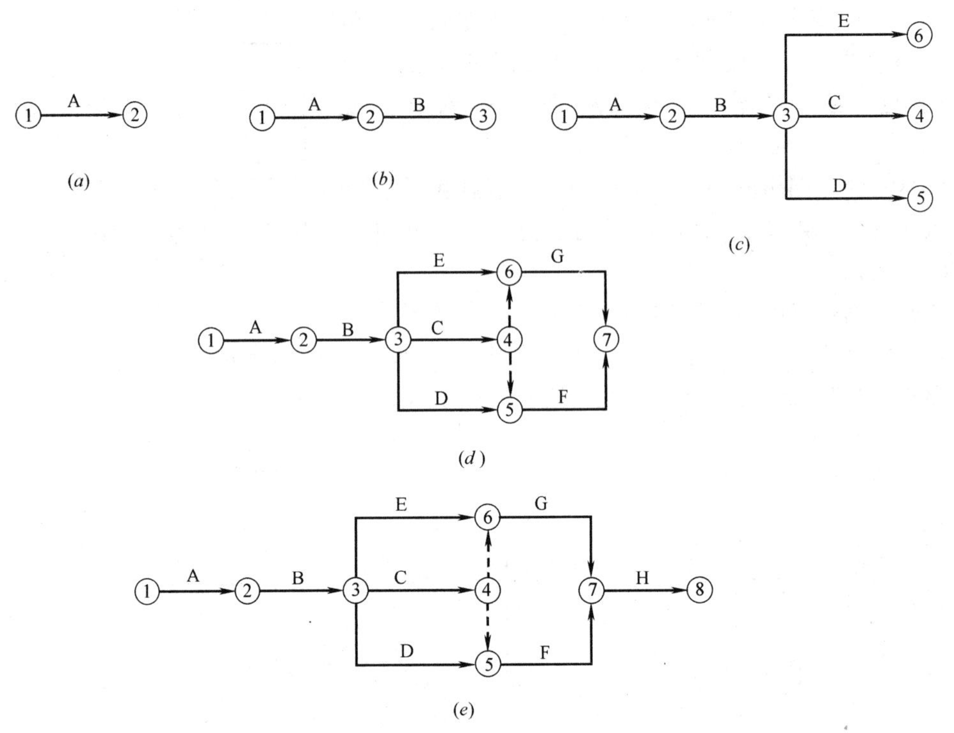

图 6-20　双代号网络图绘制过程

工作间的逻辑关系　　**表 6-4**

工作名称	A_1	A_2	A_3	A_4	B_1	B_2	B_3	B_4	C_1	C_2	C_3	C_4	D_1	D_2	D_3	D_4
紧前工作		A_1	A_2	A_3	A_1	A_2、B_1	A_3、B_2	A_4、B_3	B_1	B_2、C_1	B_3、C_2	B_4、C_3	C_1	C_2、D_1	C_3、D_2	C_4、D_3

根据确定的逻辑关系绘制双代号网络图，如图 6-21 所示。

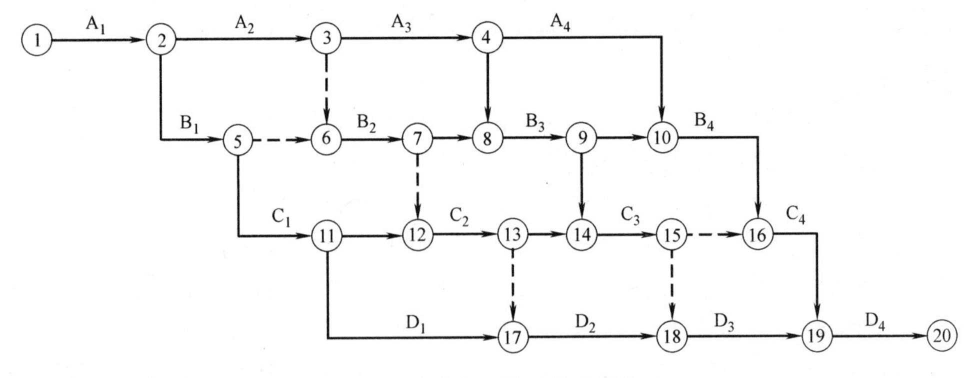

图 6-21　流水施工的双代号网络图

3. 双代号网络计划时间参数的计算

网络计划时间参数是指网络图、工作及节点所具有各种时间值。通过计算各项工作时间参数，以确定网络计划的关键工作、关键线路和计划工期等，为网络计划的优化和执行提供明确的依据。

（1）工作持续时间（D_{i-j}）

工作持续时间是一项工作从开始到完成的时间。

（2）工期（T）

工期泛指完成任务所需要的时间，一般有以下三种：

1）计算工期，根据网络计划时间参数计算出来的工期，用 T_c 表示；

2）要求工期，任务委托人所要求的工期，用 T_r 表示；

3）计划工期，根据要求工期和计算工期所确定的作为实施目标的工期，用 T_p 表示。

网络计划的计划工期 T_p，按下列情况分别确定：

① 当已经规定了要求工期 T_r 时，

$$T_p \leqslant T_r \tag{6-13}$$

② 当未规定要求工期 T_r 时，可令计划工期等于计算工期：

$$T_p = T_c \tag{6-14}$$

（3）网络计划中工作的六个时间参数

网络计划中工作的时间参数有：最早开始时间、最早完成时间、最迟开始时间、最迟完成时间、总时差、自由时差。

1）工作最早开始时间

工作最早开始时间是指所有紧前工作全部完成后，本工作有可能开始的最早时刻，用 ES_{i-j} 表示，$i-j$ 为该工作节点代号。工作 $i-j$ 的最早开始时间 ES_{i-j} 应从网络图的起点节点开始，顺着箭线方向依次逐项进行计算。

从起点节点引出的各项外向工作，是整个计划的起始工作，如果没有规定，它们的最早开始时间都定为零，即：

$$ES_{i-j} = 0 \tag{6-15}$$

当工作 $i-j$ 只有一项紧前工作 $h-i$ 时，其最早开始时间 ES_{i-j} 为

$$ES_{i-j} = ES_{h-i} + D_{h-i} \tag{6-16}$$

当工作 $i-j$ 有多个紧前工作时，其最早开始工作时间 ES_{i-j} 为

$$ES_{i-j} = \max\{ES_{h-i} + D_{h-i}\} \tag{6-17}$$

式中：ES_{i-j}——工作 $i-j$ 最早开始时间；

ES_{h-i}——紧前工作 $h-i$ 最早开始时间；

D_{h-i}——紧前工作持续时间。

2）工作最早完成时间

工作最早完成时间是指所有紧前工作全部完成后，本工作有可能完成的最早时刻，用 EF_{i-j} 表示，计算公式为：

$$EF_{i-j} = ES_{i-j} + D_{i-j} \tag{6-18}$$

网络计划的计算工期等于以网络计划的终点节点为箭头节点的各个工作的最早完成时间的最大值。当网络计划的终点节点的编号为 n 时，其计算工期为：

$$T_c = \max\{EF_{i-n}\} \tag{6-19}$$

3）工作最迟开始时间

工作最迟开始时间是指在不影响任务按期完成的前提下，工作最迟必须开始的时刻。用 LS_{i-j} 表示，工作 $i-j$ 的最迟开始时间 LS_{i-j} 应从网络计划的终点节点开始，逆着箭线方向依次逐项进行计算。以终点节点（$j=n$）为结束节点的工作的最迟开始时间 LS_{i-n}，应按网络计划的计划工期 T_p 确定，即：

$$LS_{i-n}=T_p-D_{i-n} \tag{6-20}$$

当工作 $i-j$ 有多项紧后工作时，最迟开始时间计算公式如下：

$$LS_{i-j}=\min\{LS_{j-k}-D_{i-j}\} \tag{6-21}$$

式中：LS_{i-j}——工作 $i-j$ 最迟开始时间；

LS_{j-k}——紧后工作 $j-k$ 最迟开始时间；

D_{i-j}——工作 $i-j$ 持续时间。

4）工作最迟完成时间

工作最迟完成时间是指在不影响规定工期的条件下，工作最迟必须完成的时刻，用 LF_{i-j} 表示。

$$LF_{i-j}=LS_{i-j}+D_{i-j} \tag{6-22}$$

5）总时差

总时差是指在不影响总工期的前提下，一项工作可以利用的机动时间，用 TF_{i-j} 表示。一项工作的工作总时差等于该工作的最迟开始时间与其最早开始时间之差，或等于该工作的最迟完成时间与其最早完成时间之差，即：

$$TF_{i-j}=LS_{i-j}-ES_{i-j}=LF_{i-j}-EF_{i-j} \tag{6-23}$$

6）自由时差

自由时差是指在不影响紧后工作最早开始时间的前提下，一项工作可以利用的机动时间，用 FF_{i-j} 表示。自由时差也叫局部时差或自由机动时间。其计算公式为：

$$FF_{i-j}=\min\{ES_{j-k}-EF_{i-j}\}$$

$$\text{或者}=\min\{ES_{j-k}-ES_{i-j}-D_{i-j}\} \tag{6-24}$$

式中：FF_{i-j}——工作 $i-j$ 的自由时差；

ES_{j-k}——紧后工作 $j-k$ 最早开始时间；

EF_{i-j}——工作 $i-j$ 最早完成时间；

ES_{i-j}——工作 $i-j$ 最早开始时间；

D_{i-j}——工作 $i-j$ 持续时间。

以网络计划的终点节点（$j=n$ ）为箭头节点的工作，其自由时差 FF_{i-n}，应按网络计划的计划工期 T_p 确定，即：

$$FF_{i-n}=T_p-EF_{i-n} \tag{6-25}$$

（4）节点的时间参数：网络计划中的节点的时间参数有节点最早时间、节点最迟时间

1）节点最早时间是指该节点前面工作全部完成，后面工作最早可能开始的时间，用 ET_i 表示。节点最早时间应从网络计划的起点节点开始，沿着箭线方向，依次逐项计算。

一般规定网络计划起点节点最早时间为零，即

$$ET_i=0(i=1) \tag{6-26}$$

其他节点最早时间计算公式为：

$$ET_i = \max\{ET_h + D_{h-i}\} \tag{6-27}$$

式中：ET_i——箭头节点 i 最早时间；

ET_h——箭尾节点 h 最早时间；

D_{h-i}——工作 $h-i$ 持续时间。

2）节点最迟时间是指在不影响终点节点的最迟时间前提下，该节点最迟须完成的时间，用 LT_i 表示，一般规定网络计划终点节点的最迟时间以工程的计划时间为准，即 $LT_n = T_p$。

节点最迟时间应从网络计划的终点节点开始，逆着箭线方向，依次逐项计算。节点 i 最迟时间的计算公式为：

$$LT_i = \min\{LT_j - D_{i-j}\} \tag{6-28}$$

（5）双代号网络计划时间参数的计算

双代号网络计划时间参数的计算有许多方法，《工程网络计划技术规程》中有工作计算法、节点计算法、图上计算法。

按工作计算法计算时间参数应在各项工作的持续时间之后进行，虚工作必须视同工作进行计算，其持续时间为 0。按工作计算法和节点计算法时间参数计算的结果标注形式如图 6-22、图 6-23 所示。

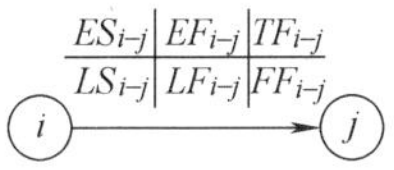

图 6-22　按工作计算法的标注内容

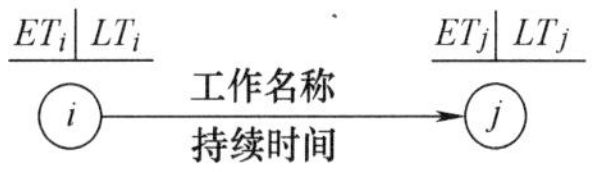

图 6-23　按节点计算法的标注内容

【例 6-7】 根据图 6-20 所示的双代号网络图及表 6-5 中各工作的持续时间，计算工作的六个时间参数。

工作逻辑关系及工作持续时间表　　表 6-5

工作名称	A	B	C	D	E	F	G	H
紧前工作	—	A	B	B	B	C、D	C、E	G、F
持续时间(d)	2	3	2	5	1	2	8	1

【解析】 1. 工作最早开始时间的计算

起点工作 1—2 最早开始时间定为 0，

即　$ES_{1-2}=0\quad ES_{2-3}=ES_{1-2}+D_{1-2}=0+2=2$

$ES_{3-4}=ES_{3-5}=ES_{3-6}=ES_{2-3}+D_{2-3}=2+3=5$

$ES_{4-5}=ES_{4-6}=ES_{3-4}+D_{3-4}=5+2=7$

$ES_{5-7}=\max\{ES_{3-5}+D_{3-5},ES_{4-5}+D_{4-5}\}=\max\{5+5,7+0\}=10$

$ES_{6-7}=\max\{ES_{3-6}+D_{3-6},ES_{4-6}+D_{4-6}\}=\max\{5+1,7+0\}=7$

$ES_{7-8}=\max\{ES_{5-7}+D_{5-7},ES_{6-7}+D_{6-7}\}=\max\{10+2,7+8\}=15$

2. 工作最早完成时间的计算

$EF_{1-2}=ES_{1-2}+D_{1-2}=0+2=2\quad EF_{2-3}=ES_{2-3}+D_{2-3}=2+3=5$

$EF_{3-4}=ES_{3-4}+D_{3-4}=5+2=7$ $EF_{3-5}=ES_{3-5}+D_{3-5}=5+5=10$

$EF_{3-6}=ES_{3-6}+D_{3-6}=5+1=7$ $EF_{4-5}=ES_{4-5}+D_{4-5}=7+0=7$

$EF_{4-6}=ES_{4-6}+D_{4-6}=7+0=7$ $EF_{5-7}=ES_{5-7}+D_{5-7}=10+2=12$

$EF_{6-7}=ES_{6-7}+D_{6-7}=7+8=15$ $EF_{7-8}=ES_{7-8}+D_{7-8}=15+1=16$

$T_c=EF_{7-8}=16\text{d}$

3. 工作最迟开始时间的计算

计算终点节点工作的 LS 时，当无要求工期的限制时，通常取计划工期等于计算工期，即取 $T_p=T_c=16\text{d}$，故：

$LS_{7-8}=T_p-D_{7-8}=16-1=15$ $LS_{6-7}=LS_{7-8}-D_{6-7}=15-8=7$

$LS_{5-7}=LS_{7-8}-D_{5-7}=15-2=13$ $LS_{4-6}=LS_{6-7}-D_{4-6}=7-0=7$

$LS_{4-5}=LS_{5-7}-D_{4-5}=13-0=13$ $LS_{3-6}=LS_{6-7}-D_{3-6}=7-1=6$

$LS_{3-5}=LS_{5-7}-D_{3-5}=13-5=8$

$LS_{3-4}=\min\{LS_{4-5}-D_{3-4},LS_{4-6}-D_{3-4}\}=\{13-2,7-2\}=5$

$LS_{2-3}=\min\{LS_{3-6}-D_{2-3},LS_{3-5}-D_{2-3},LS_{3-4}-D_{2-3}\}$

$=\min\{6-3,8-3,5-3\}=2$

$LS_{1-2}=LS_{2-3}-D_{1-2}=2-2=0$

4. 工作最迟完成时间的计算

$LF_{1-2}=LS_{1-2}+D_{1-2}=0+2=2$ $LF_{2-3}=LS_{2-3}+D_{2-3}=2+3=5$

$LF_{3-4}=LS_{3-4}+D_{3-4}=5+2=7$ $LF_{3-5}=LS_{3-5}+D_{3-5}=8+5=13$

$LF_{3-6}=LS_{3-6}+D_{3-6}=6+1=7$ $LF_{4-5}=LS_{4-5}+D_{4-5}=13+0=13$

$LF_{4-6}=LS_{4-6}+D_{4-6}=7+0=7$ $LF_{5-7}=LS_{5-7}+D_{5-7}=13+2=15$

$LF_{6-7}=LS_{6-7}+D_{6-7}=7+8=15$ $LF_{7-8}=LS_{7-8}+D_{7-8}=15+1=16$

5. 计算工作的总时差 TF_{i-j}

$TF_{1-2}=LS_{1-2}-ES_{1-2}=0-0=0$ $TF_{2-3}=LS_{2-3}-ES_{2-3}=2-2=0$

$TF_{3-4}=LS_{3-4}-ES_{3-4}=5-5=0$ $TF_{3-5}=LS_{3-5}-ES_{3-5}=8-5=3$

$TF_{3-6}=LS_{3-6}-ES_{3-6}=6-5=1$ $TF_{4-5}=LS_{4-5}-ES_{4-5}=7-7=0$

$TF_{4-6}=LS_{4-6}-ES_{4-6}=13-7=6$ $TF_{5-7}=LS_{5-7}-ES_{5-7}=13-10=3$

$TF_{6-7}=LS_{6-7}-ES_{6-7}=7-7=0$ $TF_{7-8}=LS_{7-8}-ES_{7-8}=15-15=0$

6. 计算工作的自由时差 FF_{i-j}

$FF_{1-2}=ES_{2-3}-EF_{1-2}=2-2=0$

$FF_{2-3}=\min\{ES_{3-4},ES_{3-5},ES_{3-6}\}-EF_{2-3}=5-5=0$

$FF_{3-4}=\min\{ES_{4-5},ES_{4-6}\}-EF_{3-4}=7-7=0$

$FF_{3-5}=ES_{5-7}-EF_{3-5}=10-10=0$ $FF_{3-6}=ES_{6-7}-EF_{3-6}=7-6=1$

$FF_{4-5}=ES_{5-7}-EF_{4-5}=10-7=3$ $FF_{4-6}=ES_{6-7}-EF_{4-6}=7-7=0$

$FF_{5-7}=ES_{7-8}-EF_{5-7}=15-12=3$ $FF_{6-7}=ES_{7-8}-EF_{6-7}=15-15=0$

$FF_{7-8}=T_p-EF_{7-8}=16-16=0$

将计算结果标注在箭线上方各工作图例对应的位置上，如图 6-24 所示。

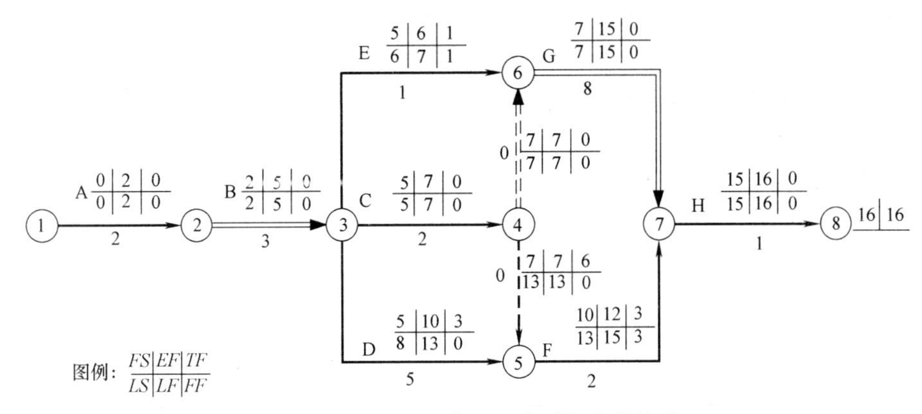

图 6-24 双代号网络图六个时间参数计算

6.3.3 双代号时标网络图计划

1. 双代号时标网络图计划的特点

双代号时标网络计划是以时间坐标为尺度编制的网络计划。它通过箭线的长度及节点的位置，可明确表达工作的持续时间及工作之间恰当的时间关系，是目前工程中常用的一种网络计划形式。

双代号时标网络计划具有以下特点：

（1）能够清楚地展现计划的时间进程；

（2）直接显示各项工作的开始与完成时间、工作的自由时差和关键线路；

（3）可以通过叠加确定各个时段的材料、机具、设备及人力等资源的需要；

（4）由于箭线的长度受到时间坐标的制约，故绘图比较麻烦。

2. 双代号时标网络计划的绘制要求

（1）时标网络计划需绘制在带有时间坐标的表格上。

（2）节点中心必须对准时间坐标的刻度线，以避免误会。

（3）以实箭线表示工作，以虚箭线表示虚工作，以水平波形线表示自由时差或与紧后工作之间的时间间隔。

（4）箭线宜采用水平箭线或水平段与垂直段组成的箭线形式，不宜用斜箭线。虚工作必须用垂直虚箭线表示，其自由时差应用水平波形线表示。

（5）时标网络计划宜按最早时间编制，以保证实施的可靠性。

3. 双代号时标网络计划的绘制

时标网络计划的绘制方法有间接绘制法和直接绘制法。

（1）间接绘制法

间接绘制法是先画出非时标双代号网络计划，计算时间参数，再根据时间参数在时间坐标上进行绘制的方法。具体步骤如下：

1）先绘制非时标双代号网络计划，计算时间参数，确定关键工作及关键线路。

2）确定时间单位，绘制时间坐标。

3）根据工作的最早开始时间或节点的最早时间，从起点节点开始将各节点逐个定位在时标坐标上。

4）依次在各节点间画出箭线。绘制时先画出关键线路和关键工作，再画出其他工作。箭线最好画成水平箭线或水平线段和竖直线段组成的折线箭线，以直接反映工作的持续时间。如箭线长度不够与该工作的结束节点直接相连时，用波形线补足，波形线的水平投影长度为工作的自由时差。

5）将时标网络计划的关键线路，用双箭线或彩色箭线表示。

（2）直接绘制法

直接绘制法是先画出非时标双代号网络计划，不进行时间参数计算，直接在时间坐标上进行绘制的方法。

【例 6-8】 某分部工程划分为 A、B、C、D 4 个施工过程，每个施工过程划分为 3 个施工段，4 个施工过程在每个施工段的流水节拍分布为 2 周、3 周、1 周、2 周，利用间接绘制方法绘制该分部工程的双代号时标网络图。

【解析】 （1）根据条件先绘制双代号网络图并计算该网络图节点的时间参数，结果如图 6-25 所示；

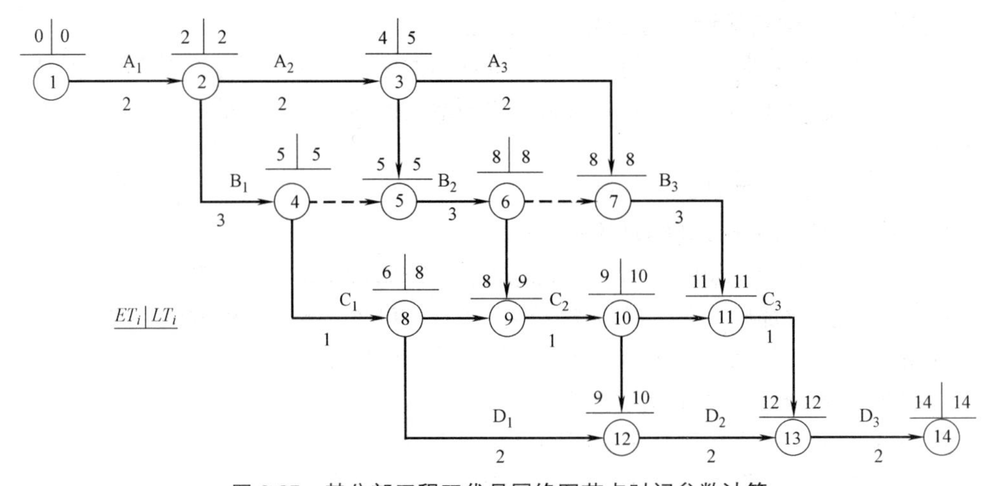

图 6-25　某分部工程双代号网络图节点时间参数计算

（2）绘制时间坐标；

（3）将节点放置在时间坐标上；

（4）连接箭线。

该分部工程的双代号时标网络图如图 6-26 所示。

4. 关键线路及时间参数的确定

（1）关键线路的判定

时标网络计划的关键线路可自终点节点逆箭线方向朝起点节点逐次进行判定，自终点节点至起点节点都不出现波形线的线路即为关键线路。

（2）工期的确定

时标网络计划的计算工期，应是其终点节点与起始节点所在位置的时标值之差。

（3）工作最早时间参数的判定

按最早时间绘制的时标网络计划，每条箭线的箭尾和箭头所对应的时标值即为该工作的最早开始时间和最早完成时间。

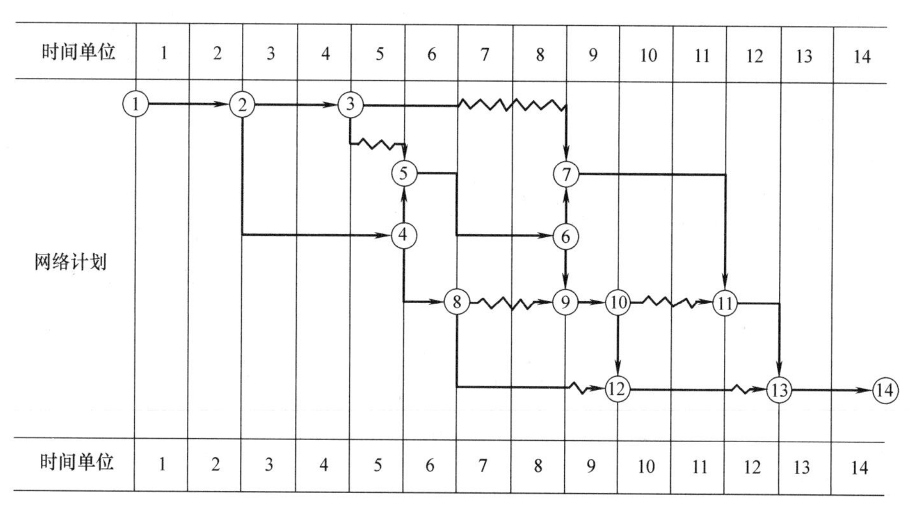

图 6-26　某分部工程双代号时标网络图

（4）时差的判定与计算

1）自由时差。时标网络图中，波形线的水平投影长度即为该工作的自由时差。

2）工作总时差。工作总时差不能从图上直接判定，需要分析计算。计算应逆着箭头的方向自右向左进行，计算公式为：

$$TF_{i-j}=\min\{TF_{j-k}\}+FF_{i-j} \tag{6-29}$$

式中：TF_{i-j}——工作 $i-j$ 的总时差；

TF_{j-k}——紧后工作 $j-k$ 的总时差；

FF_{i-j}——工作 $i-j$ 的自由时差。

6.3.4　单代号网络图

1. 单代号网络图的基本概念

单代号网络图是网络计划的另一种表示方法，它是用一个圆圈或方框代表一项工作，将工作代号、工作名称和完成工作所需要的时间写在圆圈或方框里面，箭线仅用来表示工作之间的顺序关系。用这种表示方法把一项计划中所有工作按先后顺序将其相互之间的逻辑关系，从左至右绘制而成的图形，就叫单代号网络图，用这种网络图表示的计划叫作单代号网络计划。

2. 单代号网络图构成的基本要素

（1）节点

单代号网络图中的每一个节点表示一项工作，节点宜用圆圈或矩形表示。节点所表示的工作名称、持续时间和工作代号等应标注在节点内，如图 6-27 所示。

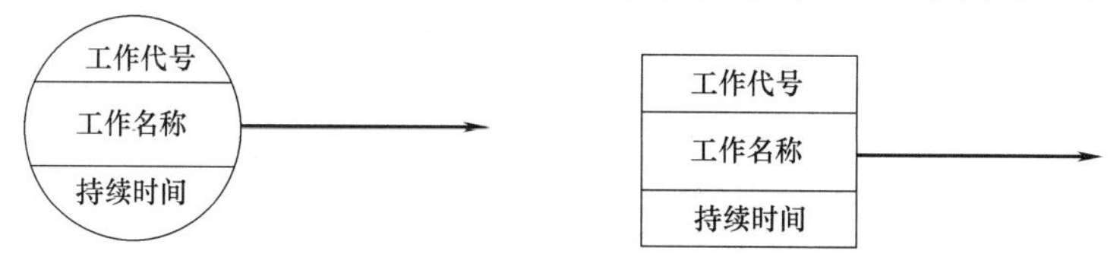

图 6-27　单代号网络图工作的表示方法

单代号网络图中的节点必须编号，编号标注在节点内，其号码可间断，但严禁重复。箭线的箭尾节点编号应小于箭头节点的编号。一项工作必须有唯一的一个节点及相应的一个编号。

（2）箭线

单代号网络图中的箭线表示紧邻工作之间的逻辑关系，既不占用时间，也不消耗资源。箭线应画成水平直线、折线或斜线，不存在虚箭线。箭线水平投影的方向应自左向右，表示工作的行进方向。工作之间的逻辑关系包括工艺关系和组织关系，在网络图中均表现为工作之间的先后顺序。

（3）线路

单代号网络图中，线路是指按照节点编号的顺序并沿着箭头的方向从起点节点能够到达终点节点，各条线路应用该线路上的节点编号从小到大依次表述。

3. 单代号网络图的绘制

（1）绘制规则

单代号网络图的绘图规则与双代号网络图的绘图规则基本相同，主要区别在于：当网络图中有多项开始工作时，应增设一项虚拟的工作（S_t），作为该网络图的起点节点；当网络图中有多项结束工作时，应增设一项虚拟的工作（F_{in}），作为该网络图的终点节点。

（2）绘图示例

【例6-9】 根据表6-6的各工作间的逻辑关系，绘出单代号网络计划图。

某分部工程工作间的逻辑关系 **表6-6**

工作名称	A	B	C	D	E	F	G	H
紧后工作	D、F	E、F	E	G	H	G、H	—	—
持续时间(周)	2	3	2	1	2	1	3	2

【解析】 单代号网络图一般根据紧后工作的逻辑关系进行绘制，本工作的紧后工作有几项，直接用箭线进行连接即可，本题中需要两项虚工作，分别在工作开始时和结束时设置。具体绘制结果如图6-28所示。

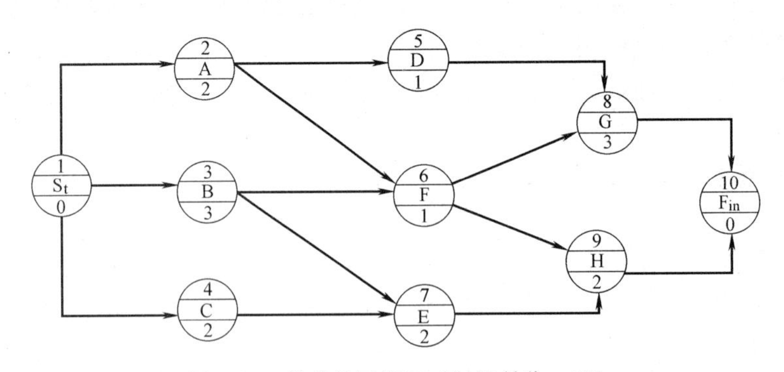

图6-28 单代号网络图（时间单位：周）

（3）单代号网络图时间参数的计算

1）时间参数表示方法

单代号网络图工作时间参数关系示意图，如图6-29所示。

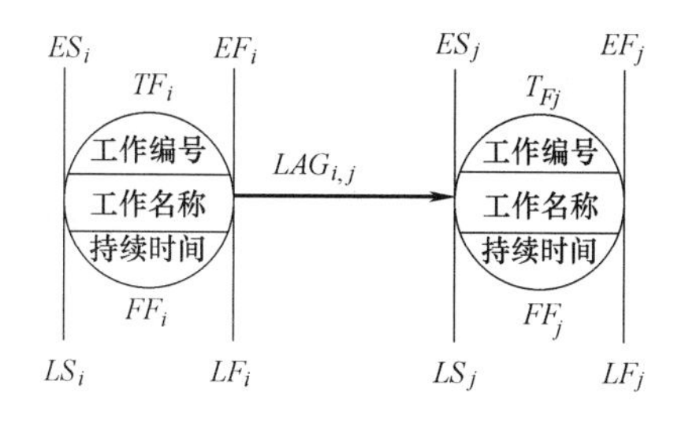

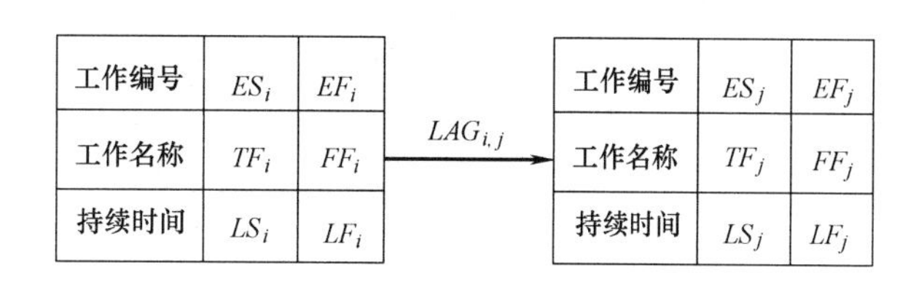

图 6-29　单代号时间参数标注方式

2）工作六个时间参数的计算

单代号网络图的时间参数的计算方法有：分析计算法、图上计算法、表上计算法、矩阵计算法等。

① 工作的最早开始时间 ES_i

单代号网络图工作时间参数的计算和双代号一样，网络计划中各项工作的最早开始时间的计算从网络计划的起点节点开始，沿着箭线方向依次逐项计算。

网络计划的起点节点的最早开始时间为零。如起点节点的编号为 1，则：

$$ES_i = 0 (i = 1) \tag{6-30}$$

工作最早开始时间等于该工作的各个紧前工作的最早完成时间的最大值，如工作 i 的紧前工作的代号为 h，则：

$$ES_i = \max\{ES_h + D_h\} \tag{6-31}$$

式中：ES_i——为工作 i 的最早开始时间；

ES_h——为工作 i 的各项紧前工作 h 的最早开始时间；

D_h——为紧前工作 h 的持续时间。

② 工作的最早完成时间 EF_i

工作最早完成时间等于该工作最早开始时间加上其持续时间，即：

$$EF_i = ES_i + D_i \tag{6-32}$$

③ 网络计划的计算工期 T_c

T_c 等于网络计划的终点节点 n 的最早完成时间 EF_n，当终点结束的工作有多项时，取 EF_n 的最大值，即：

$$T_c = \max\{EF_n\} \tag{6-33}$$

④ 计算相邻两项工作之间的时间间隔 $LAG_{i,j}$

相邻两项工作 i 和 j 之间的时间间隔 $LAG_{i,j}$ 等于紧后工作 j 的最早开始时间和本项工作的最早完成时间之差，即：

$$LAG_{i,j} = ES_j - EF_i \tag{6-34}$$

⑤ 工作总时差 TF_i

工作的总时差应从网络计划的终点节点开始，逆着箭线方向依次逐项计算。网络计划终点节点的总时差 TF_n，如计划工期等于计算工期，其值为零，即 $TF_n = 0$。

其他工作 i 的总时差 TF_i，等于该工作的各个紧后工作 j 的总时差加该工作与其紧后工作之间的时间间隔 $LAG_{i,j}$ 之和的最小值。即

$$TF_i = \min\{TF_j + LAG_{i,j}\} \tag{6-35}$$

⑥ 自由时差 FF_i

工作 i 若无紧后工作，其自由时差等于计划工期减该工作的最早完成时间，即：

$$FF_n = T_p - EF_n \tag{6-36}$$

当工作 i 有紧后工作 j 时，其自由时差等于该工作与其紧后工作之间的时间间隔的最小值，即：

$$FF_i = \min\{LAG_{i,j}\} \tag{6-37}$$

⑦ 工作最迟开始时间

工作 i 的最迟开始时间等于该工作的最早开始时间与其总时差之和，即：

$$LS_i = ES_i + TF_i \tag{6-38}$$

⑧ 工作最迟完成时间

工作 i 的最迟完成时间等于该工作的最迟开始时间与其工作的持续时间之和，即：

$$LF_i = LS_i + D_i \tag{6-39}$$

⑨ 关键工作和关键线路的确定

总时差最小的工作是关键工作。关键线路的确定按以下规定：从起点节点开始到终点节点均为关键工作，且所工作的时间间隔为零的线路为关键线路。

【例 6-10】 用图上计算法计算例题 6-9 中绘制的单代号网络图的时间参数。

【解析】 按照图上计算法计算工作的时间参数，并在图 6-30 中标出，用双箭线标出关键线路：

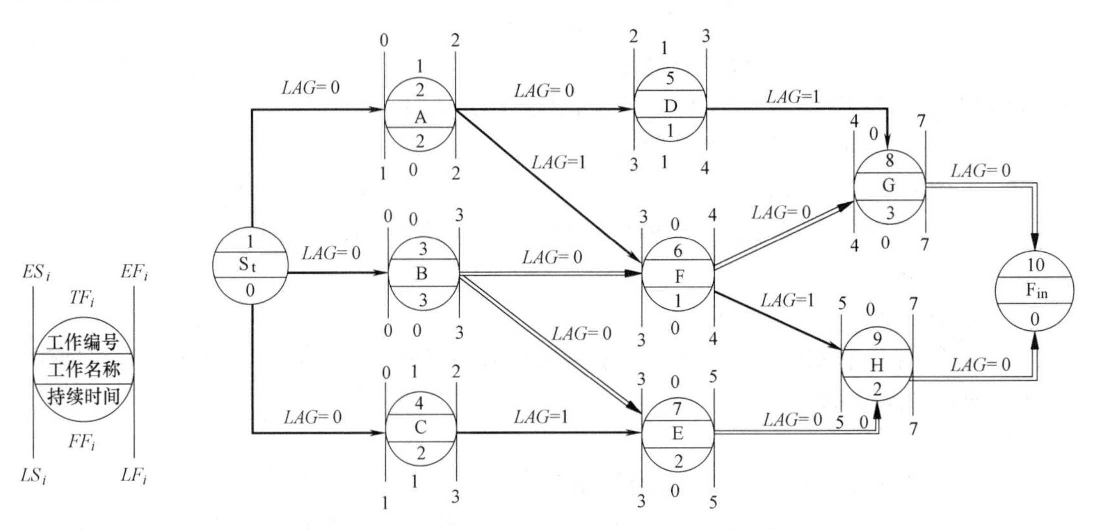

图 6-30　单代号网络计划时间参数计算（时间单位：周）

6.3.5　单代号搭接网络计划

1. 基本概念

（1）基本概念

在表达流水施工的进度计划时，运用双代号网络图和单代号网络图时各项工作均按照一定的逻辑关系进行，即任何一项工作都必须在紧前工作全部完成后才能开始，如果要表达工作间的搭接关系，则需要将原工作拆分成两项工作进行绘制，这样做相对比较麻烦。

根据工程网络技术规程的规定，采用单代号搭接网络图表达工作间的搭接关系比较简单。单代号搭接网络图的构成要素和绘制规则同一般的单代号网络图。单代号搭接网络图中，箭线及其上面的时距符号表示相邻工作间的逻辑关系，如图 6-31 所示。

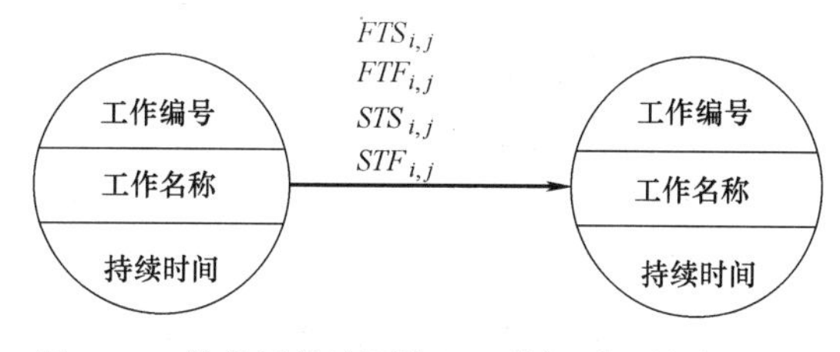

图 6-31　单代号搭接网络图工作间时距的表示方法

（2）单代号搭接网络图中时距的表示含义

工作的搭接顺序关系是用前项工作的开始或完成时间与其紧后工作的开始或完成时间之间的间距来表示，具体有四类：

1）$FTS_{i,j}$：工作 i 完成时间与其紧后工作 j 开始时间的时间间距；

2）$FTF_{i,j}$：工作 i 完成时间与其紧后工作 j 完成时间的时间间距；

3）$STS_{i,j}$：工作 i 开始时间与其紧后工作 j 开始时间的时间间距；

4）$STF_{i,j}$：工作 i 开始时间与其紧后工作 j 完成时间的时间间距。

（3）单代号搭接网络图的绘制

单代号搭接网络图的绘制与单代号网络图的绘图方法基本相同。

2. 单代号搭接网络计划的时间参数计算

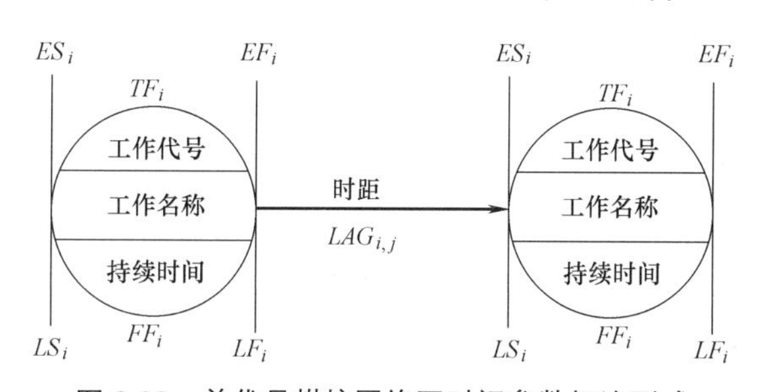

图 6-32　单代号搭接网络图时间参数标注形式

单代号搭接网络计划时间参数的计算与前述单代号网络计划和双代号网络计划时间参数的计算原理基本相同。单代号搭接网络图时间参数标注形式如图 6-32 所示。

（1）计算工作的最早开始时间和最早完成时间

工作最早开始时间和最早完成时间的计算应从网络计划的起点节点开始，顺着箭线方向依次进行。

1）由于在单代号搭接网络计划中的起点节点一般都代表虚拟工作，故其最早开始时间和最早完成时间均为零，即：$ES_{st}=EF_{st}=0$。

2）凡是与网络计划起点节点相联系的工作，其最早开始时间为零。即：$ES_i=0$。

3）其他工作的最早开始时间应根据时距按下列公式计算：

① 相邻时距为 $STS_{i,j}$ 时，

$$ES_j=ES_i+STS_{i,j} \tag{6-40}$$

② 相邻时距为 $FTS_{i,j}$ 时，

$$ES_j=ES_i+D_i+FTS_{i,j} \tag{6-41}$$

③ 相邻时距为 $FTF_{i,j}$ 时，

$$ES_j=ES_i+D_i+FTF_{i,j}-D_j \tag{6-42}$$

④ 相邻时距为 $STF_{i,j}$ 时，

$$ES_j=ES_i+STF_{i,j}-D_j \tag{6-43}$$

当计算最早开始时间出现工作 ES_j 为负值时，应将工作 j 与起点节点用虚箭线相连接，并确定其时距 $STS_{st,t}=0$

4）工作最早完成时间：

$$EF_i=ES_i+D_i \tag{6-44}$$

5）当有两种以上的时距（有两项工作或两项以上紧前工作）限制工作间的逻辑关系时，应分别计算其最早时间，取其最大值。搭接网络计划中，全部工作的最早完成时间的最大值若在中间工作 k，则该中间工作 k 应与终点节点 n 用虚箭线相连接，并确定其时距为：$FTF_{k,n}=0$。搭接网络计划计算工期 T_c 由与终点相联系的工作的最早完成时间的最大值决定。

（2）计算相邻两项工作之间的时间间隔

相邻两项工作 i 和 j 之间在满足时距之外，还有多余的时间间隔 $LAG_{i,j}$，按照下式进行计算：

$$LAG_{i,j}=\min\begin{bmatrix}ES_j-EF_i-FTS_{i,j}\\ES_j-ES_i-STS_{i,j}\\EF_j-EF_i-FTF_{i,j}\\EF_j-ES_i-STF_{i,j}\end{bmatrix} \tag{6-45}$$

（3）工作的总时差

工作 i 的总时差 TF，应从网络计划的终点节点开始，逆着箭线方向依次逐项计算。当部分工作分期完成时，有关工作的总时差必须从分期完成的节点开始逆向逐项计算。当终点工作为 n，则终点工作的总时差为：

$$TF_n=T_p-EF_n \tag{6-46}$$

其他工作的总时差为：

$$TF_i=\min\{LAG_{i,j}+TF_j\} \tag{6-47}$$

（4）工作的自由时差

当终点工作为 n，则终点工作的总时差为：

$$FF_n=T_p-EF_n \tag{6-48}$$

其他工作的自由时差为：

$$FF_i=\min\{LAG_{i,j}\} \tag{6-49}$$

（5）计算工作的最迟开始时间和最迟完成时间

工作的最迟开始时间： $$LS_i=ES_i+TF_i \tag{6-50}$$

工作的最迟完成时间： $$LF_i=LS_i+D_i \tag{6-51}$$

（6）确定关键线路

1）确定关键工作

关键工作是总时差为最小的工作。搭接网络计划中工作总时差最小的工作，也即是其具有的机动时间最小，如果延长其持续时间就会影响计划工期，因此为关键工作。当计划工期等于计算工期时，工作的总时差为零是最小的总时差。当有要求工期，且要求工期小于计算工期时，总时差最小的为负值，当要求工期大于计算工期时，总时差最小的为正值。

2）确定关键线路

关键线路是自始至终全部由关键工作组成的线路或线路上总的工作持续时间最长的线路。该线路在网络图上应用粗线、双线或彩色线标注。

在搭接网络计划中，从起点节点开始到终点节点均为关键工作，且所有工作的时间间隔均为零的线路应为关键线路。

【例 6-11】 根据给出的单代号搭接网络图（图 6-33），计算某项目的单代号搭接网络图的时间参数。

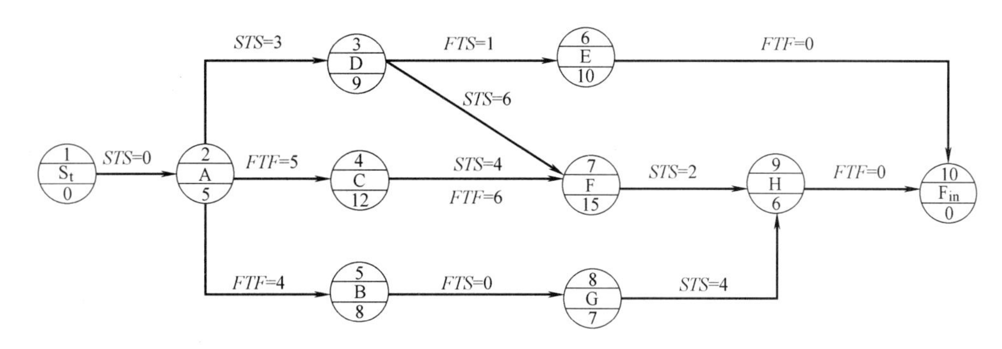

图 6-33　某工程单代号搭接网络图（时间单位：d）

【解析】 根据计算公式，部分工作详细计算过程如下所示：

1. 工作最早开始时间（ES）和最早完成时间（EF）的计算

$ES_1=0$　　$EF_1=ES_1+D_1=0+0=0$

$ES_2=ES_1+STS_{1,2}=0+0=0$　　$EF_2=ES_2+D_2=0+5=5$

$ES_3=ES_1+STS_{2,3}=0+3=3$　　$EF_3=ES_3+D_3=3+9=12$

$ES_4=ES_2+D_2+FTF_{2,4}-D_4=0+5+5-12=-2$　　$EF_4=ES_4+D_4=-2+12=10$

ES_4 出现负值，应将节点 4 的工作 C 与起点节点进行连接，取 $ES_4=0$，则 $EF_4=0+12=12$，用同样的计算过程计算其他工作，通过 EF 的计算结果可以看出最大值为中间工作 H，故应将工作 H 和终点工作相连，则 $T_c=\max\{EF_i\}=24$d。

2. 计算相邻两项工作之间的时间间隔 $LAG_{i,j}$

$LAG_{1,2}=ES_2-ES_1-STS_{1,2}=0$　　$LAG_{2,3}=ES_3-ES_2-STS_{2,3}=3-0-3=0$

同理计算完其他工作的 $LAG_{i,j}$，将结果写在图 6-34 中。

3. 工作总时差（TF）的计算

$T_p=T_c=24$d　$TF_{10}=T_p-EF_{10}=24-24=0$，同理计算完其他工作的 TF，将结果写在图 6-34 中。

4. 自由时差（$FF_{i,j}$）的计算

$FF_1=\min\{LAG_{1,2}，LAG_{1,4}\}=0$，同理计算完其他工作的 $FF_{i,j}$，将结果写在图 6-34 中。

5. 工作最迟开始时间和最迟完成时间的计算

$LS_1=ES_1+TF_1=0$　$LF_1=LS_1+D_1=0+0=0$，同理计算完其他工作的最迟时间参数，将结果写在图 6-34 中。

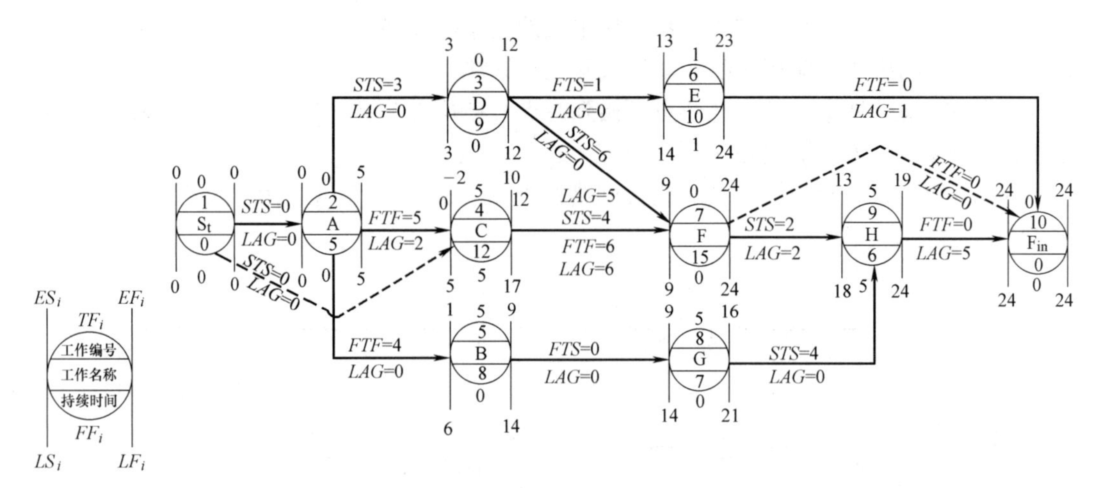

图 6-34 某工程单代号搭接网络图时间参数计算（时间单位：d）

任务 6.4 施工进度的检查与调整

6.4.1 施工进度计划的检查

在进度计划的执行过程中，必须建立相应的检查制度，定时定期地对计划的实际执行情况进行跟踪检查，收集反映实际进度的有关数据。收集反映实际进度的原始数据量大而广，必须对其进行整理、统计和分析，形成与计划进度具有可比性的数据，以便在网络图上进行记录。根据记录的结果可以分析判断进度的实际状况，及时发现进度偏差，为网络图的调整提供信息。

1. 横道图比较法

横道图比较法，是把在项目施工中检查实际进度收集的信息经整理后直接用横道线与原计划的横道线标在一起，以进行直观比较的方法，它是工程施工中最常用的方法，简单明晰。

2. S 形曲线比较法

S 形曲线是以横坐标表示进度时间，纵坐标表示累计完成任务量，而绘制出一条按计划时间累计完成任务量的 S 形曲线。它是将施工项目的各检查时间实际完成的任务量与 S 形曲线进行实际进度与计划进度相比较的一种方法。比较两条 S 形曲线可以得到如下信息：

（1）项目实际进度与计划进度比较。当实际工程进展点落在计划 S 形曲线左侧，则表示此时实际进度比计划进度超前；若落在其右侧，则表示拖后；若刚好落在其上，则表示二者一致。

（2）项目实际进度比计划进度超前或拖后的时间如图 6-35 所示，ΔT_a 表示 T_a 时刻实际进度超前的时间；ΔT_b 表示 T_b 时刻实际进度拖后的时间。

（3）项目实际进度比计划进度超额或拖欠的任务量如图 6-35 所示，ΔQ_a 表示 T_a 时刻超额完成的任务量；ΔQ_b 表示在 T_b 时刻拖欠的任务量。

（4）预测工程进度。后期工程按原计划速度进行，则工期拖延预测值为 ΔT_c，如图 6-35 所示。

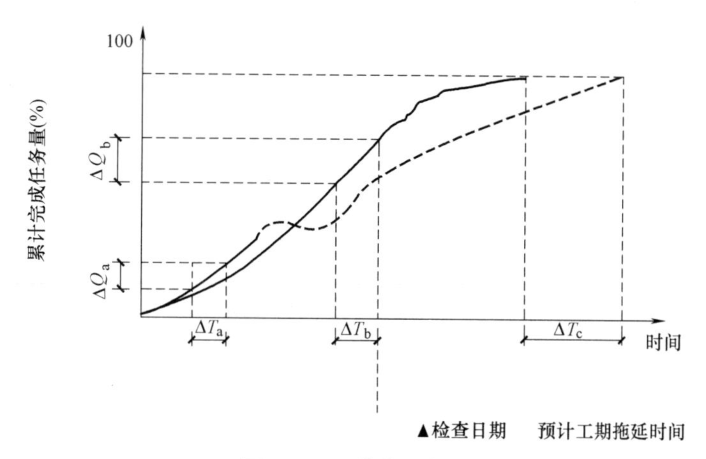

图 6-35　S 曲线比较图

3. 香蕉曲线比较法

香蕉曲线实际上是两条 S 形曲线组合成的闭合曲线，如图 6-36 所示。一般情况下，任何一个施工项目的网络计划都可以绘制出两条具有同一开始时间和同一结束时间的 S 形曲线：其一是计划以各项工作的最早开始时间安排进度所绘制的 S 形曲线，简称 ES 曲线；其二是计划以各项工作的最迟开始时间安排进度所绘制的 S 形曲线，简称 LS 曲线。由于两条 S 形曲线都有相同的开始点和结束点，因此两条曲线是封闭的。除此之外，ES 曲线上各点均落在 LS 曲线相应时间对应点的左侧，由于这两条曲线形成一个形如香蕉的曲线，故称此为香蕉曲线。只要实际完成量曲线在两条曲线之间，就不影响总的进度。

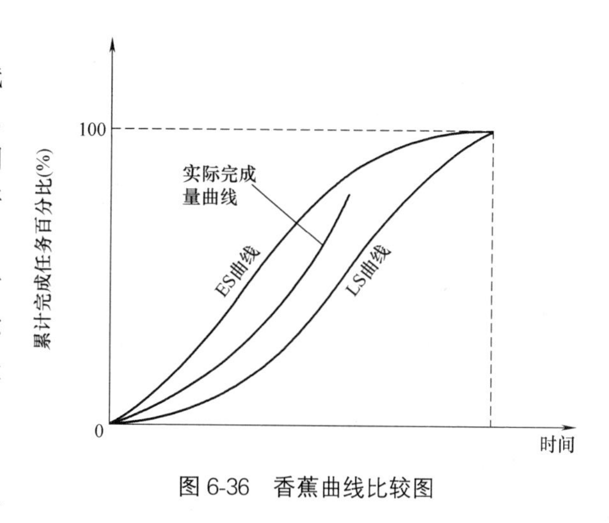

图 6-36　香蕉曲线比较图

4. 前锋线比较法

施工项目的进度计划用时标网络计划表达时，还可以采用实际进度前锋线进行实际进度与计划进度的比较，如图 6-37 所示。图中的折线是实际进度前锋线，在记录日期左边的点，表明进度拖后；在记录日期右边的点，表明提前完成进度计划。

前锋线比较法是从计划检查时间的坐标点出发，用点划线依次连接各项工作的实际进度点，最后到计划检查时间的坐标点为止，形成前锋线。按前锋线与工作箭线交点的位置判定施工实际进度与计划进度偏差。简言之：前锋线比较法是通过施工项目实际进度前锋线，判定施工实际进度与计划进度偏差的方法。

【例 6-12】 某分部工程的初始网络计划如图 6-37 所示，进行至第 4 周时进行进度检

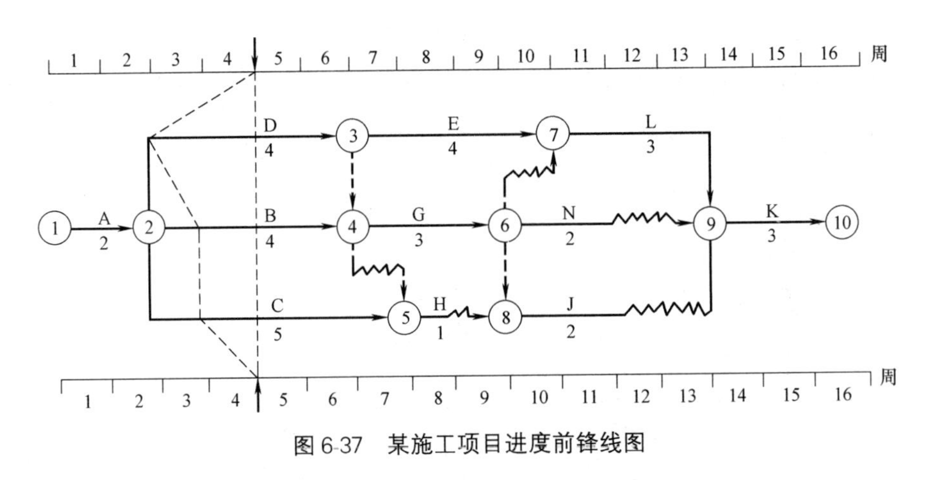

图 6-37 某施工项目进度前锋线图

查，检查结果如图所示，分析第 4 周末进行检查时的各工作进度情况及偏差程度对工期目标的影响。

【解析】 (1) 按照计划第 4 周末各工作进度如下：

工作 D 应完成 2 周的任务量，工作 B 应完成 2 周的任务量，工作 C 应完成 2 周的任务量。

(2) 根据检查结果绘制的前锋线可以看出工作实际进度如下：

工作 D 的实际进展点在检查时刻线的左侧，距离时刻线有 2 周时间，故进度拖延 2 周；工作 B 的实际进展点在检查时刻线的左侧，距离时刻线有 1 周时间，故进度拖延 1 周；工作 C 的实际进展点在检查时刻线的左侧，距离时刻线有 1 周时间，故进度拖延 1 周。

(3) 由图可知工作 D 为关键工作，其延误将导致总工期拖延 2 周；通过计算可以得出工作 B 的总时差为 1 周，工作 C 的总时差为 3 周，故工作 B、C 延误一周在总时差范围内，不影响总工期，但是由于工作 B、C 均没有自由时差，其延误将会影响它们的紧后工作的 G、H 最早开始时间。

5. 列表比较法

列表比较法实际是在利用“实际进度前锋线法”计量实际进度的前提下，对数据进行列表来反映项目实际进度情况的一种分析方法。

【例 6-13】 根据图 6-37 所示，用列表法对第 4 周末的检查情况进行分析。

【解析】 根据工程项目进度计划及实际进度检查结果，计算出检查日期应进行工作的尚需作业时间、原有总时差及尚有总时差等，计算结果列在表 6-7 中。

施工进展情况检查比较表 **表 6-7**

工作名称	工作代号	检查计划时尚需作业周数	到计划最迟完成时尚有周数	原有总时差	尚有总时差	情况判断
D	②-③	4	2	0	−2	拖后 2 周，影响工期 2 周
B	②-④	3	2	1	0	拖后 1 周，不影响工期
C	②-⑤	4	5	3	2	拖后 1 周，不影响工期

将收集的资料整理和统计成具有与计划进度可比性的数据后，用工程项目实际进度与计划进度的比较方法进行比较。通过比较得出实际进度与计划进度一致、超前、拖后三种情况。通常用的比较方法有：横道图比较法、S 形曲线比较法、“香蕉”形曲线比较法、前锋线比较法和列表比较法等。

6.4.2　施工项目进度计划的调整

1. 施工项目进度计划调整的内容

施工项目进度计划调整的内容：调整关键线路的长度；调整非关键工作时差；增、减工作项目；调整逻辑关系；重新估计某些工作的持续时间；对资源的投入做相应调整。

2. 网络计划调整的方法

（1）调整关键线路的方法

1）当关键线路的实际进度比计划进度拖后时，应在尚未完成的关键工作中，选择资源、强度小或费用低的工作缩短其持续时间，并重新计算未完成部分的时间参数，将其作为一个新计划实施。

2）当关键线路的实际进度比计划进度提前时，若不拟提前工期，应选用资源占用量大或者直接费用高的后续关键工作，适当延长其持续时间，以降低其资源强度或费用；当确定要提前完成计划时应将计划尚未完成的部分作为一个新计划，重新确定关键工作的持续时间，按新计划实施。

（2）非关键工作时差的调整方法

非关键工作时差的调整应在其时差的范围内进行，以便更充分地利用资源、降低成本或满足施工的需要。每一次调整后都必须重新计算时间参数，观察该调整对计划全局的影响。可采用以下几种调整方法：将工作在其最早开始时间与最迟完成时间范围内移动；延长工作的持续时间；缩短工作的持续时间。

（3）调整逻辑关系

逻辑关系的调整只有当实际情况要求改变施工方法或组织方法时才可进行。调整时应避免影响原定计划工期和其他工作的顺利进行。

（4）调整资源的投入

当资源供应发生异常时，应采用资源优化方法对计划进行调整，或采取应急措施，使其对工期的影响最小。网络计划的调整，可以定期进行，亦可根据计划检查的结果在必要时进行。

（5）调整工作的持续时间

当发现某些工作的原持续时间估计有误或实现条件不充分时，应重新估算其持续时间，并重新计算时间参数，尽量使原计划工期不受影响。

（6）增、减工作项目时的调整方法

增、减工作项目时应符合下列规定：不打乱原网络计划总的逻辑关系，只对局部逻辑关系进行调整；在增减工作后应重新计算时间参数，分析对原网络计划的影响；当对工期有影响时，应采取调整措施，以保证计划工期不变。

6.4.3 施工项目进度控制的措施

1. 管理措施

管理措施涉及管理的思想、管理的方法、管理的手段、承发包模式、合同管理和风险管理等。

（1）承发包模式

承发包模式的选择直接关系到工程实施的组织和协调。为了实现进度目标，应选择合理的合同结构，以避免过多的合同交界面而影响工程的进展。工程物资的采购模式对进度也有直接的影响，对此应作比较分析。为实现进度目标，不但应进行进度控制，还应注意分析影响工程进度的风险，并在分析的基础上采取风险管理措施，以减少进度失控的风险量。

（2）网络计划技术

用网络计划的方法编制进度计划必须很严谨地分析和考虑工作之间的逻辑关系，通过工程网络的计算可发现关键工作和关键线路，也可知道非关键工作可使用的时差，网络计划的方法有利于实现进度管理的科学化。

（3）信息技术

信息技术（包括相应的软件、局域网、互联网以及数据处理设备）在进度管理中的应用有利于提高进度信息处理的效率、有利于提高进度信息的透明度、有利于促进进度信息的沟通交流和项目各参与方的协同工作。

2. 组织措施

组织是目标能否实现的决定性因素，为实现项目的进度目标，应充分重视健全项目管理的组织体系。在项目组织结构中应有专门的工作部门和符合进度控制岗位资格的专人负责进度控制工作。

进度管理的主要工作环节包括进度目标的分析和论证、编制进度计划、定期跟踪进度计划的执行情况、采取纠偏措施以及调整进度计划。这些工作任务和相应的管理职能应在项目管理组织设计的任务分工表和管理职能分工表中标示并落实。具体措施例如：进度计划的编制程序、审批程序和计划调整程序等，组织机构职能部门及管理层次的调整，工作流程的调整等；同时进度管理工作包含了大量的组织和协调工作，会议则是组织和协调的重要手段，应进行有关进度管理会议的设计。

3. 技术措施

（1）设计技术

不同的设计理念、设计技术路线、设计方案会对工程进度产生不同的影响，在工程进度受阻时，应分析是否存在设计技术的影响因素，为实现进度目标有无设计变更的必要和是否可能变更。

（2）施工技术

施工方案对工程进度目标有直接的影响，在决策其是否选用时，应综合分析技术的先进性和经济合理性。在工程进度受阻时，应分析是否存在施工技术的影响因素，为实现进度目标有无改变施工技术、施工程序、施工方法和施工机械的可能性。

4. 经济措施

经济措施涉及资金需求计划、资金供应的条件和经济激励措施等。为确保进度目标的实现，应编制与进度计划相适应的资源需求计划，包括资金需求计划和其他资源（人力和物力资源）需求计划，以反映工程实施的各时段所需要的资源，资金需求计划也是工程融资的重要依据。资金供应条件包括可能的资金总供应量、资金来源（自有资金和外来资金）以及资金供应的时间。在工程预算中应考虑加快工程进度所需要的资金，其中包括为实现进度目标将要采取的经济激励措施所需要的费用。

任务 6.5　BIM 技术在进度管理中的应用

6.5.1　BIM4D 概述

进度管理是施工阶段尤为重要的一个环节，其成败直接关系到项目整体的顺利进行，随着 BIM 技术的不断发展，工程中的施工优化与进度管理也成为企业加快施工进度的方法之一，对于 BIM 技术而言，正好满足了这种需求。

1. BIM4D 技术的含义

通过对原有的 BIM 三维模型加入时间维度形成 BIM4D，将 BIM 模型中与进度有关的数据信息与模型本身形成关联，就可以根据所附加的时间参数模拟实际的施工建造过程。进行虚拟施工以后，可以检查时间节点与施工进度之间的状况是否匹配，进度计划设定是否合理，工序与工法能否顺利进行以及其对工程进度的影响程度，这些都可以一一模拟出来，导成数据报表，进行量化分析；同时可以对施工进度进行实时动态的观察与管理，根据现实中的施工进度与演示过程做一一对比，寻找两者之间的不同点，做出及时调整，还可以通过信息之间的关联演示，在施工阶段开始之前与业主和供货商进行沟通，让其了解项目的相关计划，从而保证施工过程中资金和材料的充分供应。避免因为资金和材料的不到位对施工进度产生影响，从而制定一套切实可行的施工方案，优化管理。

2. BIM4D 技术在进度管理中的应用

在传统进度管理模式中，形成数据报表进行量化分析，基本都是依靠个人经验的方式来管理，很多都是估算或者是模棱两可的管理模式。导入 BIM 之后可以大幅改善此种局面，通过 BIM 模型的参数化特性，可以把模型中建筑构件的信息，例如材质、尺寸、价格、数量等信息纳入模型之中，让模型不再是可以看，还可以用。

BIM 技术能够预测评估潜在风险，提前做到做好进度调整准备。虽然目前建筑施工过程中的安全性相较过去已有很大提高，但其受天气和自然环境影响仍然比较大。使用 BIM 技术就可以很好地评估施工过程中的潜在危险，提前规避。可以使用仪器持续侦测基坑沉降的状况，并使用 BIM 技术建模，对比分析，观察其稳定性，保证基坑在土方回填之前维持在相对安全的状态。当施工遇到雨雪天气，施工点会出现积水，严重影响了施工效率，也存在安全隐患。使用 BIM 建立模型可以很好地评估降水及积水对施工环境的影响，并针对这些隐患和措施建立更加完善的排水系统，保障了施工过程中的高效率和高安全性。

每个建筑都有其自身的建筑特点，周遭环境也有很大不同。根据实际需求，施工面临着多种复杂的情况，在吸收过去建设经验的同时，更需要结合实际优化现有的施工方案。采用BIM提前模拟施工方案，就可以清楚地看到施工过程中哪里可以优化，及时进行调整。在导入目前的人力、物理资料后，BIM技术可以结合实际情况对施工安排进行规划，对进度情况进行预测。在此后，如果遭遇突发情况，模型也将进行动态的校正和规划。

BIM技术不光能对目标建筑进行建模，还可以对周边环境以及整个施工过程中使用的设备、物料、人力等进行全方位的监控。在施工开始前，可以对周边环境进行分析，选取道路宽阔、通畅的地方摆放物料，布置施工场地。在施工过程中，可以实时监控设备的运转情况和施工人员的工作状况，对施工人员进行引导和指挥。

6.5.2 BIM4D技术实际工程案例分析

A工程占地面积22500m^2，总建筑为258968m^2。地下室共4层，面积为74468m^2，主要是车库，地下四层设人防；裙楼地上1～3层，为商场。共计4栋塔楼，A塔楼地上49层，建筑高度202.35m；B塔楼地上18层，建筑高度81.05m；C塔楼地上35层，建筑高度126.8m；D塔楼地上13层，建筑高度62.55m；地上总建筑面积为184500m^2。除C塔楼是公寓外，其余各塔楼均为办公写字楼。

为了更好地把控项目的整体施工进度，本工程结构施工过程中采用BIM软件Revit对工程的结构、建筑及通风管道进行建模，利用BIM模型实施施工管理，BIM技术的应用，使得项目信息的管理更加科学、更加有效、更加智能。

将BIM模型导入Navisworks软件中，然后将施工进度计划载入模型就可以模拟现场施工。由于BIM模型的信息是联动的，所以当其中的任何一项参数发生变动时，其他相关信息就会自动更新，这样一来，施工项目的变更就会更加容易管理。可以根据现场实际情况随时调整相关参数，相应工作的进度便会自动更新。

本工程关键部位及复杂工艺工序等均采用BIM技术进行建模，然后对模型进行反复模拟，找出最优方案，最后利用三维可视化实时模拟对工人进行技术交底。

例如，本工程的砌筑工程如图6-38所示，业主对墙体质量要求较高，因此本工程采用BIM技术对墙体进行建模，建模细致到从每一块砖的放置到灰缝、接槎和错槎的控制，再到墙体拉结筋和构造柱钢筋的布置，砌体墙所具备的元素都可以实现可视化。

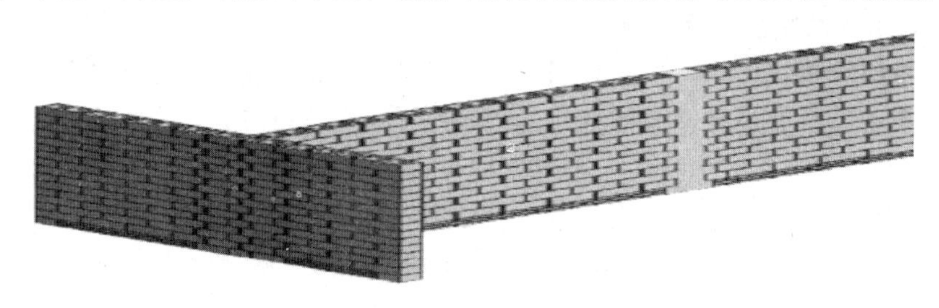

图6-38 砌体工程三维模型图

通过BIM技术对复杂节点施工工序进行优化模拟并指导现场施工意义非凡。模型优化完成后，组织各施工段工长和现场施工人员召开交底会议，通过可视化模拟演示来对工人进行技术交底。通过这样的方式交底，工人会更容易理解，交底的内容也会进行得更彻底。从现场实际实施情况来看，效果非常好，既保证了工程质量，又避免了施工过程中因容易出现的问题而导致的返工和窝工等现象。

习　题

案例分析题：

1. 已知某分部工程划分为A、B、C、D 4个施工过程，按平面划分为4段顺序施工，各过程流水节拍分别为2d、4d、4d和2d，试计算一般流水施工工期及加快流水施工工期方案并绘制横道图。

2. 某分部工程A、B、C、D 4个施工过程组成，划分为5个施工段流水施工，流水节拍见表6-8，试计算该项目总工期并绘制横道图。

某分部工程流水节拍值　　表6-8

施工段＼施工过程	A	B	C	D
Ⅰ	3	5	3	2
Ⅱ	2	3	1	4
Ⅲ	4	1	3	2
Ⅳ	5	3	4	2
Ⅴ	2	5	3	2

3. 根据表6-9中给出的工作的逻辑关系绘制双代号网络图和单代号网络图。

某分部工程工作间的逻辑关系　　表6-9

工作名称	A	B	C	D	E	F
紧前工作	—	A	A	B、C	C	D、E
紧后工作	B、C	D	D、E	F	F	—

4. 根据图6-39的双代号网络图，完成以下问题：

(1) 计算双代号网络图的时间参数并标出关键线路；

(2) 根据 (1) 中计算的时间参数，利用直接绘制法绘制双代号时标网络图；

(3) 根据 (2) 中绘制的双代号时标网络图，工程进行到第4周末时进度检查结果如下：工作D刚开始，工作E完成了计划任务量的1/3，工作F完成了计划任务量的2/5，根据检查结果绘制前锋线并进行检查结果分析。

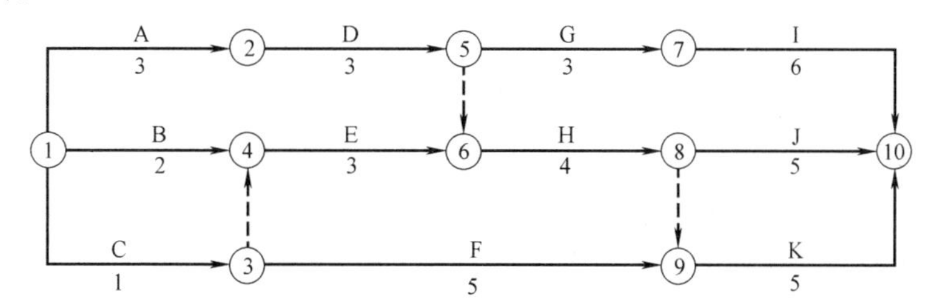

图6-39　某工程双代号网络图（时间单位：周）

习题参考答案：

任务 7

建筑工程施工项目质量管理

任务 7.1 项目质量计划管理

7.1.1 概述

项目质量管理应贯穿项目管理的全过程，坚持“计划、实施、检查、处理”（PDCA）循环工作方法，持续改进施工过程的质量控制。

项目部应设置质量管理人员，在项目经理领导下，负责项目的质量管理工作。

项目质量管理应遵循的程序：（1）明确项目质量目标；（2）编制项目质量计划；（3）实施项目质量计划；（4）监督检查项目质量计划的执行情况；（5）收集、分析、反馈质量信息并制定预防和改进措施。

7.1.2 项目质量计划编制

项目质量计划是指确定施工项目的质量目标和为达到这些质量目标所进行的组织管理、资源投入、专项质量控制措施和必要的工作过程。

1. 项目质量计划编制依据

（1）工程承包合同、设计图纸及相关文件；

（2）企业的质量管理体系文件及其对项目部的管理要求；

（3）国家和地方相关的法律、法规、技术标准、规范及有关施工操作规程；

（4）项目管理实施规划或施工组织设计、专项施工方案。

2. 项目质量计划编制要求

（1）项目质量计划应在项目策划过程中编制，经审批后作为对外质量保证和对内质量控制的依据。

（2）项目质量计划是将质量保证标准、质量管理手册和程序文件的通用要求与项目质量联系起来的文件，应保持与现行质量文件要求的一致性。

（3）项目质量计划应高于且不低于通用质量体系文件所规定的要求。

（4）项目质量计划应明确所涉及的质量活动，并对其责任和权限进行分配；同时应考虑相互间的协调性和可操作性。

（5）质量计划应体现从检验批、分项工程、分部工程到单位工程的过程控制，且应体现从资源投入到完成工程质量最终检验和试验的全过程管理与控制要求。

（6）项目质量计划应由项目经理组织编写，须报企业相关管理部门批准并得到发包方和监理方认可后实施。

（7）施工企业应对质量计划实施动态管理，及时调整相关文件并监督实施。

3. 项目质量计划的主要内容

（1）编制依据；

（2）项目概况；

（3）质量目标和要求；

（4）质量管理组织和职责；

（5）人员、技术、施工机具等资源的需求和配置；

（6）场地、道路、水电、消防、临时设施规划；

（7）影响施工质量的因素分析及其控制措施；

（8）进度控制措施；

（9）施工质量检查、验收及其相关标准；

（10）突发事件的应急措施；

（11）对违规事件的报告和处理；

（12）应收集的信息及传递要求；

（13）与工程建设有关方的沟通方式；

（14）施工管理应形成的记录；

（15）质量管理和技术措施；

（16）施工企业质量管理的其他要求。

7.1.3 项目质量计划应用

在实际工作中，项目质量计划应用时应注意如下几点：

（1）项目经理部应对施工过程质量进行控制，包括：

1）正确使用施工图纸、设计文件、验收标准及适用的施工工艺标准、作业指导书，必要时，对施工过程实施样板引路；

2）调配符合规定的操作人员；

3）按规定配备（使用）建筑材料、构配件和设备、施工机具、检测设备；

4）按规定施工并及时检查、监测；

5）根据现场管理有关规定对施工作业环境进行监测；

6）根据有关要求采用新材料、新工艺、新技术、新设备，并进行相应的策划和控制；

7）合理安排施工进度；

8）对半成品、成品采用保护措施并监督实施；

9）对不稳定和能力不足的施工过程、可能出现的突发事件实施监控；

10）对分包方的施工过程实施监控。

（2）施工企业应根据需要事先对施工过程进行确认，包括：

1）对工艺标准和技术文件进行评审，并对操作人员上岗资格进行鉴定；

2）对施工机具进行认可；

3）定期或在人员、材料、工艺参数、设备发生变化时，重新进行确认。

（3）施工企业应对施工过程及进度进行标识，施工过程应具有可追溯性。

（4）施工企业应保持与工程建设有关方的沟通，按规定的职责、方式对相关信息进行管理。

（5）施工企业应建立施工过程中的质量管理记录。施工记录应符合相关规定的要求。施工过程中的质量管理记录应包括：

1）施工日记和专项施工记录；

2）交底记录；

3）上岗培训记录和岗位资格证明；

4）使用机具和检验、测量及试验设备的管理记录；

5）图纸、变更设计接收和发放的有关记录；

6）监督检查和整改、复查记录；

7）质量管理相关文件；

8）工程项目质量管理策划结果中规定的其他记录。

任务 7.2 项目材料质量管理

7.2.1 建筑材料复试

1. 复试材料的取样

建筑材料复试的取样原则是：

（1）同一厂家生产的同一品种、同一类型、同一生产批次的进场材料应根据相应建筑材料质量标准与管理规程以及规范要求的代表数量确定取样批次，抽取样品进行复试，当合同另有约定时应按合同执行。

（2）项目应实行见证取样和送检制度。即在建设单位或监理工程师的见证下，由项目试验员在现场取样后送至试验室进行试验。见证取样和送检次数应按相关规定进行。

（3）送检的检测试样，必须从进场材料中随机抽取，严禁在现场外抽取。试样应有唯一性标识，试样交接时，应对试样外观、数量等进行检查确认。

（4）工程的取样送检见证人，应由该工程建设单位书面确认，并委派在工程现场的建设或监理单位人员1～2名担任。见证人应具备与检测工作相适应的专业知识。见证人及送检单位对试样的代表性及真实性负有法定责任。

（5）试验室在接受委托试验任务时，须由送检单位填写委托单。

2. 施工材料检测单位应符合下列规定

（1）检测单位的确定，目前国家尚无统一规定，部分地区提出了地方性要求。但根据现行有关行政法规，确定检测机构的基本原则是：当行政法规、国家现行标准或合同中对检测单位的资质有明确要求时，应遵守其规定；当没有要求时，可由具备资质的施工企业试验室试验，也可委托具备相应资质的检测机构进行检测。

（2）建筑施工企业试验室出具的试验报告，是工程竣工资料的重要组成部分。当建设单位、监理单位对建筑施工企业试验室出具的试验报告有争议时，应委托被争议各方认可的、具备相应资质的检测机构重新检测。

3. 主要材料复试内容及要求

（1）原材钢筋：单位长度重量偏差、屈服强度、抗拉强度、伸长率和冷弯性能。有抗震设防要求的框架结构的纵向受力钢筋抗拉强度实测值与屈服强度实测值之比不应小于1.25，钢筋屈服强度实测值与屈服强度标准值之比不应大于1.30，钢筋的最大力下总伸长率不应小于9%。

（2）水泥：抗压强度、抗折强度、安定性、凝结时间。钢筋混凝土结构、预应力混凝土结构中严禁使用含氯化物的水泥。同一生产厂家、同一等级、同一品种、同一批号且连续进场的水泥，袋装不超过200t为一批，散装不超过500t为一批检验。

（3）混凝土外加剂：检验报告中应有碱含量指标，预应力混凝土结构中严禁使用含氯化物的外加剂。混凝土结构中使用含氯化物的外加剂时，混凝土的氯化物总含量应符合规定。

（4）石子：筛分析、含泥量、泥块含量、含水率、吸水率及石子的非活性骨料检验。

（5）砂：筛分析、泥块含量、含水率、吸水率及非活性骨料检验。

（6）建筑外墙金属窗、塑料窗：气密性、水密性、抗风压性能。

（7）装饰装修用人造木板及胶粘剂：甲醛含量。

（8）饰面板（砖）：室内用花岗石放射性，粘贴用水泥的凝结时间、安定性、抗压强度，外墙陶瓷面砖的吸水率及抗冻性能复验。

（9）混凝土小型空心砌块：同一部位使用的小砌块应持有同一厂家生产的产品合格证书和进场复试报告，小砌块在厂内的养护龄期及其后停放期总时间必须确保不少于28d。

（10）预拌混凝土：检查预拌混凝土出场合格证书及配套的水泥、砂、石子、外加剂、掺合料原材复试报告和合格证、混凝土配合比单、混凝土试件强度报告。

7.2.2　建筑材料质量管理

1. 建筑材料质量控制的主要过程

建筑材料的质量控制主要体现在以下四个环节：材料的采购、材料进场试验检验、过程保管和材料使用。

2. 材料采购的控制

（1）掌握建材方面有关的法规及条文：

在我国，政府对大部分建材的采购和使用都有文件规定，各省市及地方建设行政管理部门对钢材、水泥、预拌混凝土、砂石、砌体材料、石材、胶合板实行备案证明管理。

（2）通过市场调研和对生产经营厂商的考察，选择供货质量稳定、履约能力强、信誉高、价格有竞争力的供货单位。

（3）对于诸如瓷砖、釉面砖等建筑装饰材料，由于不同批次间会不可避免地存在色差，为了保证质量和效果，在订货时要充分考虑施工损耗和日后维修使用等因素。

（4）在确定供货商后，应对供货商提供的质量文件内容、文件格式、份数做出明确要求，对材料技术指标应在合同中明确，这些文件将在工程竣工后成为竣工文件的重要组成部分。

3. 材料试验检验

（1）材料进场时，应提供材料或产品合格证，并根据供料计划和有关标准进行现场质量验证和记录。质量验证包括材料品种、型号、规格、数量、外观检查和见证取样。验证结果记录后报监理工程师审批备案。

（2）现场验证不合格的材料不得使用，也可经相关方协商后按有关标准规定降级使用。

（3）对于项目采购的物资，业主的验证不能代替项目对所采购物资的质量责任，而业主采购的物资，项目的验证也不能取代业主对其采购物资的质量责任。

（4）物资进场验证不齐或对其质量有怀疑时，要单独存放该部分物资，待资料齐全和复验合格后，方可使用。

（5）严禁以劣充好，偷工减料。

4. 材料的保管和使用控制

（1）项目应安排专人管理材料并建立材料管理台账，进行收、发、储、运等环节的技术管理，避免混料和将不合格的材料使用到工程上。

（2）要严格按照施工平面布置图的要求进行材料堆放，不得随意堆放。已检验与未检验物资应标明分开码放，防止非预期使用，所有进场材料都应有明确的标识。

（3）应做好各类物资的保管、保养工作，定期检查，做好记录，确保其质量完好。

（4）合理组织材料使用，减少材料损失，采取有效措施防止损坏、变质和污染环境。

任务 7.3 项目施工质量检查与检验

7.3.1 地基基础工程质量检查与检验

1. 土方工程

（1）土方开挖前，应检查定位放线、排水和降低地下水位系统。

（2）开挖过程中，应检查平面位置、水平标高、边坡坡度、压实度、排水系统等，并随时观测周围的环境变化。

（3）基坑（槽）开挖后，应检验下列内容：

1）核对基坑（槽）的位置、平面尺寸、坑底标高是否符合设计的要求，并检查边坡稳定状况，确保边坡安全。

2）核对基坑土质和地下水情况是否满足地质勘查报告和设计要求；有无破坏原状土结构或发生较大土质扰动的现象。

3）用钎探法或轻型动力触探等方法检查基坑（槽）是否存在软弱土下卧层及空穴、古墓、古井、防空掩体、地下埋设物等并确定其位置、深度、性状。

（4）基坑（槽）验槽，应重点观察柱基、墙角、承重墙下或其他受力较大部位，如有异常部位，要会同勘察、设计等有关单位进行处理。

（5）土方回填，应查验下列内容：

1）回填土的材料要符合设计和规范的规定。

2）填土施工过程中应检查排水措施、每层填筑厚度、回填土的含水量控制（回填土的最优含水量，砂土：8%～12%；黏土：19%～23%；粉质黏土：12%～15%；粉土：16%～22%）和压实程度。

3）基坑（槽）的填方，在夯实或压实之后，要对每层回填土的质量进行检验，满足设计或规范要求。

4）填方施工结束后应检查标高、边坡坡度、压实程度等是否满足设计或规范要求。

2. 灰土、砂和砂石地基工程

（1）检查原材料及配合比是否符合设计和规范要求；

（2）施工过程中应检查分层铺设的厚度、夯实时加水量、夯压遍数、压实系数等；

（3）施工结束后，应检验灰土、砂和砂石地基的承载力。

3. 强夯地基工程

施工前应检查夯锤质量、尺寸、落距控制手段、排水设施及被夯地基的土质。施工中应检查落距、夯击遍数、夯点位置、夯击范围。施工结束后，检查被夯地基的强度并进行承载力检验等。

4. 打（压）预制桩工程

检查预制桩的出厂合格证及进场质量、桩位、打桩顺序、桩身垂直度、接桩、打（压）桩的标高或贯入度等是否符合设计和规范要求。桩竣工位置偏差、桩身完整性检测和承载力检测必须符合设计要求和规范规定。

5. 混凝土灌注桩基础

检查桩位偏差、桩顶标高、桩底沉渣厚度、桩身完整性、承载力、垂直度、桩径、原材料、混凝土配合比及强度、泥浆配合比及性能指标、钢筋笼制作及安装、混凝土浇筑等是否符合设计要求和规范规定。

7.3.2　钢筋混凝土主体结构工程质量检查与检验

1. 模板工程

模板分项工程质量控制应包括模板的设计、制作、安装和拆除。模板工程施工前应编制施工方案，并应经过审批或论证。施工过程重点检查：施工方案是否可行及落实情况，模板的强度、刚度、稳定性、支承面积、平整度、几何尺寸、拼缝、隔离剂涂刷、平面位置及垂直、梁底模起拱、预埋件及预留孔洞、施工缝及后浇带处的模板支撑安装等是否符合设计和规范要求，严格控制拆模时混凝土的强度和拆模顺序。

2. 钢筋工程

钢筋分项工程质量控制包括钢筋进场检验、钢筋加工、钢筋连接、钢筋安装等。施工过程重点检查：原材料进场合格证和复试报告、加工质量、钢筋连接试验报告及操作者合格证，钢筋安装质量（包括：纵向钢筋的品种、规格、数量、位置、保护层厚度和钢筋连接方式、接头位置、接头数量、接头面积百分率及箍筋、横向钢筋的品种、规格、数量、间距等），预埋件的规格、数量、位置。

3. 混凝土工程

检查混凝土主要组成材料的合格证及复验报告、配合比、坍落度、冬施浇筑时入模温度、现场混凝土试块（包括：制作、数量、养护及其强度试验等）、现场混凝土浇筑工艺及方法（包括：预铺砂浆的质量、浇筑的顺序和方向、分层浇筑的高度、施工缝的留置、浇筑时的振捣方法及对模板和其支架的观察等）、大体积混凝土测温措施、养护方法及时间、后浇带的留置和处理等是否符合设计和规范要求；混凝土的实体检测：检测混凝土的强度、钢筋保护层厚度等，检测方法主要有破损法检测和非破损法检测两类。

4. 钢筋混凝土构件安装工程

钢筋混凝土构件安装工程质量控制主要包括预制构件和连接质量控制。施工过程质量控制主要检查：构件的合格证（包括生产单位、构件型号、生产日期、质量验收标志）、构件的外观质量（包括构件上的预埋件、插筋和预留孔洞的规格、位置和数量）、标志标识（位置、标高、构件中心线位置、吊点）、尺寸偏差、结构性能、临时堆放方式、临时加固措施、起吊方式及角度、垂直度、接头焊接及接缝，灌浆用细石混凝土原材料合格证及复试报告、配合比、坍落度、现场留置试块强度，灌浆的密实度等是否符合设计和规范要求。

5. 预应力混凝土工程

（1）后张法预应力工程的施工应由具备相应技术、管理能力，且具有相应经验的施工单位承担。

（2）预应力筋张拉机具设备及仪表：主要检查维护、校验记录和配套标定记录是否符合设计和规范要求。

（3）预应力筋：主要检查品种、规格、数量、位置、外观状况及产品合格证、出厂检验报告和进场复验报告等是否符合设计要求和有关标准的规定。

（4）预应力筋锚具和连接器：主要检查品种、规格、数量、位置等是否符合设计和规范要求。

（5）预留孔道：主要检查规格、数量、位置、形状及灌浆孔、排气兼泌水管等是否符合设计和规范要求。金属螺旋管还应检查产品合格证、出厂检验报告和进场复验报告等。

（6）预应力筋张拉与放张：主要检查混凝土强度、构件几何尺寸、孔道状况、张拉力（包括：油压表读数、预应力筋实际与理论伸长值）、张拉或放张顺序、张拉工艺、预应力筋断裂或滑脱情况等是否符合设计和规范要求。

（7）灌浆及封锚：主要检查水泥和外加剂的产品合格证、出厂检验报告和进场复验报告、水泥浆配合比和强度、灌浆记录、外露预应力筋切割方法、长度及封锚状况等是否符合设计和规范要求。

（8）其他：主要检查锚固区局部加强构造等是否符合设计和规范要求。

7.3.3 防水工程质量检查与检验

1. 防水工程施工前检查与检验

（1）材料

所用卷材及其配套材料、防水涂料和胎体增强材料、刚性防水材料、聚乙烯丙纶及其粘结材料等材料的出厂合格证、质量检验报告和现场抽样复验报告（查证明和报告，主要是查材料的品种、规格、性能等），卷材与配套材料的相容性、配合比等均应符合设计要求和国家现行有关标准规定。

防水混凝土原材料（包括：掺合料、外加剂）的出厂合格证、质量检验报告、现场抽样试验报告、配合比、计量、坍落度。

（2）人员

分包队伍的施工资质、作业人员的上岗证。

2. 防水工程施工过程检查与检验

（1）地下防水工程

防水层基层状况（包括干燥、干净、平整度、转角圆弧等）、卷材铺贴（胎体增强材料铺设）的方向及顺序、附加层、搭接长度及搭接缝位置、转角处、变形缝、穿墙管道等细部做法。

防水混凝土模板及支撑、混凝土的浇筑（包括方案、搅拌、运输、浇筑、振捣、抹压等）和养护、施工缝或后浇带及预埋件（套管）的处理、止水带（条）等的预埋、试块的制作和养护、防水混凝土的抗压强度和抗渗性能试验报告、隐蔽工程验收记录、质量缺陷情况和处理记录等是否符合设计和规范要求。

（2）屋面防水工程

基层状况（包括干燥、干净、坡度、平整度、分格缝、转角圆弧等）、卷材铺贴（胎体增强材料铺设）的方向及顺序、附加层、搭接长度及搭接缝位置、泛水的高度、女儿墙压顶的坡向及坡度、玛琋脂试验报告单、细部构造处理、排气孔设置、防水保护层、缺陷情况、隐蔽工程验收记录等是否符合设计和规范要求。

（3）厨房、厕浴间防水工程

基层状况（包括干燥、干净、坡度、平整度、转角圆弧等）、涂膜的方向及顺序、附加层、涂膜厚度、防水的高度、管根处理、防水保护层、缺陷情况、隐蔽工程验收记录等是否符合设计和规范要求。

3. 防水工程施工完成后的检查与检验

（1）地下防水工程

检查标识好的"背水内表面的结构工程展开图"，核对地下防水渗漏情况，检验地下防水工程整体施工质量是否符合要求。

（2）屋面防水工程

防水层完工后，应在雨后或持续淋水 2h 后（有可能做蓄水试验的屋面，其蓄水时间不应少于 24h），检查屋面有无渗漏、积水和排水系统是否畅通，施工质量符合要求方可进行防水层验收。

（3）厨房、厕浴间防水工程

厨房、厕浴间防水层完成后，应做 24h 蓄水试验，确认无渗漏时再做保护层和面层。设备与饰面层施工完后还应在其上继续做第二次 24h 蓄水试验，达到最终无渗漏和排水畅通为合格，方可进行正式验收。墙面间歇淋水试验应达到 30min 以上不渗漏。

7.3.4　装饰装修工程质量检查与检验

1. 装饰设计阶段的质量管理

（1）装饰设计单位负责设计阶段的质量管理。

（2）建筑装饰装修工程必须进行设计，并出具完整的施工图设计文件。

（3）建筑装饰装修工程设计必须保证建筑物的结构安全和主要使用功能。当涉及主体和承重结构改动或增加荷载时，必须由原结构设计单位或具备相应资质的设计单位核查有关原始资料，对既有建筑结构的安全性进行核验、确认。

（4）建筑装饰装修工程所用材料应符合国家有关建筑装饰装修材料有害物质限量标准的规定。

（5）建筑装饰装修工程所使用的材料应按设计要求进行防火、防腐和防虫处理。

（6）建筑装饰装修工程施工中，严禁违反设计文件擅自改动建筑主体、承重结构或主要使用功能；严禁未经设计确认和有关部门批准擅自拆改水、暖、电、燃气、通信等配套设施。

（7）设计师要按照国家的相关规范进行设计，并且设计深度应满足施工要求，同时做好设计交底工作。

（8）装饰设计师必须按照客户的要求进行设计，如果发生设计变更要及时与客户进行沟通。

（9）装饰设计师须要求客户提供尽可能详细的前期资料。

2. 施工阶段的质量管理

（1）装饰施工单位负责施工过程的质量管理。

（2）施工人员应认真做好质量自检、互检及工序交接检查，做好记录，记录数据要做到真实、全面、及时。

（3）进行施工质量教育：施工主管对每批进场作业的施工人员进行质量教育，让每个施工人员明确质量验收标准，使全员在头脑中牢牢树立“精品”的质量观。

（4）确立图纸“三交底”的施工准备工作：施工主管向施工工长做详细的图纸工艺要求、质量要求交底；工序开始前工长向班组长做详尽的图纸、施工方法、质量标准交底；作业开始前班长向班组成员做具体的操作方法、工具使用、质量要求的详细交底，务求每位施工工人对其作业的工程项目了然于胸。

（5）工序交接检查：对于重要的工序或对工程质量有重大影响的工序，在自检、互检的基础上，还要组织专职人员进行工序交接检查。

（6）隐蔽工程检查：凡是隐蔽工程均应检查认证后方能掩盖。分项、分部工程完工后，应经检查认可，签署验收记录后，才允许进行下一工程项目施工。

（7）编制切实可行的施工方案，做好技术方案的审批及交底。

（8）成品保护：施工人员应做好已完成装饰工程及其他专业设备的保护工作，减少不必要的重复工作。

任务 7.4 工程质量问题防治

7.4.1 工程质量事故的分类

依据住房和城乡建设部《关于做好房屋建筑和市政基础设施工程质量事故报告和调查

处理工作的通知》（建质〔2010〕111 号）文件要求，按工程质量事故造成的人员伤亡或者直接经济损失将工程质量事故分为四个等级：一般事故、较大事故、重大事故、特别重大事故，具体如下（“以上”包括本数，“以下”不包括本数）：

（1）特别重大事故，是指造成 30 人以上死亡，或者 100 人以上重伤，或者 1 亿元以上直接经济损失的事故；

（2）重大事故，是指造成 10 人以上 30 人以下死亡，或者 50 人以上 100 人以下重伤，或者 5000 万元以上 1 亿元以下直接经济损失的事故；

（3）较大事故，是指造成 3 人以上 10 人以下死亡，或者 10 人以上 50 人以下重伤，或者 1000 万元以上 5000 万元以下直接经济损失的事故；

（4）一般事故，是指造成 3 人以下死亡，或者 10 人以下重伤，或者 100 万元以上 1000 万元以下直接经济损失的事故。

7.4.2 重大质量事故处理

1. 工程质量问题处理的依据

对工程质量问题的处理依据主要有以下几个方面：质量问题的实况资料；具有合法的工程承包合同、设计委托合同、材料或设备购销合同以及监理合同或分包合同等合同文件；有关的技术文件、档案和相关的建设法规。

2. 工程质量问题的报告

（1）工程质量问题发生后，事故现场有关人员应当立即向工程建设单位负责人报告；工程建设单位负责人接到报告后，应于 1h 内向事故发生地县级以上人民政府住房和城乡建设主管部门及有关部门报告。情况紧急时，事故现场有关人员可直接向事故发生地县级以上人民政府住房和城乡建设主管部门报告。

（2）住房和城乡建设主管部门接到事故报告后，应当依照下列规定上报事故情况，并同时通知公安、监察机关等有关部门：

1）较大、重大及特别重大事故逐级上报至国务院住房和城乡建设主管部门，一般事故逐级上报至省级人民政府住房和城乡建设主管部门，必要时可以越级上报事故情况。

2）住房和城乡建设主管部门上报事故情况，应当同时报告本级人民政府；国务院住房和城乡建设主管部门接到重大和特别重大事故的报告后，应当立即报告国务院。

3）住房和城乡建设主管部门逐级上报事故情况时，每级上报时间不得超过 2h。

4）事故报告应包括下列内容：

① 事故发生的时间、地点、工程项目名称、工程各参建单位名称；

② 事故发生的简要经过、伤亡人数（包括下落不明的人数）和初步估计的直接经济损失；

③ 事故的初步原因；

④ 事故发生后采取的措施及事故控制情况；

⑤ 事故报告单位、联系人及联系方式；

⑥ 其他应当报告的情况。

5）事故报告后出现新情况，以及事故发生之日起 30d 内伤亡人数发生变化的，应当及时补报。

3. 工程质量问题的调查方式

（1）住房和城乡建设主管部门应当按照有关人民政府的授权或委托，组织或参与事故调查组对事故进行调查，并提交事故调查报告。

（2）事故调查报告应当包括下列内容：

1）事故项目及各参建单位概况；

2）事故发生经过和事故救援情况；

3）事故造成的人员伤亡和直接经济损失；

4）事故项目有关质量检测报告和技术分析报告；

5）事故发生的原因和事故性质；

6）事故责任的认定和事故责任者的处理建议；

7）事故防范和整改措施。

事故调查报告应当附有关证据材料。事故调查组成员应当在事故调查报告上签名。

4. 工程质量问题的处理

（1）住房和城乡建设主管部门应当依据有关人民政府对事故调查报告的批复和有关法律法规的规定，对事故相关责任者实施行政处罚。处罚权限不属本级住房和城乡建设主管部门的，应当在收到事故调查报告批复后15个工作日内，将事故调查报告（附有关证据材料）、结案批复、本级住房和城乡建设主管部门对有关责任者的处理建议等转送有权限的住房和城乡建设主管部门。

（2）住房和城乡建设主管部门应当依据有关法律法规的规定，对事故中负有责任的建设、勘察、设计、施工、监理等单位和施工图审查、质量检测等有关单位分别给予罚款、停业整顿、降低资质等级、吊销资质证书中一项或多项处罚，对事故负有责任的注册执业人员分别给予罚款、停止执业、吊销执业资格证书、终身不予注册中一项或多项处罚。

7.4.3 地基与基础工程质量通病防治

1. 边坡塌方

（1）现象：在挖方过程中或挖方后，边坡局部或大面积塌方，使地基土受到扰动，承载力降低，严重的会影响建筑物的安全，如图7-1所示。

图7-1 边坡塌方

（2）原因：

1）基坑（槽）开挖坡度不够；

2）未采取有效的降排水措施；

3）边坡顶部堆载过大；

4）土质松软，开挖次序、方法不当而造成塌方。

（3）治理：对基坑（槽）塌方，应清除塌方后采取临时性支护措施；对永久性边坡局部塌方，应清除塌方后用块石填砌或用 2∶8、3∶7 灰土回填嵌补，与土接触部位做成台阶搭接，防止滑动，或将坡度改缓。同时，应做好地面排水和降低地下水位的工作。

2. 回填土密实度达不到要求

（1）现象：回填土经夯实或碾压后，其密实度达不到设计要求，在荷载作用下变形增大，强度和稳定性下降。回填土夯实如图 7-2 所示。

图 7-2　回填土夯实

（2）原因：

1）土的含水率过大或过小，因而达不到最优含水率下的密实度要求；

2）填方土料不符合要求；

3）碾压或夯实机具能量不够，达不到影响深度要求，使土的密实度降低。

（3）治理：

1）将不符合要求的土料挖出换土，或掺入石灰、碎石等夯实加固；

2）因含水量过大而达不到密实度的土层，可采用翻松晾晒、风干，或均匀掺入干土等吸水材料，重新夯实；

3）因含水量小或碾压机能量过小时，可采用增加夯实遍数，或使用大功率压实机碾压等措施。

3. 基坑（槽）泡水

（1）现象：基坑（槽）开挖后，地基土被水浸泡。

（2）治理：

1）被水淹泡的基坑，应采取措施，将水引走排净；

2）设置截水沟，防止水刷边坡；

3）已被水浸泡扰动的土，采取排水晾晒后夯实；或抛填碎石、小块石夯实；或换土夯实（3∶7 灰土）。

4. 预制桩桩身断裂

（1）现象：桩在沉入过程中，桩身突然倾斜错位，桩尖处土质条件没有特殊变化，而贯入度逐渐增大或突然增大；同时，当桩锤跳起后，桩身随之出现回弹现象。

（2）原因：

1）制作桩时，桩身弯曲超过规定，桩尖偏离桩的纵轴线较大，沉入过程中桩身发生倾斜或弯曲；

2）桩入土后，遇到大块坚硬的障碍物，把桩尖挤向一侧；

3）稳桩不垂直，压入地下一定深度后，再用走架方法校正，使桩产生弯曲；

4）两节桩或多节桩施工时，相接的两节桩不在同一轴线上，产生了弯曲；

5）制作桩的混凝土强度不够，桩在堆放、吊运过程中产生裂纹或断裂未被发现。

（3）预防和治理：

1）施工前应对桩位下的障碍物清除干净，必要时对每个桩位用钎探了解。对桩构件进行检查，发现桩身弯曲超标或桩尖不在纵轴线上的不宜使用。

2）在稳桩过程中及时纠正不垂直，接桩时要保证上下桩在同一纵轴线上，接头处要严格按照操作规程施工。

3）桩在堆放、吊运过程中，严格按照有关规定执行，发现裂缝超过规定坚决不能使用。

4）应会同设计人员共同研究处理方法。根据工程地质条件，上部荷载及桩所处的结构部位，可以采取补桩的方法。可在轴线两侧分别补一根或两根桩。

5. 干作业成孔灌注桩的孔底虚土多

（1）现象：成孔后孔底虚土过多，超过标准中不大于100mm的规定。

（2）治理：

1）在孔内做二次或多次投钻。即用钻一次投到设计标高，在原位旋转片刻，停止旋转静拔钻杆。

2）用勺钻清理孔底虚土。

3）如虚土是砂或砂卵石时，可先采用孔底浆拌合，然后再灌混凝土。

4）采用孔底压力灌浆法、压力灌混凝土法及孔底夯实法解决。

6. 泥浆护壁灌注桩坍孔

（1）现象：在成孔过程中或成孔后，孔壁坍落，如图7-3所示。

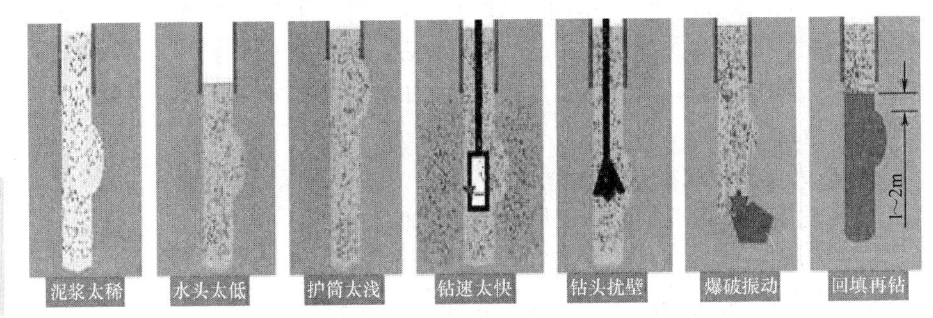

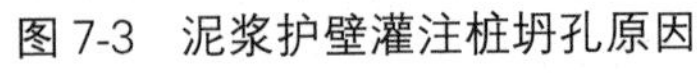
图7-3 泥浆护壁灌注桩坍孔原因

（2）原因：

1）泥浆比重不够，起不到可靠的护壁作用；

2）孔内水头高度不够或孔内出现承压水，降低了静水压力；

3）护筒埋置太浅，下端孔坍塌；

4）在松散砂层中钻孔时，进尺速度太快或停在一处空转时间太长，转速太快；

5）冲击（抓）锥或掏渣筒倾倒，撞击孔壁；

6）用爆破处理孔内孤石、探头石时，炸药量过大，造成很大振动。

（3）防治：

1）在松散砂土或流沙中钻进时，应控制进尺，选用较大相对密度、黏度、胶体率的优质泥浆（或投入黏土掺片石或卵石，低锤冲击，使黏土膏、片石、卵石挤入孔壁）。

2）如地下水位变化过大，应采取升高护筒、增大水头或用虹吸管连接等措施。

3）严格控制冲程高度和炸药用量。

4）孔口坍塌时，应先探明位置，将砂和黏土（或砂砾和黄土）混合物回填到坍孔位置以上 1～2m；如坍孔严重，应全部回填，等回填物沉积密实后再进行钻孔。

7.4.4 主体结构工程质量通病防治

1. 钢筋错位

（1）现象：柱、梁、板、墙主筋位置或保护层偏差过大。

（2）原因：钢筋未按照设计或翻样尺寸进行加工和安装；钢筋现场翻样时，未合理考虑主筋的相互位置及避让关系；混凝土浇筑过程中，钢筋被碰撞移位后，在混凝土初凝前，没能及时被校正；保护层垫块尺寸或安装位置不准确。

（3）防治措施：钢筋现场翻样时，应根据结构特点合理考虑钢筋之间的避让关系，现场钢筋加工应严格按照设计和现场翻样的尺寸进行加工和安装；钢筋绑扎或焊接必须牢固，固定钢筋措施可靠有效；为使保护层厚度准确，垫块要沿主筋方向摆放，位置、数量准确；混凝土浇筑过程中应采取措施，尽量不碰撞钢筋，严禁砸、压、踩踏和直接顶撬钢筋，同时浇筑过程中要有专人随时检查钢筋位置，并及时校正。

2. 混凝土强度等级偏低，不符合设计要求

（1）现象：混凝土标准养护试块或现场检测强度，按规范标准评定达不到设计要求的强度等级。

（2）原因：

1）配置混凝土所用原材料的材质不符合国家标准的规定；

2）拌制混凝土时没有法定检测单位提供的混凝土配合比试验报告，或操作中未能严格按混凝土配合比进行规范操作；

3）拌制混凝土时投料计量有误；

4）混凝土搅拌、运输、浇筑、养护不符合规范要求。

（3）防治措施：

1）拌制混凝土所用水泥、粗（细）骨料和外加剂等均必须符合有关标准规定；

2）必须按法定检测单位发出的混凝土配合比试验报告进行配制；

3）配制混凝土必须按质量比计量投料且计量要准确；

4）混凝土拌合必须采用机械搅拌，加料顺序为粗骨料→水泥→细骨料→水，并严格控制搅拌时间；

5）混凝土的运输和浇捣必须在混凝土初凝前进行；

6）控制好混凝土的浇筑和振捣质量；

7）控制好混凝土的养护。

3. 混凝土表面缺陷

（1）现象：拆模后混凝土表面出现麻面、露筋、蜂窝、孔洞等，如图 7-4 所示。

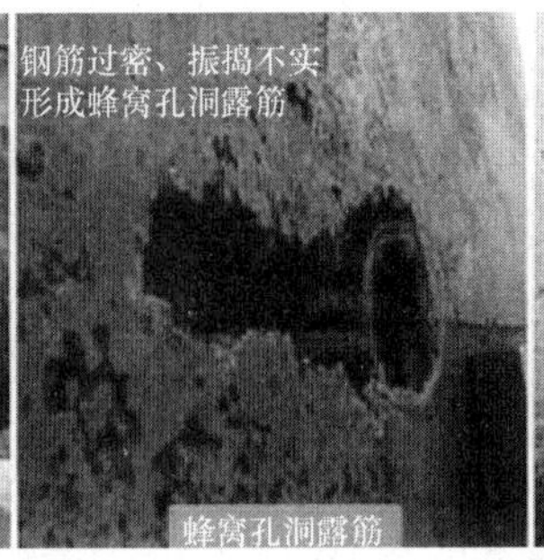

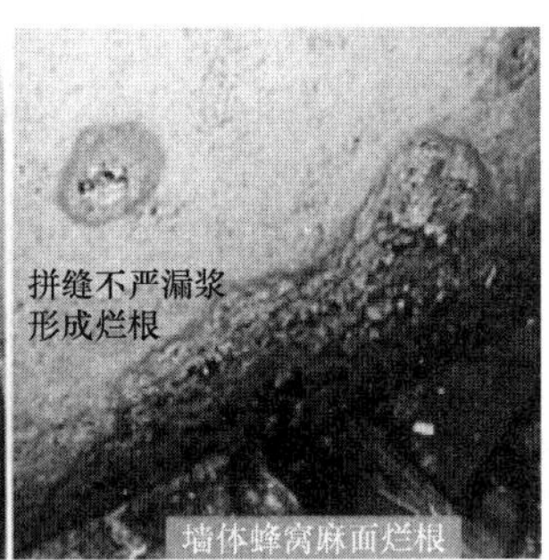

图 7-4 混凝土表面缺陷类型

（2）原因：

1）模板表面不光滑、安装质量差，接缝不严、漏浆，模板表面污染未清除；

2）木模板在混凝土入模之前没有充分湿润，钢模板隔离剂涂刷不均匀；

3）钢筋保护层垫块厚度或放置间距、位置等不当；

4）局部配筋、铁件过密，阻碍混凝土下料或无法正常振捣；

5）混凝土坍落度、和易性不好；

6）混凝土浇筑方法不当、不分层或分层过厚，布料顺序不合理等；

7）混凝土浇筑高度超过规定要求，且未采取措施，导致混凝土离析；

8）漏振或振捣不实；

9）混凝土拆模过早。

（3）防治措施：

1）模板使用前应进行表面清理，保持表面清洁光滑，钢模应保证边框平直，组合后应使接缝严密，必要时可用胶带加强，浇混凝土前应充分湿润或均匀涂刷隔离剂。

2）按规定或方案要求合理布料，分层振捣，防止漏振。

3）对局部配筋或铁件过密处，应事先制定处理措施，保证混凝土能够顺利通过，浇筑密实。

4. 混凝土柱、墙、梁等构件外形尺寸、轴线位置偏差大

（1）现象：混凝土柱、墙、梁等外形尺寸偏差、表面平整、轴线位置等超过规范允许偏差值。

（2）原因：

1）没有按施工图进行施工放线或误差过大；

2）模板的强度和刚度不足；

3）模板支撑基座不实，受力变形大。

（3）防治措施：

1）施工前必须按施工图放线，并确保构件断面几何尺寸和轴线定位线准确无误；

2）模板及其支撑（架）必须具有足够的承载力、刚度和稳定性，确保模具在浇筑混凝土及养护过程中，不变形、不失稳、不跑模；

3）要确保模板支撑基座坚实；

4）在浇筑混凝土前后及过程中，要认真检查，及时发现问题，及时纠正。

5. 混凝土收缩裂缝

（1）现象：裂缝多出现在新浇筑并暴露于空气中的结构构件表面，有塑态收缩、沉陷收缩、干燥收缩、碳化收缩、凝结收缩等收缩裂缝。

（2）原因：

1）混凝土原材料质量不合格，如骨料含泥量大等；

2）水泥或掺合料用量超出规范规定；

3）混凝土水胶比、坍落度偏大，和易性差；

4）混凝土浇筑振捣差，养护不及时或养护差。

（3）防治措施：

1）选用合格的原材料；

2）根据现场情况、图纸设计和规范要求，由有资质的试验室配制合适的混凝土配合比，并确保搅拌质量；

3）确保混凝土浇筑振捣密实，并在初凝前进行二次抹压；

4）确保混凝土及时养护，并保证养护质量满足要求。

7.4.5 防水工程质量通病防治

1. 地下防水工程施工质量问题处理

（1）防水混凝土施工缝渗漏水

1）现象

施工缝处混凝土松散，骨料集中，接槎明显，沿缝隙处渗漏水。

2）原因分析

① 施工缝留的位置不当。

② 在支模和绑钢筋的过程中，掉入缝内的杂物没有及时清除。浇筑上层混凝土后，在新旧混凝土之间形成夹层。

③ 在浇筑上层混凝土时，未按规定处理施工缝，上、下层混凝土不能牢固粘结。

④ 钢筋过密，内外模板距离狭窄，混凝土浇捣困难，施工质量不易保证。

⑤ 下料方法不当，骨料集中于施工缝处。

⑥ 浇筑地面混凝土时，因工序衔接等原因造成新老接槎部位产生收缩裂缝。

3）治理

① 根据渗漏、水压大小情况，采用促凝胶浆或氰凝灌浆堵漏。

② 不渗漏的施工缝，可沿缝剔成八字形凹槽，将松散石子剔除，刷洗干净，用水泥素浆打底，抹 1∶2.5 水泥砂浆找平压实。

（2）防水混凝土裂缝渗漏水

1）现象

混凝土表面有不规则的收缩裂缝且贯通于混凝土结构，有渗漏水现象。

2）原因分析

① 混凝土搅拌不均匀，或水泥品种混用，收缩不一产生裂缝；

② 设计中，对土的侧压力及水压作用考虑不周，结构缺乏足够的刚度；

③ 由于设计或施工等原因产生局部断裂或环形裂缝。

3）治理

① 采用促凝胶浆或氰凝灌浆堵漏；

② 对不渗漏的裂缝，可用灰浆或用水泥压浆法处理；

③ 对于结构所出现的环形裂缝，可采用埋入式橡胶止水带、后埋式止水带、粘贴式氯丁胶片以及涂刷式氯丁胶片等方法。

（3）管道穿墙（地）部位渗漏水

1）现象

常温管道、热力管道以及电缆等穿墙（地）时与混凝土脱离，产生裂缝漏水。

2）原因分析

① 穿墙（地）管道周围混凝土浇筑困难，振捣不密实；

② 没有认真清除穿墙（地）管道表面锈蚀层，致使穿墙（地）管道不能与混凝土粘结严密；

③ 穿墙（地）管道接头不严或用有缝管，水渗入管内后，又从管内流出；

④ 在施工或使用中穿墙（地）管道受振松动，与混凝土间产生缝隙；

⑤ 热力管道穿墙部位构造处理不当，致使管道在温差作用下，因往返伸缩变形而与结构脱离，产生裂缝。

3）治理

① 对于水压较小的常温管道穿墙（地）渗漏水采用直接堵漏法处理：沿裂缝剔成八字形边坡沟槽，采用水泥胶浆将沟槽挤压密实，达到强度后，表面做防水层。

② 对于水压较大的常温管道穿墙（地）渗漏水采用下线堵漏法处理：沿裂缝剔成八字形边坡沟槽，挤压水泥胶浆同时留设线孔或钉孔，使漏水顺孔眼流出。经检查无渗漏后，沿沟槽抹素浆、砂浆各一道。待其有强度后再按①堵塞漏水孔眼，最后再把整条裂缝做好防水层。

③ 热力管道穿内墙部位出现渗漏水时，可将穿管孔眼剔大，采用埋设预制半圆混凝土套管进行处理。

④ 热力管道穿外墙部位出现渗漏水，修复时需将地下水位降至管道标高以下，用设置橡胶止水套的方法处理。

2. 屋面防水工程施工质量问题处理

（1）卷材屋面开裂

1）现象

卷材屋面开裂一般有两种情况：一种是装配式结构屋面上出现的有规则横向裂缝。当屋面无保温层时，这种横向裂缝往往是通长和笔直的，位置正对屋面板支座的上端；当屋面有保温层时，裂缝往往是断续的、弯曲的，位于屋面板支座两边 10～50cm 的范围内。这种有规则裂缝一般在屋面完成后 1～4 年的冬季出现，开始细如发丝，以后逐渐加剧，一直发展到 1～2mm 以至更宽。另一种是无规则裂缝，其位置、形状、长度各不相同，出现的时间也无规律，一般贴补后不再裂开。

2）原因分析

① 产生有规则横向裂缝的主要原因是：温度变化，屋面板产生胀缩，引起板端角变。此外，卷材质量低、老化或在低温条件下产生冷脆，韧性和延伸度降低等原因也会产生横

向裂缝。

② 产生无规则裂缝的原因是：卷材搭接太小，卷材收缩后接头开裂、翘起，卷材老化龟裂、鼓泡破裂或外伤等。此外，找平层的分格缝设置不当或处理不好，以及水泥砂浆不规则开裂等，也会引起卷材的无规则开裂。

3）治理

对于基层未开裂的无规则裂缝（老化龟裂除外），一般在开裂处补贴卷材即可。有规则横向裂缝在屋面完工后的几年内，正处于发生和发展阶段，只有逐年治理方能收效。治理方法有：

① 用盖缝条补缝：盖缝条用卷材或镀锌薄钢板制成。补缝时，按修补范围清理屋面，在裂缝处先嵌入防水油膏或浇灌热沥青。卷材盖缝条应用玛琋脂粘贴，周边要压实刮平。镀锌薄钢板盖缝条应用钉子钉在找平层上，其间距为 200mm 左右，两边再附贴一层宽 200mm 的卷材条。用盖缝条补缝，能适应屋面基层伸缩变形，避免防水层被拉裂，但盖缝条易被踩坏，故不适用于积灰严重、扫灰频繁的屋面。

② 用干铺卷材作延伸层：在裂缝处干铺一层 250～400mm 宽的卷材条作延伸层。干铺卷材的两侧 20mm 处应用玛琋脂粘贴。

③ 用防水油膏补缝：补缝用的油膏，目前采用的有聚氯乙烯胶泥和焦油麻丝两种。用聚氯乙烯胶泥时，应先切除裂缝两边宽各 50mm 的卷材和找平层，保证深为 30mm。然后清理基层，热灌胶泥至高出屋面 5mm 以上。用焦油麻丝嵌缝时，先清理裂缝两边宽各 50mm 的绿豆砂保护层，再灌上油膏即可。油膏中焦油、麻丝、滑石粉之比为 100∶15∶60（质量比）。

（2）卷材屋面流淌

1）现象

① 严重流淌：流淌面积占屋面 50%以上，大部分流淌距离超过卷材搭接长度。卷材大多折皱成团，垂直面卷材拉开脱空，卷材横向搭接有严重错动。在一些脱空和拉断处，产生漏水。

② 中等流淌：流淌面积占屋面 20%～50%，大部分流淌距离在卷材搭接长度范围之内，屋面有轻微折皱，垂直面卷材被拉开 100mm 左右，只有天沟卷材脱空耸肩。

③ 轻微流淌：流淌面积占屋面 20%以下，流淌长度仅 2～3cm，在屋架端坡处有轻微折皱。

2）原因分析

① 胶结料耐热度偏低。

② 胶结料粘结层过厚。

③ 屋面坡度过陡，而采用平行屋脊铺贴卷材；或采用垂直屋脊铺贴卷材，在半坡进行短边搭接。

3）治理

严重流淌的卷材防水层可考虑拆除重铺。轻微流淌如不发生渗漏，一般可不予治理。中等流淌可采用下列方法治理：

① 切割法：对于天沟卷材耸肩脱空等部位，可先清除保护层，切开将要脱空的卷材，刮除卷材底下积存的旧胶结料，待内部冷凝水晒干后，将下部已脱开的卷材用胶结料粘贴

好，加铺一层卷材，再将上部卷材盖上。

② 局部切除重铺：对于天沟处折皱成团的卷材，先予以切除，仅保存原有卷材较为平整的部分，使之沿天沟纵向成直线（也可用喷灯烘烤胶结料后，将卷材剥离）；新旧卷材的搭接应按接槎法或搭槎法进行。

接槎法：先将旧卷材槎口切齐。并铲除槎口边缘200mm处的保护层。新旧卷材按槎口分层对接，最后将表面一层新卷材搭入旧卷材150mm并压平，上做一油一砂（此法一般用于治理天窗泛水和山墙泛水处）。

搭槎法：将旧卷材切成台阶形槎口，每阶宽大于80～150mm。用喷灯将旧胶结料烤软后，分层掀起80～150mm，把旧胶结料除净，晒干卷材下面的水汽。最后把新铺卷材分层压入旧卷材下面（此法多用于治理天沟处）。

③ 钉钉子法：当施工后不久，卷材有下滑趋势时，可在卷材的上部离屋脊300～450mm范围内钉三排50mm长圆钉，钉眼上灌胶结料。卷材流淌后，横向搭接若有错动，应清除边缘翘起处的旧胶结料，重新浇灌胶结料，并压实刮平。

（3）屋面卷材起鼓

1）现象

卷材起鼓一般在施工后不久产生。在高温季节，有时上午施工下午就起鼓。鼓泡一般由小到大，逐渐发展，大的直径可达200～300mm，小的数十毫米，大小鼓泡还可能成片串联。起鼓一般从底层卷材开始，其内还有冷凝水珠，如图7-5所示。

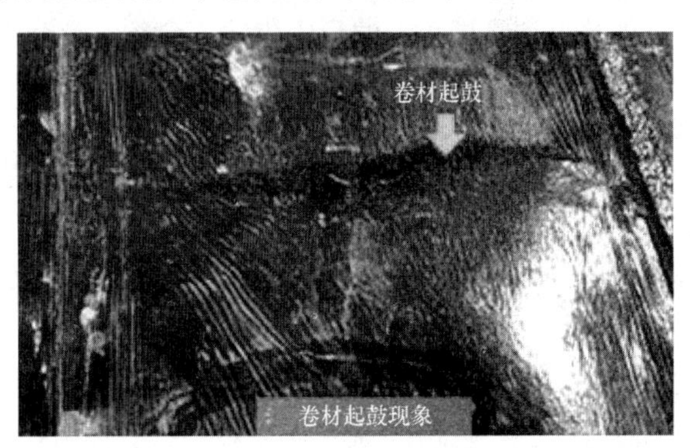

图7-5 卷材起鼓现象

2）原因分析

在卷材防水层中粘结不实的部位，窝有水分和气体；当其受到太阳照射或人工热源影响后，体积膨胀，造成鼓泡。

3）治理

① 直径100mm以下的中、小鼓泡可用抽气灌胶法治理，并压上几块砖，几天后再将砖移去即可。

② 直径100～300mm的鼓泡可先铲除鼓泡处的保护层，再用刀将鼓泡按斜十字形割开，放出鼓泡内气体，擦干水分，清除旧胶结料，用喷灯把卷材内部吹干。随后按顺序把旧卷材分片重新粘贴好，再新贴一块方形卷材（其边长比开刀范围大100mm），压入卷材下；最后，粘贴覆盖好卷材，四边搭接好，并重做保护层。上述分片铺贴顺序是按屋面流水方向先下再左右后上，如图7-6所示。

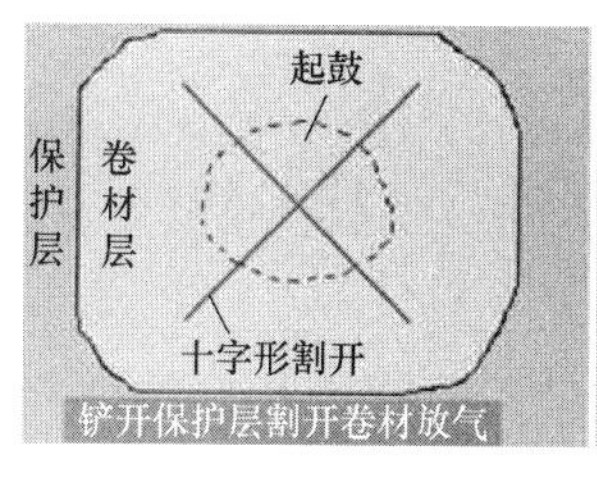

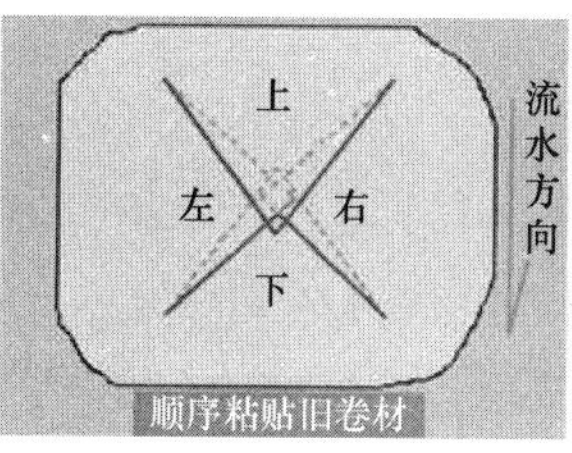

图 7-6 直径 100～300mm 的卷材鼓泡处理

③ 直径更大的鼓泡用割补法治理。先用刀把鼓泡卷材割除，按上一做法进行基层清理，再用喷灯烘烤旧卷材槎口，并分层剥开，除去旧胶结料后，依次粘贴好旧卷材，上面铺贴一层新卷材（四周与旧卷材搭接不小于 100mm），再依次粘贴旧卷材，上面覆盖铺贴第二层新卷材，周边压实刮平，重做保护层。

（4）山墙、女儿墙部位漏水

1）现象

在山墙、女儿墙部位漏水。山墙和山墙漏水维修如图 7-7 所示。

图 7-7 山墙和山墙漏水维修

2）原因分析

① 卷材收口处张口，固定不牢；封口砂浆开裂、剥落，压条脱落。

② 压顶板滴水线破损，雨水沿墙进入卷材。

③ 山墙或女儿墙与屋面板缺乏牢固拉结，转角处没有做成钝角，垂直面卷材与屋面卷材没有分层搭槎，基层松动（如墙外倾或不均匀沉陷）。女儿墙防水维修如图 7-8 所示。

图 7-8 女儿墙防水维修

④ 垂直面保护层因施工困难而被省略。

3）治理

① 清除卷材张口脱落处的旧胶结料，烤干基层，重新钉上压条，将旧卷材贴紧钉牢，再覆盖一层新卷材，收口处用防水油膏封口。

② 凿除开裂和剥落的压顶砂浆，重抹 1：(2～2.5) 水泥砂浆，并做好滴水线。

③ 将转角处开裂的卷材割开，旧卷材烘烤后分层剥离，清除旧胶结料，将新卷材分层压入旧卷材下，并搭接粘贴牢固。再在裂缝表面增加一层卷材，四周粘贴牢固。

7.4.6 建筑装饰装修工程质量通病防治

建筑装饰装修工程常见的施工质量缺陷有：空、裂、渗、观感效果差等。装饰装修工程各分部（子分部）、分项工程施工质量缺陷详见表 7-1。

建筑装饰装修工程常见质量问题 **表 7-1**

序号	分部(子分部)、分项工程名称	质量问题
1	建筑地面工程	板块地面:天然石材地面色泽、纹理不协调,泛碱、断裂,地面砖爆裂拱起,板块类地面空鼓等
		不同材质收口不美观
2	抹灰工程	一般抹灰:抹灰层脱层、空鼓,面层爆灰、裂缝、表面不平整、接槎和抹纹明显等
		装饰抹灰:除一般抹灰存在的缺陷外,还存在色差、掉角、脱皮等
3	门窗工程	木门窗:安装不牢固、开关不灵活、关闭不严密、安装留缝、倒翘等
		五金安装槽口不整齐,松动
4	吊顶工程	吊顶饰面开裂、不平整 检修口、设备衔接口不顺直、吻合,接缝明显、开孔混乱
5	轻质隔墙工程	墙板材安装不牢固、脱层、翘曲,接缝有裂缝或缺损、表面不平整等
6	饰面板(砖)工程	饰面板(砖)空鼓、脱落
7	涂饰工程	泛碱、咬色、流坠、疙瘩、砂眼、刷纹、漏涂、透底、起皮和掉粉
8	裱糊与软包工程	拼接不顺直,花饰不对称,离缝或亏纸,相邻壁纸(墙布)搭缝,接缝明显,翘边,壁纸(墙布)空鼓,壁纸(墙布)色泽不一致、表面不平整
9	细部工程	橱柜制作与安装工程:变形、翘曲、损坏、面层拼缝不严密
		窗帘盒、窗台板制作与安装工程:窗帘盒安装不牢固、不顺直;窗台板水平度偏差大于2mm,安装不牢固、翘曲
		护栏和扶手制作与安装工程:护栏安装不牢固、护栏和扶手转角弧度不顺、护栏玻璃选材不当等
		花饰制作与安装工程:条形花饰歪斜、单独花饰中心位置偏移、接缝不严、有裂缝等

7.4.7 节能工程质量通病防治

1. 技术与管理

(1) 承担建筑节能工程的施工企业应具备相应的资质；施工现场应建立相应的质量管理体系、施工质量控制和检验制度，具有相应的施工技术标准。

（2）设计变更不得降低建筑节能效果。当设计变更涉及建筑节能效果时，应经原施工图设计审查机构审查，在实施前办理设计变更手续，并获得监理或建设单位的确认。

（3）建筑节能工程采用的新技术、新设备、新材料、新工艺，应按照有关规定进行评审、鉴定及备案。施工前应对新的或首次采用的施工工艺进行评价，并制定专门的施工技术方案。

（4）单位工程的施工组织设计应包括建筑节能工程施工内容。建筑节能工程施工前，施工单位应编制建筑节能工程施工方案并经监理（建设）单位审查批准。施工单位应对从事建筑节能工程施工作业的人员进行技术交底和必要的实际操作培训。

（5）建筑节能工程的质量检测，应由具备资质的检测机构承担。

2. 材料与设备的管理

（1）建筑节能工程使用的材料、设备等，必须符合设计要求及国家有关标准的规定。严禁使用国家明令禁止使用与淘汰的材料和设备。

（2）材料和设备进场应遵守下列规定：

1）对材料和设备的品种、规格、包装、外观和尺寸等进行检查验收，并应经监理工程师（建设单位代表）确认，形成相应的验收记录。

2）对材料和设备的质量证明文件进行核查，并应经监理工程师（建设单位代表）确认，纳入工程技术档案。进入施工现场用于节能工程的材料和设备均应具有出厂合格证、中文说明书及相关性能检测报告；定型产品和成套技术应有型式检验报告，进口材料和设备应按规定进行出入境商品检验。

3）对材料和设备应在施工现场抽样复验。复验应为见证取样送检。

（3）建筑节能工程使用材料的燃烧性能等级和阻燃处理，应符合设计要求和现行国家标准《建筑内部装修设计防火规范》GB 50222—2017 和《建筑设计防火规范》GB 50016—2014（2018 年版）等的规定。

（4）建筑节能工程使用的材料应符合国家现行有关标准对材料有害物质限量的规定，不得对室内外环境造成污染。

（5）现场配置的材料如保温砂浆、聚合物砂浆等，应按设计要求或试验室给出的配合比配制。当未给出要求时，应按照施工方案和产品说明书配制。

（6）节能保温材料在施工使用时的含水率应符合设计要求、工艺要求及施工技术方案要求。当无上述要求时，节能保温材料在施工使用时的含水率不应大于正常施工环境湿度下的自然含水率，否则应采取降低含水率的措施。

3. 墙体保温材料的控制要点

墙体节能工程使用的保温隔热材料，其导热系数、密度、抗压强度或压缩强度、燃烧性能应符合设计要求。对其检验时应核查质量证明文件及进场复验报告（复验应为见证取样送检）。并对保温材料的导热系数、密度、抗压强度或压缩强度，粘结材料的粘结强度，增强网的力学性能、抗腐蚀性能等进行复验。外墙保温如图 7-9 所示。

4. 墙体节能施工的常见问题处理要点

（1）常见问题

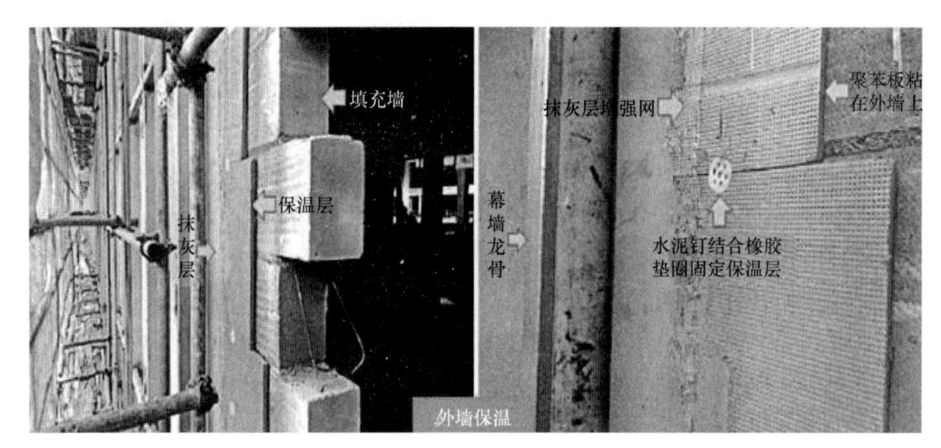

图 7-9 外墙保温

1）墙体材料或保温材料类型或厚度与设计不符；

2）外墙采用的聚苯颗粒保温浆料外保温层粘结不牢；

3）采用“四新技术”，却未按相关规定进行评审鉴定及备案；

4）采用的保温材料的燃烧性能不符合标准及相关文件的规定；

5）部分不具备相应检测资质的单位违规出具检测报告。

（2）处理要点

墙体材料类型是否与设计相符；保温材料类型及厚度是否符合设计要求。保温板材与基层的粘结强度应做现场抗拉拔试验检测且粘结强度和保温板材与基层的连接方式应符合设计要求。保温浆料应分层施工。当采用保温浆料做外保温时，保温层与基层之间及各层之间的粘结必须牢固，不应脱层、空鼓和开裂。当墙体节能工程的保温层采用预埋或后置锚固件固定时，锚固件数量、位置、锚固深度和拉拔力应符合设计要求。后置锚固件应进行锚固力现场拉拔试验。当采用保温浆料做保温层时，应在施工中制作同条件养护试件，见证取样送检其导热系数、干密度和压缩强度。

5. 门窗节能工程常见问题处理要点

（1）常见问题

1）门窗类型与设计不符；

2）采用非断热型材的单玻窗；

3）执行 65%设计标准的居住建筑采用传热系数大于 4.0 的外窗；

4）部分检测机构出具的检测报告检测依据不正确。

（2）处理要点

1）建筑外窗的气密性、保温性能、中空玻璃露点、玻璃遮阳系数和可见光透射比应符合设计要求。

2）夏热冬冷地区复验项目：气密性、传热系数、玻璃遮阳系数、可见光透射比、中空玻璃露点。

3）严寒、寒冷和夏热冬冷地区的建筑外窗，应对其气密性做现场实体检验，检测结果应满足设计要求。

任务 7.5　BIM 技术在质量管理中的应用

7.5.1　基于 BIM 的质量检查的概念和特征

基于 BIM 的质量检查可视为项目生命周期每个阶段中存在的质量管理活动之一。项目管理协会（PMI）对质量管理的定义如下：项目质量管理包括质量策划、目标和责任，并通过质量体系内的质量计划、质量保证、质量控制和质量改进等手段来实施这些活动。按照 PMI 的定义，质量控制意味着既要进行监督行为来确保项目的结果符合相关的质量标准，又要找出消除质量不佳的原因。在这种情况下，基于 BIM 的质量控制可以定义为确保通过自动化（即计算机化）检查和评估的质量要求。

工程项目的质量会受设计人员的能力和诸多因素的影响，而且由人工检查既费时又费力，同样无法排除人为因素的影响。因此，使用计算机工具来检查质量既能大大缩短检查时间，又能排除人为因素。进行自动质量检查能够最大程度地减少错误并减少手动检查所花费的时间。

根据特定项目的目标和范围，质量检查过程通常包括四个阶段组成：规则解释，BIM 模型准备，规则执行和规则检查报告。BIM 通常使用规则检查工具，例如 Solibri Model Checker™（Solibri，2015），Tekla BIMSight™（Tekla，2014），EDMmodelServerLite™（Jotne EPM Technology，2009）和 Navisworks™（Autodesk Inc.，2015）。基于质量的控制，可以使用自动规则检查工具来验证 BIM 模型，因为它具有诸多建筑类型的数据库。这些工具可以进行物理参数、逻辑、法规和可视化检查，从而可以验证 BIM 模型的质量。

7.5.2　BIM 碰撞模拟

通常，基于 BIM 的质量控制分为三种类别。第一类是物理质量控制，意味着重复元素检查，不同结构域上的物理元素之间的冲突检查。第二类是逻辑质量控制，意味着使用公式，体系结构行为、准则、规范等进行基于规则的检查。第三类是数据质量控制，意味着数据可靠性检查。它确定特定组件是否具有自己的适当属性。例如，一扇门不必具有楼板的属性，而应具有门的属性。在本节中，我们使用各种 BIM 检查工具，通过基于常规规则和基于可视化的检查方法对空间、建筑、结构、场地和 MEP 模型进行质量检查。

在工作场所中，天花板高度和运送路线是重要的安全问题，因为货运卡车和高架物体［包括机械、电气和卫生（MEP）元素或梁］可能会发生碰撞。图 7-10 的 3D BIM 模型仿真说明了三种可能的碰撞类型。

7.5.3　质量检查流程

基于 BIM 的质量检查流程，确保了独立开发的各个模型以及集成后的模型的质量。首先，检查空间模型以确认是否充分满足要求。这些检查是基于每个阶段的 BIM 质量标

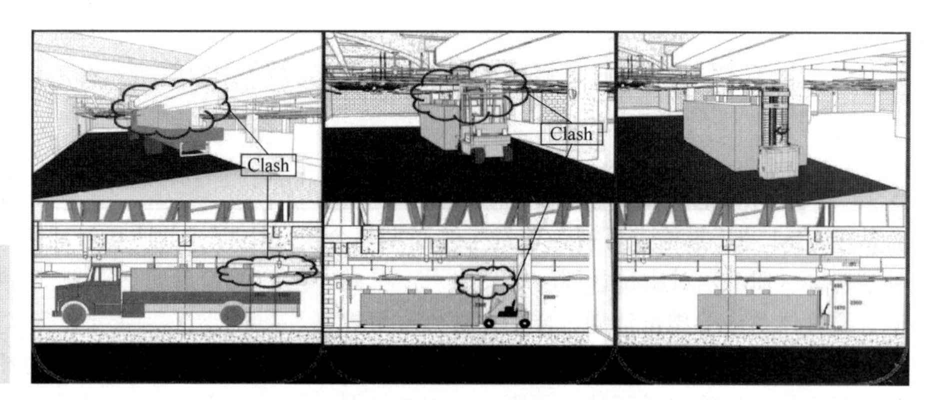

图 7-10 BIM 技术进行碰撞检查

准。在确保每个模型的质量之后，将集成模型作为协调检查的对象，以确认每个模型中的关键元素之间的协调性是否良好，而不会与其他任何元素发生冲突。

所有团队负责人在会议中需讨论检查中出现的问题，以确定所有具体问题以及如何最好地解决它们。重复此过程，直到解决了所有重要问题。通过此过程，最终决定交付给BIM 技术成员，以便可以更新模型，从而产生高质量的 BIM 数据和一个最终模型，其中该模型包含了施工和维护阶段所需的所有信息。

7.5.4 钢材制造检查

为了提供钢结构的详细信息，在 Digital Project™ 中创建了一个 3D 模型，并通过展开来提取数控（NC）信息以进行钢管切割。图 7-11 显示了此项目中使用的钢铁制造过程。对于制造仿真，在 Digital Project™ 中对展开的钢管进行建模，并提取 NC 代码以用于计算机辅助制造（CAM）。使用 NC 代码，钢管在工厂被安全地裁剪。基于以下情况，开挖模拟和预制可以最大程度地减少施工现场的风险和事故。使用 BIM 模型进行这种建模和检查可以帮助提高施工期间和施工后的安全性，因为开挖和钢焊接并非总是事先计划好的。

图 7-11 BIM 技术的钢材制造检查

习　题

一、单项选择题（每题的备选项中，只有1个最符合题意）

1. 项目质量管理程序的第一步是（　　）。

A. 收集分析质量信息并制定预防措施　　B. 编制项目质量计划

C. 明确项目质量目标　　D. 实施项目质量计划

2. 以下不属于质量计划编制依据的是（　　）。

A. 工程承包合同　　B. 设计图纸

C. 施工组织设计　　D. 施工技术交底

3. 施工项目质量计划应由（　　）主持编制。

A. 项目总工　　B. 公司质量负责人

C. 项目经理　　D. 公司技术负责人

4. 混凝土材料进场复试中，对有氯离子含量要求时，首先需要检验氯化物含量的是（　　）。

A. 粉煤灰　　B. 外加剂

C. 碎石　　D. 河砂

5. 关于施工现场材料检验的说法，正确的是（　　）。

A. 建筑材料复试送检的检测试样可以在施工现场外抽取

B. 工程取样送检见证人由监理单位书面确认

C. 施工单位的验证不能代替建设单位所采购物资的质量责任

D. 建设单位的验证可以代替施工单位所采购物资的质量责任

6. 泥浆护壁灌注桩孔口坍塌时，应先探明位置，将砂和黏土混合物回填到坍孔位置以上（　　）m，如坍孔严重，应全部回填，等回填物沉积密实后再进行钻孔。

A. 0～0.5　　B. 0.5～1.0

C. 1.0～2.0　　D. 2.0～3.0

二、多项选择题（每题的备选项中，有2个或2个以上符合题意，至少有1个错项）

1. 下列关于复试材料的取样，说法错误的是（　　）。

A. 送检的检测试样，必须从进场材料中随机抽取，严禁在现场外抽取

B. 在建设单位或监理工程师的见证下，由项目试验员在现场取样后送至试验室进行试验

C. 工程的取样送检见证人，应由施工单位书面确认

D. 见证人及送检单位对试样的代表性及真实性负有法定责任

E. 试验室在接受委托试验任务时，须由建设单位填写委托单

2. 进场材料质量验证的内容有（　　）。

A. 品种　　B. 型号

C. 外观检查　　D. 见证取样

E. 品质

3. 强夯地基工程施工过程中，工程质量查验的项目有（　　）。

A. 落距　　B. 夯锤质量

C. 夯点位置　　D. 夯击遍数

E. 地基的承载力

4. 属于防水混凝土施工缝渗漏水原因的是（　　）。

A. 施工缝留的位置不当
B. 上、下层混凝土粘结牢固
C. 浇筑上层混凝土后，在新旧混凝土之间形成夹层
D. 下料方法不当，骨料集中于施工缝处
E. 在浇筑上层混凝土时，未按规定处理施工缝

习题参考答案：

任务 8

建筑工程施工项目安全管理

任务 8.1 工程安全生产管理计划

8.1.1 施工安全管理内容

建筑施工企业在安全管理中必须坚持“安全第一，预防为主，综合治理”的方针，制定安全政策、计划和措施，完善安全生产组织管理体系和检查体系，加强施工安全管理。

1. 建筑施工安全管理的目标

(1) 建筑施工企业应依据企业的总体发展规划，制定企业年度及中长期安全管理目标；

(2) 安全管理目标应包括生产安全事故控制指标、安全生产及文明施工管理目标；

(3) 安全管理目标应分解到各管理层及相关职能部门和岗位，并应定期进行考核；

(4) 施工企业各管理层及相关职能部门和岗位应根据分解的安全管理目标，配置相应的资源，并应有效管理。

2. 建筑施工安全管理组织体系与管理制度

(1) 安全生产组织与责任体系：施工企业应建立和健全与企业安全生产组织相对应的安全生产责任体系，并应明确各管理层、职能部门、岗位的安全生产责任。施工企业各管理层、职能部门、岗位的安全生产责任应形成责任书，并应经责任部门或责任人确认。责任书的内容应包括安全生产职责、目标、考核奖惩标准等。

(2) 安全生产管理制度：施工企业应依据法律法规，结合企业的安全管理目标、生产经营规模、管理体制建立安全生产管理制度。施工企业安全生产管理制度应包括安全生产教育培训，安全费用管理，施工设施、设备及劳动防护用品的安全管理，安全生产技术管理，分包（供）方安全生产管理，施工现场安全管理，应急救援管理，生产安全事故管理，安全检查和改进，安全考核和奖惩等制度。

3. 建筑施工安全生产教育培训

(1) 施工企业安全生产教育培训应贯穿于生产经营的全过程，教育培训应包括计划编制、组织实施和人员持证审核等工作内容。安全教育和培训的类型应包括各类上岗证书的初审、复审培训，三级教育（企业、项目、班组）、岗前教育、日常教育、年度继续教育。

（2）安全生产教育培训的对象应包括企业各管理层的负责人、管理人员、特殊工种以及新上岗、待岗复工、转岗、换岗的作业人员。

（3）施工企业的从业人员上岗应符合下列要求：

1）企业主要负责人、项目负责人和专职安全生产管理人员必须经安全生产知识和管理能力考核合格，依法取得安全生产考核合格证书；

2）企业的各类管理人员必须具备与岗位相适应的安全生产知识和管理能力，依法取得必要的岗位资格证书；

3）特殊工种作业人员必须经安全技术理论和操作技能考核合格，依法取得建筑施工特种作业人员操作资格证书。

（4）施工企业新上岗操作工人必须进行岗前教育培训，教育培训应包括下列内容：

1）安全生产法律法规和规章制度；

2）安全操作规程；

3）针对性的安全防护措施；

4）违章指挥、违章作业、违反劳动纪律产生的后果；

5）预防、减少安全风险以及紧急情况下应急救援的基本知识、方法和措施。

（5）施工企业每年应按规定对所有从业人员进行安全生产继续教育，教育培训应包括下列内容：

1）新颁布的安全生产法律法规、安全技术标准规范和规范性文件；

2）先进的安全生产技术和管理经验；

3）典型事故案例分析。

4. 建筑施工安全生产费用管理

（1）安全生产费用管理应包括资金的提取、申请、审核审批、支付、使用、统计、分析、审计检查等工作内容。

（2）施工企业应按规定提取安全生产所需的费用。安全生产费用应包括安全技术措施、安全教育培训、劳动保护、应急准备等，以及必要的安全评价、监测、检测、论证所需费用。

5. 建筑施工安全技术管理

（1）施工企业安全技术管理应包括对安全生产技术措施的制定、实施、改进等管理；

（2）施工企业各管理层的技术负责人应对管理范围的安全技术管理负责；

（3）施工企业应根据施工组织设计、专项安全施工方案（措施）编制和审批权限的设置，分级进行安全技术交底，编制人员应参与安全技术交底、验收和检查。

6. 分包方安全生产管理

（1）施工企业对分包单位的安全生产管理应符合下列要求：

1）选择合法的分包（供）单位；

2）与分包（供）单位签订安全协议，明确安全责任和义务；

3）对分包单位施工过程的安全生产实施检查和考核；

4）及时清退不符合安全生产要求的分包（供）单位；

5）分包工程竣工后对分包（供）单位安全生产能力进行评价。

(2) 施工企业对分包(供)单位检查和考核,应包括下列内容:

1) 分包单位安全生产管理机构的设置、人员配备及资格情况;

2) 分包(供)单位违约、违章情况;

3) 分包单位安全生产绩效。

(3) 施工企业可建立合格分(供)方名录,并应定期审核、更新。

7. 施工现场安全管理

(1) 施工企业的工程项目部应根据企业安全生产管理制度,实施施工现场安全生产管理,应包括下列内容:

1) 制定项目安全管理目标,建立安全生产组织与责任体系,明确安全生产管理职责,实施责任考核;

2) 配置满足安全生产、文明施工要求的费用、从业人员、设施、设备、劳动防护用品及相关的检测器具;

3) 编制安全技术措施、方案、应急预案;

4) 落实施工过程的安全生产措施,组织安全检查,整改安全隐患;

5) 组织施工现场场容场貌、作业环境和生活设施安全文明达标;

6) 确定消防安全责任人,制定用火、用电、使用易燃易爆材料等各项消防安全管理制度和操作规程,设置消防通道、消防水源,配备消防设施和灭火器材,并在施工现场入口处设置明显标志;

7) 组织事故应急救援抢险;

8) 对施工安全生产管理活动进行必要的记录,保存应有的资料。

(2) 项目专职安全生产管理人员应按规定到岗,并应履行下列主要安全生产职责:

1) 对项目安全生产管理情况应实施巡查,阻止和处理违章指挥、违章作业和违反劳动纪律等现象,并应做好记录;

2) 对危险性较大的分部分项工程应依据方案实施监督并做好记录;

3) 应建立项目安全生产管理档案,并应定期向企业报告项目安全生产情况。

8. 应急救援管理

(1) 施工企业的应急救援管理应包括建立组织机构,预案编制、审批、演练、评价、完善和应急救援响应工作程序及记录等内容。

(2) 施工企业应建立应急救援组织机构、应急物资保障体系。

(3) 施工企业应根据施工管理和环境特征,组织各管理层制订应急救援预案,应包括下列内容:

1) 紧急情况、事故类型及特征分析;

2) 应急救援组织机构与人员及职责分工、联系方式;

3) 应急救援设备和器材的调用程序;

4) 与企业内部相关职能部门和外部政府、消防、抢险、医疗等相关单位与部门的信息报告、联系方法;

5) 抢险急救的组织、现场保护、人员撤离及疏散等活动的具体安排。

(4) 施工企业各管理层应对全体从业人员进行应急救援预案的培训和交底;接到相关报告后,应及时启动预案。

(5) 施工企业应根据应急救援预案，定期组织专项应急演练；应针对演练、实战的结果，对应急预案的适宜性和可操作性组织评价，必要时应进行修改和完善。

8.1.2 施工安全危险源管理

1. 两类危险源

根据危险源在安全事故发生发展过程中的机理，一般把危险源划分为两大类，即第一类危险源和第二类危险源。

(1) 第一类危险源：能量和危险物质的存在是危害产生的最根本原因，通常把可能发生意外释放的能量或危害物质称作第一类危险源。此类危险源是事故发生的物理本质，一般来说，系统具有的能量越大，存在的危险物质越多，则其潜在的危险性和危害性也就越大。

(2) 第二类危险源：造成约束、限制能量和危险物质措施失控的各种不安全因素称为第二类危险源。该类危险源主要体现在设备故障或缺陷、人为失误和管理缺陷等几个方面。

(3) 危险源与事故：事故的发生是两类危险源共同作用的结果。第一类危险源是事故发生的前提，第二类危险源的出现是第一类危险源导致事故的必要条件。

2. 危险源的辨识

危险源辨识是安全管理的基础工作，主要目的就是从组织的活动中识别出可能造成人员伤害或疾病、财产损失、环境破坏的危险或危害因素，并判定其可能导致的事故类别和导致事故发生的直接原因的过程。

(1) 危险源的类型：为做好危险源的辨识工作，可以把危险源按工作活动的专业进行分类，如机械类、电器类、辐射类、物质类、高坠类、火灾类和爆炸类等。

(2) 危险源辨识的方法：危险源辨识的方法很多，常用的方法有专家调查法、头脑风暴法、德尔菲法、现场调查法、工作任务分析法、安全检查表法、危险与可操作性研究法、事件树分析法和故障树分析法等。

3. 重大危险源控制系统的组成

重大危险源控制系统主要由以下几个部分组成：

(1) 重大危险源的辨识

防止重大工业事故发生的第一步是辨识或确认高危险性的工业设施（危险源）。

(2) 重大危险源的评价

一般来说，重大危险源的风险分析评价包括以下几个方面：

1) 辨识各类危险因素及其原因与机制；

2) 依次评价已辨识的危险事件发生的概率；

3) 评价危险事件的后果；

4) 进行风险评价，即评价危险事件发生概率和发生后果的联合作用；

5) 风险控制，即将上述评价结果与安全目标值进行比较，检查风险值是否达到了可接受水平，否则需要进一步采取措施，降低危险水平。

(3) 重大危险源的管理

(4) 重大危险源的安全报告

(5) 事故应急救援预案

(6) 工厂选址和土地实用规划

(7) 重大危险源的监察

任务 8.2 工程安全生产检查

8.2.1 安全检查内容

1. 建筑工程施工安全检查的主要内容

(1) 建筑工程施工安全检查主要是以查安全思想、查安全责任、查安全制度、查安全措施、查安全防护、查设备设施、查教育培训、查操作行为、查劳动防护用品使用和查伤亡事故处理等为主要内容。

(2) 安全检查要根据施工生产特点，具体确定检查的项目和检查的标准。

1) 查安全思想主要是检查以项目经理为首的项目全体员工（包括分包作业人员）的安全生产意识和对安全生产工作的重视程度。

2) 查安全责任主要是检查现场安全生产责任制度的建立；安全生产责任目标的分解与考核情况；安全生产责任制与责任目标是否已落实到了每一个岗位和每一个人员，并得到了确认。

3) 查安全制度主要是检查现场各项安全生产规章制度和安全技术操作规程的建立和执行情况。

4) 查安全措施主要是检查现场安全措施计划及各项安全专项施工方案的编制、审核、审批及实施情况；重点检查方案的内容是否全面、措施是否具体并有针对性，现场的实施运行是否与方案规定的内容相符。

5) 查安全防护主要是检查现场临边、洞口等各项安全防护设施是否到位，有无安全隐患。

6) 查设备设施主要是检查现场投入使用的设备设施的购置、租赁、安装、验收、使用、过程维护保养等各个环节是否符合要求；设备设施的安全装置是否齐全、灵敏、可靠，有无安全隐患。

7) 查教育培训主要是检查现场教育培训岗位、教育培训人员、教育培训内容是否明确、具体、有针对性；三级安全教育制度和特种作业人员持证上岗制度的落实情况是否到位；教育培训档案资料是否真实、齐全。

8) 查操作行为主要是检查现场施工作业过程中有无违章指挥、违章作业、违反劳动纪律的行为发生。

9) 查劳动防护用品的使用主要是检查现场劳动防护用品、用具的购置、产品质量、配备数量和使用情况是否符合安全与职业卫生的要求。

10) 查伤亡事故处理主要是检查现场是否发生伤亡事故，对发生的伤亡事故是否已按照“四不放过”的原则进行了调查处理，是否已有针对性地制定了纠正与预防措施；制定的纠正与预防措施是否已得到落实并取得实效。

2. 建筑工程施工安全检查的主要形式

(1) 建筑工程施工安全检查的主要形式一般可分为日常巡查、专项检查、定期安全检查、经常性安全检查、季节性安全检查、节假日安全检查、开工、复工安全检查、专业性安全检查和设备设施安全验收检查等。

(2) 安全检查的组织形式应根据检查的目的、内容而定，因此参加检查的组成人员也就不完全相同。

1) 定期安全检查。建筑施工企业应建立定期分级安全检查制度，定期安全检查属全面性和考核性的检查，建筑工程施工现场应至少每旬开展一次安全检查工作，施工现场的定期安全检查应由项目经理亲自组织。

2) 经常性安全检查。建筑工程施工应经常开展预防性的安全检查工作，以便于及时发现并消除事故隐患，保证施工生产正常进行。施工现场经常性的安全检查方式主要有：

① 现场专（兼）职安全生产管理人员及安全值班人员每天例行开展的安全巡视、巡查；

② 现场项目经理、责任工程师及相关专业技术管理人员在检查生产工作的同时进行的安全检查；

③ 作业班组在班前、班中、班后进行的安全检查。

3) 季节性安全检查。季节性安全检查主要是针对气候特点（如：暑季、雨季、风季、冬季等）可能给安全生产造成的不利影响或带来的危害而组织的安全检查。

4) 节假日安全检查。在节假日，特别是重大或传统节假日（如：劳动节、国庆节、元旦、春节等）前后和节日期间，为防止现场管理人员和作业人员思想麻痹、纪律松懈等而进行的安全检查。节假日加班，更要认真检查各项安全防范措施的落实情况。

5) 开工、复工安全检查。针对工程项目开工、复工之前进行的安全检查，主要是检查现场是否具备保障安全生产的条件。

6) 专业性安全检查。由有关专业人员对现场某项专业安全问题或在施工生产过程中存在的比较系统性的安全问题进行的单项检查。这类检查专业性强，主要应由专业工程技术人员、专业安全管理人员参加。

7) 设备设施安全验收检查。针对现场塔式起重机等起重设备、外用施工电梯、龙门架及井架物料提升机、电气设备、脚手架、现浇混凝土模板支撑系统等设备设施在安装、搭设过程中或完成后进行的安全验收、检查。

8.2.2 安全检查方法

建筑工程安全检查在正确使用安全检查表的基础上，可以采用"听""问""看""量""测""运转试验"等方法进行。

(1)"听"。听取基层管理人员或施工现场安全员汇报安全生产情况，介绍现场安全工作经验、存在的问题、今后的发展方向。

(2)"问"。主要是指通过询问、提问，对以项目经理为首的现场管理人员和操作工人进行的应知应会抽查，以便了解现场管理人员和操作工人的安全意识和安全素质。

(3)"看"。主要是指查看施工现场安全管理资料和对施工现场进行巡视。例如：查看项目负责人、专职安全管理人员、特种作业人员等的持证上岗情况；现场安全标志设置情况；劳动防护用品使用情况；现场安全防护情况；现场安全设施及机械设备安全装置配置情况等。

(4)“量”。主要是指使用测量工具对施工现场的一些设施、装置进行实测实量。例如：对脚手架各种杆件间距的测量；对现场安全防护栏杆高度的测量；对电气开关箱安装高度的测量；对在建工程与外电边线安全距离的测量等。

(5)“测”。主要是指使用专用仪器、仪表等监测器具对特定对象关键特性技术参数的测试。例如：使用漏电保护器测试仪对漏电保护器漏电动作电流、漏电动作时间的测试；使用地阻仪对现场各种接地装置接地电阻的测试；使用兆欧表对电机绝缘电阻的测试；使用经纬仪对塔式起重机、外用电梯安装垂直度的测试等。

(6)“运转试验”。主要是指由具有专业资格的人员对机械设备进行实际操作、试验，检验其运转的可靠性或安全限位装置的灵敏性。例如：对塔式起重机力矩限制器、变幅限位器、起重限位器等安全装置的试验；对施工电梯制动器、限速器、上下极限限位器、门连锁装置等安全装置的试验；对龙门架超高限位器、断绳保护器等安全装置的试验等。

8.2.3　安全检查标准

《建筑施工安全检查标准》JGJ 59—2011 使建筑工程安全检查由传统的定性评价上升到定量评价，使安全检查进一步规范化、标准化。安全检查内容中包括保证项目和一般项目。

1.《建筑施工安全检查标准》JGJ 59—2011 中各检查表检查项目的构成

(1)“建筑施工安全检查评分汇总表”主要内容包括：安全管理、文明施工、脚手架、基坑工程、模板支架、高处作业、施工用电、物料提升机与施工升降机、塔式起重机与起重吊装、施工机具 10 项，所示得分作为对一个施工现场安全生产情况的综合评价依据。

(2)“安全管理”检查评定保证项目应包括：安全生产责任制、施工组织设计及专项施工方案、安全技术交底、安全检查、安全教育、应急救援。一般项目应包括：分包单位安全管理、持证上岗、生产安全事故处理、安全标志。

(3)“文明施工”检查评定保证项目应包括：现场围挡、封闭管理、施工场地、材料管理、现场办公与住宿、现场防火。一般项目应包括：综合治理、公示标牌、生活设施、社区服务。

(4) 脚手架检查评分表分为“扣件式钢管脚手架检查评分表”“门式钢管脚手架检查评分表”“碗扣式钢管脚手架检查评分表”“承插型盘扣式钢管脚手架检查评分表”“满堂脚手架检查评分表”“悬挑式脚手架检查评分表”“附着式升降脚手架检查评分表”“高处作业吊篮检查评分表”8 种安全检查评分表。

“扣件式钢管脚手架”检查评定保证项目应包括：施工方案、立杆基础、架体与建筑结构拉结、杆件间距与剪刀撑、脚手板与防护栏杆、交底与验收。一般项目应包括：横向水平杆设置、杆件连接、层间防护、构配件材质、通道。

“门式钢管脚手架”检查评定保证项目应包括：施工方案、架体基础、架体稳定、杆件锁臂、脚手板、交底与验收。一般项目应包括：架体防护、构配件材质、荷载、通道。

“碗扣式钢管脚手架”检查评定保证项目应包括：施工方案、架体基础、架体稳定、杆件锁件、脚手板、交底与验收。一般项目应包括：架体防护、构配件材质、荷载、通道。

“承插型盘扣式钢管脚手架”检查评定保证项目应包括：施工方案、架体基础、架体稳定、杆件设置、脚手板、交底与验收。一般项目应包括：架体防护、杆件连接、构配件材质、通道。

“满堂脚手架”检查评定保证项目应包括：施工方案、架体基础、架体稳定、杆件锁件、脚手板、交底与验收。一般项目应包括：架体防护、构配件材质、荷载、通道。

“悬挑式脚手架”检查评定保证项目应包括：施工方案、悬挑钢梁、架体稳定、脚手板、荷载、交底与验收。一般项目应包括：杆件间距、架体防护、层间防护、构配件材质。

“附着式升降脚手架”检查评定保证项目应包括：施工方案、安全装置、架体构造、附着支座、架体安装、架体升降。一般项目应包括：检查验收、脚手板、架体防护、安全作业。

“高处作业吊篮”检查评定保证项目应包括：施工方案、安全装置、悬挂机构、钢丝绳、安装作业、升降作业。一般项目应包括：交底与验收、安全防护、吊篮稳定、荷载。

(5)“基坑工程”检查评定保证项目应包括：施工方案、基坑支护、降排水、基坑开挖、坑边荷载、安全防护。一般项目应包括：基坑监测、支撑拆除、作业环境、应急预案。

(6)“模板支架”检查评定保证项目应包括：施工方案、支架基础、支架构造、支架稳定、施工荷载、交底与验收。一般项目应包括：杆件连接、底座与托撑、构配件材质、支架拆除。

(7)“高处作业”检查评定项目应包括：安全帽、安全网、安全带、临边防护、洞口防护、通道口防护、攀登作业、悬空作业、移动式操作平台、悬挑式物料钢平台。

(8)“施工用电”检查评定的保证项目应包括：外电防护、接地与接零保护系统、配电线路、配电箱与开关箱。一般项目应包括：配电室与配电装置、现场照明、用电档案。

(9)“物料提升机”检查评定保证项目应包括：安全装置、防护设施、附墙架与缆风绳、钢丝绳、安拆、验收与使用。一般项目应包括：基础与导轨架、动力与传动、通信装置、卷扬机操作棚、避雷装置。

(10)“施工升降机”检查评定保证项目应包括：安全装置、限位装置、防护设施、附墙架、钢丝绳、滑轮与对重、安拆、验收与使用。一般项目应包括：导轨架、基础、电气安全、通信装置。

(11)“塔式起重机”检查评定保证项目应包括：载荷限制装置、行程限位装置、保护装置、吊钩、滑轮、卷筒与钢丝绳、多塔作业、安拆、验收与使用。一般项目应包括：附着、基础与轨道、结构设施、电气安全。

(12)“起重吊装”检查评定保证项目应包括：施工方案、起重机械、钢丝绳与地锚、索具、作业环境、作业人员。一般项目应包括：起重吊装、高处作业、构件码放、警戒监护。

(13)“施工机具”检查评定项目应包括：平刨、圆盘锯、手持电动工具、钢筋机械、电焊机、搅拌机、气瓶、翻斗车、潜水泵、振捣器、桩工机械。

项目涉及的上述各建筑施工安全检查评定中，所有保证项目均应全数检查。

2. 检查评分方法

(1) 分项检查评分表和检查评分汇总表的满分分值均应为 100 分，评分表的实得分值应为各检查项目所得分值之和。

(2) 评分应采用扣减分值的方法，扣减分值总和不得超过该检查项目的应得分值。

(3) 当按分项检查评分表评分时，保证项目中有一项未得分或保证项目小计得分不足 40 分，此分项检查评分表不应得分。

(4) 检查评分汇总表中各分项项目实得分值应按下式计算：

$$A_1=\frac{B\times C}{100} \tag{8-1}$$

式中：A_1——汇总表各分项项目实得分值；

B——汇总表中该项应得满分值；

C——该项检查评分表实得分值。

(5) 当评分遇有缺项时，分项检查评分表或检查评分汇总表的总得分值应按下式计算：

$$A_2=\frac{D}{E}\times 100 \tag{8-2}$$

式中：A_2——遇有缺项时总得分值；

D——实查项目在该表的实得分值之和；

E——实查项目在该表的应得满分值之和。

(6) 脚手架、物料提升机与施工升降机、塔式起重机与起重吊装项目的实得分值，应为所对应专业的分项检查评分表实得分值的算术平均值。

(7) 等级的划分原则：施工安全检查的评定结论分为优良、合格、不合格三个等级，依据是汇总表的总得分和保证项目的达标情况。

建筑施工安全检查评定的等级划分应符合下列规定：

1) 优良

分项检查评分表无零分，汇总表得分值应在 80 分及以上。

2) 合格

分项检查评分表无零分，汇总表得分值应在 80 分以下，70 分及以上。

3) 不合格

① 当汇总表得分值不足 70 分时；

② 当有一分项检查评分表为零时。

当建筑施工安全检查评定的等级为不合格时，必须限期整改达到合格。

任务 8.3 施工安全生产及施工现场管理相关法规

8.3.1 工程建设生产安全事故处理的有关规定

1. 事故分级

按国务院 2007 年 4 月 9 日发布的《生产安全事故报告和调查处理条例》(国务院令第

493 号），根据生产安全事故（以下简称事故）造成的人员伤亡或者直接经济损失，把事故分为如下几个等级：

（1）特别重大事故，是指造成 30 人以上死亡，或者 100 人以上重伤（包括急性工业中毒，下同），或者 1 亿元以上直接经济损失的事故；

（2）重大事故，是指造成 10 人以上 30 人以下死亡，或者 50 人以上 100 人以下重伤，或者 5000 万元以上 1 亿元以下直接经济损失的事故；

（3）较大事故，是指造成 3 人以上 10 人以下死亡，或者 10 人以上 50 人以下重伤，或者 1000 万元以上 5000 万元以下直接经济损失的事故；

（4）一般事故，是指造成 3 人以下死亡，或者 10 人以下重伤，或者 1000 万元以下直接经济损失的事故。

条例中所称的“以上”包括本数，所称的“以下”不包括本数。

2. 事故报告

事故报告应当及时、准确、完整，任何单位和个人对事故不得迟报、漏报、谎报或者瞒报。

事故发生后，事故现场有关人员应当立即向本单位负责人报告；单位负责人接到报告后，应当于 1h 内向事故发生地县级以上人民政府安全生产监督管理部门和负有安全生产监督管理职责的有关部门报告。

情况紧急时，事故现场有关人员可以直接向事故发生地县级以上人民政府安全生产监督管理部门和负有安全生产监督管理职责的有关部门报告。

安全生产监督管理部门和负有安全生产监督管理职责的有关部门接到事故报告后，应当依照下列规定上报事故情况，并通知公安机关、劳动保障行政部门、工会和人民检察院：

（1）特别重大事故、重大事故逐级上报至国务院安全生产监督管理部门和负有安全生产监督管理职责的有关部门；

（2）较大事故逐级上报至省、自治区、直辖市人民政府安全生产监督管理部门和负有安全生产监督管理职责的有关部门；

（3）一般事故上报至设区的市级人民政府安全生产监督管理部门和负有安全生产监督管理职责的有关部门。

安全生产监督管理部门和负有安全生产监督管理职责的有关部门依照前款规定上报事故情况，应当同时报告本级人民政府。国务院安全生产监督管理部门和负有安全生产监督管理职责的有关部门以及省级人民政府接到发生特别重大事故、重大事故的报告后，应当立即报告国务院。

必要时，安全生产监督管理部门和负有安全生产监督管理职责的有关部门可以越级上报事故情况。

安全生产监督管理部门和负有安全生产监督管理职责的有关部门逐级上报事故情况，每级上报的时间不得超过 2h。

报告事故应当包括下列内容：

1）事故发生单位概况；

2）事故发生的时间、地点以及事故现场情况；

3）事故的简要经过；

4）事故已经造成或者可能造成的伤亡人数（包括下落不明的人数）和初步估计的直接经济损失；

5）已经采取的措施；

6）其他应当报告的情况。

事故报告后出现新情况的，应当及时补报。

自事故发生之日起 30d 内，事故造成的伤亡人数发生变化的，应当及时补报。道路交通事故、火灾事故自发生之日起 7d 内，事故造成的伤亡人数发生变化的，应当及时补报。

事故发生单位负责人接到事故报告后，应当立即启动事故响应应急预案，或者采取有效措施，组织抢救，防止事故扩大，减少人员伤亡和财产损失。

事故发生地有关地方人民政府、安全生产监督管理部门和负有安全生产监督管理职责的有关部门接到事故报告后，其负责人应当立即赶赴事故现场，组织事故救援。

事故发生后，有关单位和人员应当妥善保护事故现场以及相关证据，任何单位和个人不得破坏事故现场、毁灭相关证据。

因抢救人员、防止事故扩大以及疏通交通等原因，需要移动事故现场物件的，应当做出标志，绘制现场简图并做出书面记录，妥善保存现场重要痕迹、物证。

3. 事故调查

事故调查处理应当坚持实事求是、尊重科学的原则，及时、准确地查清事故经过、事故原因和事故损失，查明事故性质，认定事故责任，总结事故教训，提出整改措施，并对事故责任者依法追究责任。

特别重大事故由国务院或者国务院授权有关部门组织事故调查组进行调查。

重大事故、较大事故、一般事故分别由事故发生地省级人民政府、设区的市级人民政府、县级人民政府负责调查。省级人民政府、设区的市级人民政府、县级人民政府可以直接组织事故调查组进行调查，也可以授权或者委托有关部门组织事故调查组进行调查。

未造成人员伤亡的一般事故，县级人民政府也可以委托事故发生单位组织事故调查组进行调查。

特别重大事故以下等级事故，事故发生地与事故发生单位不在同一个县级以上行政区域的，由事故发生地人民政府负责调查，事故发生单位所在地人民政府应当派人参加。

事故调查组的组成应当遵循精简、效能的原则。根据事故的具体情况，事故调查组由有关人民政府、安全生产监督管理部门、负有安全生产监督管理职责的有关部门、监察机关、公安机关以及工会派人组成，并应当邀请人民检察院派人参加。事故调查组可以聘请有关专家参与调查。

事故调查组履行职责：

（1）查明事故发生的经过、原因、人员伤亡情况及直接经济损失；

（2）认定事故的性质和事故责任；

（3）提出对事故责任者的处理建议；

（4）总结事故教训，提出防范和整改措施；

（5）提交事故调查报告。

事故调查组应当自事故发生之日起 60d 内提交事故调查报告；特殊情况下，经负责事故调查的人民政府批准，提交事故调查报告的期限可以适当延长，但延长的期限最长不超过60d。

事故调查报告应当包括下列内容：

(1) 事故发生单位概况；

(2) 事故发生经过和事故救援情况；

(3) 事故造成的人员伤亡和直接经济损失；

(4) 事故发生的原因和事故性质；

(5) 事故责任的认定以及对事故责任者的处理建议；

(6) 事故防范和整改措施。

4. 事故处理

重大事故、较大事故、一般事故，负责事故调查的人民政府应当自收到事故调查报告之日起15d内做出批复；特别重大事故，30d内做出批复；特殊情况下，批复时间可以适当延长，但延长的时间最长不超过30d。

有关机关应当按照人民政府的批复，依照法律、行政法规规定的权限和程序，对事故发生单位和有关人员进行行政处罚，对负有事故责任的国家工作人员进行处分。

事故发生单位应当按照负责事故调查的人民政府的批复，对本单位负有事故责任的人员进行处理。

负有事故责任的人员涉嫌犯罪的，依法追究刑事责任。

事故发生单位应当认真吸取事故教训，落实防范和整改措施，防止事故再次发生。防范和整改措施的落实情况应当接受工会和职工的监督。

安全生产监督管理部门和负有安全生产监督管理职责的有关部门应当对事故发生单位落实防范和整改措施的情况进行监督检查。

事故处理的情况由负责事故调查的人民政府或者其授权的有关部门、机构向社会公布，依法应当保密的除外。

8.3.2 危险性较大的分部分项工程安全管理的有关规定

《危险性较大的分部分项工程安全管理规定》(住建部〔2018〕第37号令)已经在2018年2月12日第37次部常务会议审议通过，自2018年6月1日起施行。为进一步加强和规范房屋建筑和市政基础设施工程中危险性较大的分部分项工程(以下简称危大工程)的安全管理，住房城乡建设部办公厅关于实施《危险性较大的分部分项工程安全管理规定》有关问题的通知(建办质〔2018〕31号)自2018年6月1日起施行。

1. 危险性较大的分部分项工程安全专项施工方案的定义

危险性较大的分部分项工程(以下简称“危大工程”)，是指房屋建筑和市政基础设施工程在施工过程中，容易导致人员群死群伤或者造成重大经济损失的分部分项工程。大工程及超过一定规模的危大工程范围由国务院住房和城乡建设主管部门制定。省级住房和城乡建设主管部门可以结合本地区实际情况，补充本地区危大工程范围。国务院住房和城乡建设主管部门负责全国危大工程安全管理的指导监督。县级以上地方人民政府住房和城乡建设主管部门负责本行政区域内危大工程的安全监督管理。

危险性较大的分部分项工程安全专项施工方案(以下简称“专项方案”)，是指施工单位在编制施工组织（总）设计的基础上，针对危险性较大的分部分项工程单独编制的安全技术措施文件。

2. 危险性较大的分部分项工程范围

（1）基坑支护、降水工程

1）开挖深度超过 3m（含 3m）的基坑（槽）的土方开挖、支护、降水工程；

2）开挖深度虽未超过 3m，但地质条件、周围环境和地下管线复杂，或影响毗邻建、构筑物安全的基坑（槽）的土方开挖、支护、降水工程。

（2）模板工程及支撑体系

1）各类工具式模板工程：包括滑模、爬模、飞模、隧道模等工程；

2）混凝土模板支撑工程：搭设高度 5m 及以上；搭设跨度 10m 及以上；施工总荷载（荷载效应基本组合的设计值，以下简称设计值）$10kN/m^2$ 及以上；集中线荷载（设计值）15kN/m 及以上；或高度大于支撑水平投影宽度且相对独立无联系构件的混凝土模板支撑工程。

3）承重支撑体系：用于钢结构安装等满堂支撑体系。

（3）起重吊装及起重机械安装拆卸工程

1）采用非常规起重设备、方法，且单件起吊重量在 10kN 及以上的起重吊装工程；

2）采用起重机械进行安装的工程；

3）起重机械安装和拆卸工程。

（4）脚手架工程

1）搭设高度 24m 及以上的落地式钢管脚手架工程（包括采光井、电梯井脚手架）；

2）附着式升降脚手架工程；

3）悬挑式脚手架工程；

4）高处作业吊篮；

5）卸料平台、操作平台工程；

6）异型脚手架工程。

（5）拆除、爆破工程

可能影响行人、交通、电力设施、通信设施或其他建、构筑物安全的拆除工程。

（6）暗挖工程

采用矿山法、盾构法、顶管法施工的隧道、洞室工程。

（7）其他

1）建筑幕墙安装工程；

2）钢结构、网架和索膜结构安装工程；

3）人工挖扩孔桩工程；

4）水下作业工程；

5）装配式建筑混凝土预制构件安装工程；

6）采用新技术、新工艺、新材料、新设备可能影响工程施工安全，尚无国家、行业及地方技术标准的分部分项工程。

3. 超过一定规模的危险性较大的分部分项工程的范围

（1）深基坑工程

开挖深度超过 5m（含 5m）的基坑（槽）的土方开挖、支护、降水工程。

（2）模板工程及支撑体系

1）各类工具式模板工程：包括滑模、爬模、飞模、隧道模等工程。

2）混凝土模板支撑工程：搭设高度 8m 及以上；搭设跨度 18m 及以上；施工总荷载（设计值）15kN/m^2 及以上；或集中线荷载（设计值）20kN/m 及以上。

3）单点集中荷载 7kN 及以上。

（3）起重吊装及起重机械安装拆卸工程

1）采用非常规起重设备、方法，且单件起吊重量在 100kN 及以上的起重吊装工程；

2）起重量 300kN 及以上，或搭设总高度 200m 及以上，或搭设基础标高在 200m 及以上的起重机械安装和拆卸工程。

（4）脚手架工程

1）搭设高度 50m 及以上落地式钢管脚手架工程；

2）提升高度 150m 及以上附着式升降脚手架工程或附着式升降操作平台工程；

3）分段架体搭设高度 20m 及以上的悬挑式脚手架工程。

（5）拆除、爆破工程

1）码头、桥梁、高架、烟囱、水塔或拆除中容易引起有毒有害气（液）体或粉尘扩散、易燃易爆事故发生的特殊建、构筑物的拆除工程。

2）文物保护建筑、优秀历史建筑或历史文化风貌区控制范围内的拆除工程。

（6）暗挖工程

采用矿山法、盾构法、顶管法施工的隧道、洞室工程。

（7）其他

1）施工高度 50m 及以上的建筑幕墙安装工程。

2）跨度 36m 及以上的钢结构安装工程；或跨度 60m 及以上的网架和索膜结构安装工程。

3）开挖深度 16m 及以上的人工挖孔桩工程。

4）水下作业工程。

5）重量 1000kN 及以上的大型结构整体顶升、平移、转体等施工工艺。

6）采用新技术、新工艺、新材料、新设备可能影响工程施工安全，尚无国家、行业及地方技术标准的分部分项工程。

4. 前期保障

（1）建设单位应当依法提供真实、准确、完整的工程地质、水文地质和工程周边环境等资料。

（2）勘察单位应当根据工程实际及工程周边环境资料，在勘察文件中说明地质条件可能造成的工程风险。设计单位应当在设计文件中注明涉及危大工程的重点部位和环节，提出保障工程周边环境安全和工程施工安全的意见，必要时进行专项设计。

（3）建设单位应当组织勘察、设计等单位在施工招标文件中列出危大工程清单，要求施工单位在投标时补充完善危大工程清单并明确相应的安全管理措施。

（4）建设单位应当按照施工合同约定及时支付危大工程施工技术措施费以及相应的安全防护文明施工措施费，保障危大工程施工安全。

（5）建设单位在申请办理安全监督手续时，应当提交危大工程清单及其安全管理措施等资料。

5. 专项施工方案

（1）编制单位

施工单位应当在危大工程施工前组织工程技术人员编制专项施工方案。实行施工总承包的，专项施工方案应当由施工总承包单位组织编制。危大工程实行分包的，专项施工方案可以由相关专业分包单位组织编制。

（2）危大工程专项施工方案的主要内容

1）工程概况：危大工程概况和特点、施工平面布置、施工要求和技术保证条件；

2）编制依据：相关法律、法规、规范性文件、标准、规范及施工图设计文件、施工组织设计等；

3）施工计划：包括施工进度计划、材料与设备计划；

4）施工工艺技术：技术参数、工艺流程、施工方法、操作要求、检查要求等；

5）施工安全保证措施：组织保障措施、技术措施、监测监控措施等；

6）施工管理及作业人员配备和分工：施工管理人员、专职安全生产管理人员、特种作业人员、其他作业人员等；

7）验收要求：验收标准、验收程序、验收内容、验收人员等；

8）应急处置措施；

9）计算书及相关施工图纸。

（3）审批流程

专项施工方案应当由施工单位技术负责人审核签字、加盖单位公章，并由总监理工程师审查签字、加盖执业印章后方可实施。

危大工程实行分包并由分包单位编制专项施工方案的，专项施工方案应当由总承包单位技术负责人及分包单位技术负责人共同审核签字并加盖单位公章。

（4）专家论证

对于超过一定规模的危大工程，施工单位应当组织召开专家论证会对专项施工方案进行论证。实行施工总承包的，由施工总承包单位组织召开专家论证会。专家论证前专项施工方案应当通过施工单位审核和总监理工程师审查。

专家应当从地方人民政府住房和城乡建设主管部门建立的专家库中选取，符合专业要求且人数不得少于5名。与本工程有利害关系的人员不得以专家身份参加专家论证会。

（5）专家论证会的参会人员

1）专家组成员

设区的市级以上地方人民政府住房和城乡建设主管部门建立的专家库专家应当具备以下基本条件：

① 诚实守信、作风正派、学术严谨；

② 从事相关专业工作15年以上或具有丰富的专业经验；

③ 具有高级专业技术职称。

设区的市级以上地方人民政府住房和城乡建设主管部门应当加强对专家库专家的管理，定期向社会公布专家业绩，对于专家不认真履行论证职责、工作失职等行为，记入不良信用记录，情节严重的，取消专家资格。

2）建设单位项目负责人。

3）监理单位项目总监理工程师及专业监理工程师。

4）总承包单位和分包单位技术负责人或授权委派的专业技术人员、项目负责人、项目技术负责人、专项施工方案编制人员、项目专职安全生产管理人员及相关人员。

5）勘察、设计单位项目技术负责人及相关人员。

（6）专家论证的主要内容

1）专项施工方案内容是否完整、可行；

2）专项施工方案计算书和验算依据、施工图是否符合有关标准规范；

3）专项施工方案是否满足现场实际情况，并能够确保施工安全。

（7）专家论证结论

专家论证会后，应当形成论证报告，对专项施工方案提出通过、修改后通过或者不通过的一致意见。专家对论证报告负责并签字确认。

专家论证结论为“通过”的，施工单位可参考专家意见自行修改完善；结论为“修改后通过”的，专家意见要明确具体修改内容，施工单位应当按照专家意见进行修改，并履行有关审核和审查手续后方可实施，修改情况应及时告知专家；结论为“不通过”的，施工单位修改后应当按照规定要求重新组织专家论证。

（8）监测方案

进行第三方监测的危大工程监测方案的主要内容应当包括工程概况、监测依据、监测内容、监测方法、人员及设备、测点布置与保护、监测频次、预警标准及监测成果报送等。

（9）验收人员

危大工程验收人员应当包括：

1）总承包单位和分包单位技术负责人或授权委派的专业技术人员、项目负责人、项目技术负责人、专项施工方案编制人员、项目专职安全生产管理人员及相关人员；

2）监理单位项目总监理工程师及专业监理工程师；

3）有关勘察、设计和监测单位项目技术负责人。

6. 现场安全管理

（1）施工单位应当在施工现场显著位置公告危大工程名称、施工时间和具体责任人员，并在危险区域设置安全警示标志。

（2）专项施工方案实施前，编制人员或者项目技术负责人应当向施工现场管理人员进行方案交底。施工现场管理人员应当向作业人员进行安全技术交底，并由双方和项目专职安全生产管理人员共同签字确认。

（3）施工单位应当严格按照专项施工方案组织施工，不得擅自修改专项施工方案。因规划调整、设计变更等原因确需调整的，修改后的专项施工方案应当按照本规定重新审核和论证。涉及资金或者工期调整的，建设单位应当按照约定予以调整。

（4）施工单位应当对危大工程施工作业人员进行登记，项目负责人应当在施工现场履职。项目专职安全生产管理人员应当对专项施工方案实施情况进行现场监督，对未按照专项施工方案施工的，应当要求立即整改，并及时报告项目负责人，项目负责人应当及时组织限期整改。施工单位应当按照规定对危大工程进行施工监测和安全巡视，发现危及人身安全的紧急情况，应当立即组织作业人员撤离危险区域。

(5) 监理单位应当结合危大工程专项施工方案编制监理实施细则，并对危大工程施工实施专项巡视检查。

(6) 监理单位发现施工单位未按照专项施工方案施工的，应当要求其进行整改；情节严重的，应当要求其暂停施工，并及时报告建设单位。施工单位拒不整改或者不停止施工的，监理单位应当及时报告建设单位和工程所在地住房和城乡建设主管部门。

(7) 对于按照规定需要进行第三方监测的危大工程，建设单位应当委托具有相应勘察资质的单位进行监测。监测单位应当编制监测方案。监测方案由监测单位技术负责人审核签字并加盖单位公章，报送监理单位后方可实施。监测单位应当按照监测方案开展监测，及时向建设单位报送监测成果，并对监测成果负责；发现异常时，及时向建设、设计、施工、监理单位报告，建设单位应当立即组织相关单位采取处置措施。

(8) 对于按照规定需要验收的危大工程，施工单位、监理单位应当组织相关人员进行验收。验收合格的，经施工单位项目技术负责人及总监理工程师签字确认后，方可进入下一道工序。危大工程验收合格后，施工单位应当在施工现场明显位置设置验收标识牌，公示验收时间及责任人员。

(9) 危大工程发生险情或者事故时，施工单位应当立即采取应急处置措施，并报告工程所在地住房和城乡建设主管部门。建设、勘察、设计、监理等单位应当配合施工单位开展应急抢险工作。

(10) 危大工程应急抢险结束后，建设单位应当组织勘察、设计、施工、监理等单位制定工程恢复方案，并对应急抢险工作进行后评估。

(11) 施工、监理单位应当建立危大工程安全管理档案。施工单位应当将专项施工方案及审核、专家论证、交底、现场检查、验收及整改等相关资料纳入档案管理。监理单位应当将监理实施细则、专项施工方案审查、专项巡视检查、验收及整改等相关资料纳入档案管理。

7. 监督管理

(1) 设区的市级以上地方人民政府住房和城乡建设主管部门应当建立专家库，制定专家库管理制度，建立专家诚信档案，并向社会公布，接受社会监督。

(2) 县级以上地方人民政府住房城乡建设主管部门或者所属施工安全监督机构，应当根据监督工作计划对危大工程进行抽查。县级以上地方人民政府住房和城乡建设主管部门或者所属施工安全监督机构，可以通过政府购买技术服务方式，聘请具有专业技术能力的单位和人员对危大工程进行检查，所需费用向本级财政申请予以保障。

(3) 县级以上地方人民政府住房和城乡建设主管部门或者所属施工安全监督机构，在监督抽查中发现危大工程存在安全隐患的，应当责令施工单位整改；重大安全事故隐患排除前或者排除过程中无法保证安全的，责令从危险区域内撤出作业人员或者暂时停止施工；对依法应当给予行政处罚的行为，应当依法作出行政处罚决定。

(4) 县级以上地方人民政府住房和城乡建设主管部门应当将单位和个人的处罚信息纳入建筑施工安全生产不良信用记录。

8. 法律责任

（1）建设单位有下列行为之一的，责令限期改正，并处 1 万元以上 3 万元以下的罚款；对直接负责的主管人员和其他直接责任人员处 1000 元以上 5000 元以下的罚款：

1）未按照规定提供工程周边环境等资料的；

2）未按照规定在招标文件中列出危大工程清单的；

3）未按照施工合同约定及时支付危大工程施工技术措施费或者相应的安全防护文明施工措施费的；

4）未按照规定委托具有相应勘察资质的单位进行第三方监测的；

5）未对第三方监测单位报告的异常情况组织采取处置措施的。

（2）勘察单位未在勘察文件中说明地质条件可能造成的工程风险的，责令限期改正，依照《建设工程安全生产管理条例》对单位进行处罚；对直接负责的主管人员和其他直接责任人员处 1000 元以上 5000 元以下的罚款。

（3）设计单位未在设计文件中注明涉及危大工程的重点部位和环节，未提出保障工程周边环境安全和工程施工安全意见的，责令限期改正，并处 1 万元以上 3 万元以下的罚款；对直接负责的主管人员和其他直接责任人员处 1000 元以上 5000 元以下的罚款。

（4）施工单位未按照规定编制并审核危大工程专项施工方案的，依照《建设工程安全生产管理条例》对单位进行处罚，并暂扣安全生产许可证 30 日；对直接负责的主管人员和其他直接责任人员处 1000 元以上 5000 元以下的罚款。

（5）施工单位有下列行为之一的，依照《中华人民共和国安全生产法》《建设工程安全生产管理条例》对单位和相关责任人员进行处罚：

1）未向施工现场管理人员和作业人员进行方案交底和安全技术交底的；

2）未在施工现场显著位置公告危大工程，并在危险区域设置安全警示标志的；

3）项目专职安全生产管理人员未对专项施工方案实施情况进行现场监督的。

（6）施工单位有下列行为之一的，责令限期改正，处 1 万元以上 3 万元以下的罚款，并暂扣安全生产许可证 30 日；对直接负责的主管人员和其他直接责任人员处 1000 元以上 5000 元以下的罚款：

1）未对超过一定规模的危大工程专项施工方案进行专家论证的；

2）未根据专家论证报告对超过一定规模的危大工程专项施工方案进行修改，或者未按照规定重新组织专家论证的；

3）未严格按照专项施工方案组织施工，或者擅自修改专项施工方案的。

（7）施工单位有下列行为之一的，责令限期改正，并处 1 万元以上 3 万元以下的罚款；对直接负责的主管人员和其他直接责任人员处 1000 元以上 5000 元以下的罚款：

1）项目负责人未按照规定现场履职或者组织限期整改的；

2）施工单位未按照规定进行施工监测和安全巡视的；

3）未按照规定组织危大工程验收的；

4）发生险情或者事故时，未采取应急处置措施的；

5）未按照规定建立危大工程安全管理档案的。

（8）监理单位有下列行为之一的，依照《中华人民共和国安全生产法》《建设工程安全生产管理条例》对单位进行处罚；对直接负责的主管人员和其他直接责任人员处 1000

元以上 5000 元以下的罚款：

1）总监理工程师未按照规定审查危大工程专项施工方案的；

2）发现施工单位未按照专项施工方案实施，未要求其整改或者停工的；

3）施工单位拒不整改或者不停止施工时，未向建设单位和工程所在地住房和城乡建设主管部门报告的。

（9）监理单位有下列行为之一的，责令限期改正，并处 1 万元以上 3 万元以下的罚款；对直接负责的主管人员和其他直接责任人员处 1000 元以上 5000 元以下的罚款：

1）未按照规定编制监理实施细则的；

2）未对危大工程施工实施专项巡视检查的；

3）未按照规定参与组织危大工程验收的；

4）未按照规定建立危大工程安全管理档案的。

（10）监测单位有下列行为之一的，责令限期改正，并处 1 万元以上 3 万元以下的罚款；对直接负责的主管人员和其他直接责任人员处 1000 元以上 5000 元以下的罚款：

1）未取得相应勘察资质从事第三方监测的；

2）未按照规定编制监测方案的；

3）未按照监测方案开展监测的；

4）发现异常未及时报告的。

（11）县级以上地方人民政府住房和城乡建设主管部门或者所属施工安全监督机构的工作人员，未依法履行危大工程安全监督管理职责的，依照有关规定给予处分。

任务 8.4 BIM 技术在安全管理中的应用

8.4.1 概述

目前，国内建筑施工企业在安全管理中还存在着诸多问题，管理模式依然偏传统，管理过程中存在的弊端较多。譬如：对危险源的辨识还缺乏针对性，对危险源的动态管理难度大，施工过程中的安全策划滞后等。基于 BIM 技术对施工现场重要生产要素的状态进行绘制和控制以及对施工现场进行科学化安全管理，有助于实现危险源的辨识和动态管理，有助于加强安全策划工作。使施工过程中的不安全行为、不安全状态能够得到减少和消除。做到不引发事故，尤其是不引发使人员受到伤害的事故，确保工程项目的效益目标得以实现。从场容场貌、安全防护、安全措施、外脚手架、机械设备等方面建立文明管理方案指导安全文明施工。

在项目中利用 BIM 建立三维模型让各分包管理人员提前对施工现场的危险源进行判断，在危险源附近快速地进行防护设施模型的布置，比较直观地将安全死角进行提前排查。将防护设施模型的布置给项目管理人员进行模型和仿真模拟交底，确保现场按照布置模型执行。利用 BIM 及相应灾害分析模拟软件，提前对灾害发生过程进行模拟，分析灾害发生的原因，制定相应措施避免灾害的再次发生。并编制人员疏散、救援的灾害应急预案。基于 BIM 技术将智能芯片植入项目现场劳务人员安全帽中，对其进出场控制、工作面布置等方面进行动态查询和调整，有利于安全文明管理。总之，安全文明施工是项目管理中的重中之重，结合 BIM 技术可发挥其更大的作用。

BIM 的使用具有以下潜在好处：确定施工中可能存在的缺陷，减少损失（成本、时间、事故）。在设计阶段，基于 BIM 的仿真模拟可用于评估安全性并自动检查是否符合法规标准。通过安全专家的定期系统审查，可以确保整个设计阶段的安全性。BIM 技术可以在设计阶段解决一系列问题，包括：(1) 模型的环境安全预检查；(2) 自动检查系统是否符合安全规定；(3) 运营和维护相关的设施和设备安全计划；(4) 使用安全评估清单进行基本安全管理。

8.4.2　具体应用

1. 设计阶段的安全管理

设计阶段的安全管理考虑了两种观点：首先是建筑工人的观点，以便在施工阶段解决任何可能的安全问题。安全检查的目的应是防止施工期间发生事故，并从设计阶段就反映出基于 BIM 的事故预防建议。第二种观点是建筑物建造后的用户，这些安全问题可能与建筑物在使用过程中遇到的任何潜在灾难有关。在这里，安全检查的目的是在发生事故时将对人类的潜在伤害降至最低。特别是 BIM 可以通过其可视化和模拟工具进行初步审查，因为它们包含大量可用于安全管理改进替代方案的建筑信息。在这种情况下，安全问题与模型信息的元素密切相关，元素不足会导致严重的安全问题，例如掉落或塌陷，这对于施工过程以及施工后建筑物的结构安全尤其重要。使用 Solibri Model Checker™，注意到楼梯台阶的信息元素缺失，随后对其进行了修改，如图 8-1 所示。

图 8-1　BIM 对楼梯设计的检查

2. 危险源识别

安全总监、安全管理人员通过 BIM 模型预先识别洞口，将更多的时间用于安全风险的评估与措施的制定，提前在模型中进行安全防护，将防护设施布置完善，如图 8-2 所示。

3. 高处坠落

高处坠落经常发生在楼板和屋顶的洞口周围。防止此类坠落的独特方法是在危险场所周围安装临时防护装置或栏杆，BIM 就能够提供相关信息。图 8-3 显示了引发安全问题的楼板开口，BIM 可以通过建议在洞口周围添加临时栏杆来避免发生事故。

4. 火灾

建筑物建成后，火灾是建筑物使用者的主要安全问题之一。为了防止发生火灾，应对

图 8-2　BIM 模型预设防护设施

图 8-3　BIM 技术在防止高处坠落的检查

足够的信息进行建模并添加到 BIM 中。这些信息包括防火墙属性和防火区数据。防火墙属性应由适当的安全材料组成。图 8-4 中显示了具有适当区域和防火墙信息的建筑物，该信息被标识为可以防止火灾。此外，逃生交通距离和火区面积分配是与消防安全有关的最大问题。建筑安全规范规定了上述问题的适当参数。此可视化信息可以与实时监视链接，便于以后阶段实时进行安全管理。

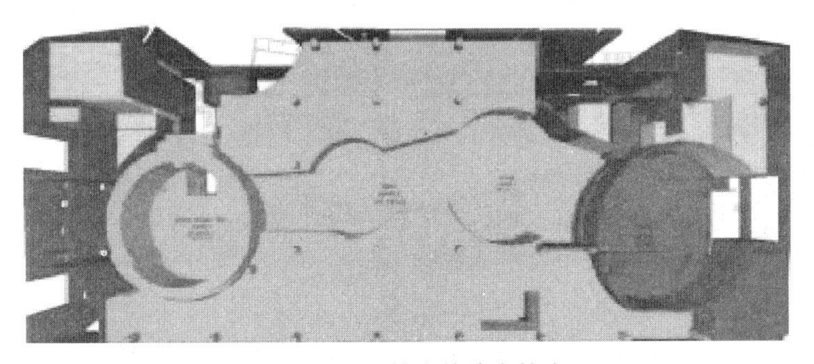

图 8-4　BIM 技术的防火检查

BIM 模型检查工具会显示半透明的空间物体，即边界和开口（例如门和窗），以及最短逃生路线的关键路径，图 8-5 显示了使用 BIM 技术进行模拟火灾逃生的检查。

5. 人员健康

为了确保 MEP 设施的安全，需要进行检查以确认有足够的安全信息。该信息包括对建筑物用户的危害有关的数据，例如将有害物质泵入建筑物的管道或通过电力线附近的水

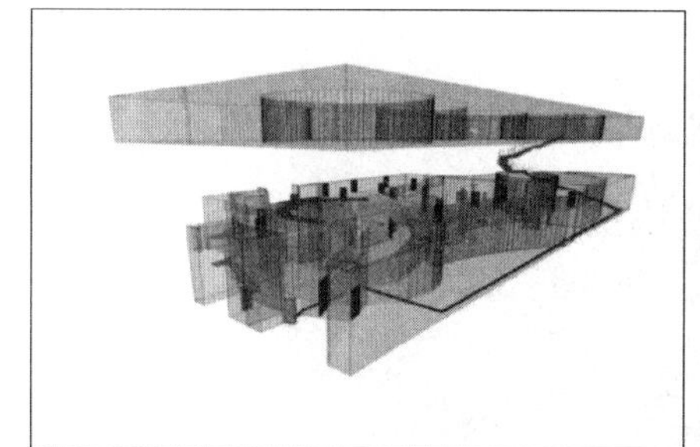
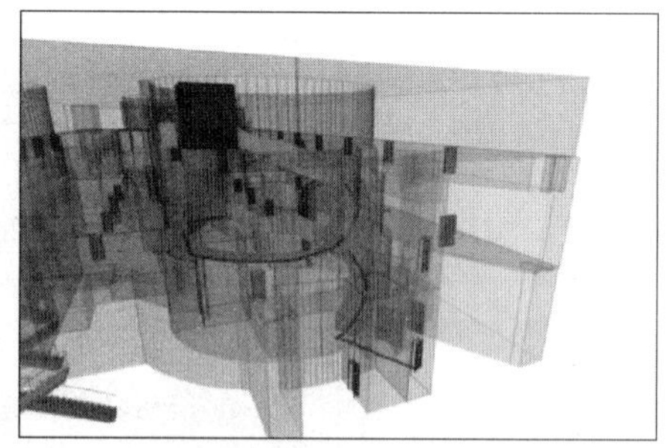

图 8-5 BIM 技术进行逃生检查模拟

管。BIM 本身对此信息的存在提供了一种通过适当的可视化预防可能的灾难的方法，如图 8-6 所示。

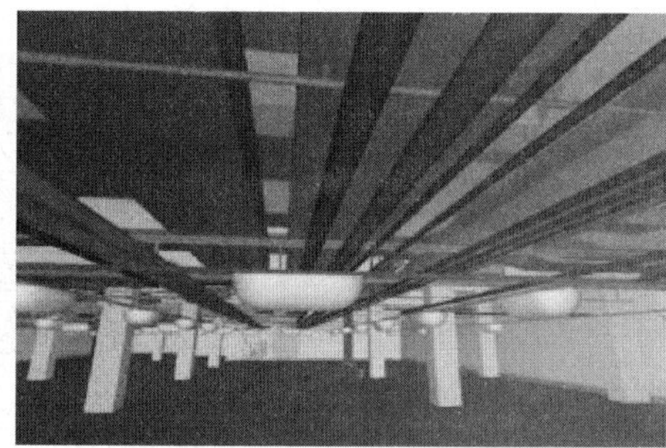

图 8-6 BIM 技术设施的安全检查

6. 挖掘安全检查

根据 BIM 数据中的土方总量和机械与时间的效率比进行开挖模拟。通过在 Navisworks™ 中使用 BIM 模拟来降低与实际施工相关的风险，该模拟基于 Navisworks™ 中的 BIM 模拟，基于建筑工地安全和工作环境需求的土方计划。根据两个挖掘装载机和自卸卡车的工作计划，对挖掘的风险控制进行了监控。该模拟使用输入的工作计划信息并使之可视化，如图 8-7 所示。

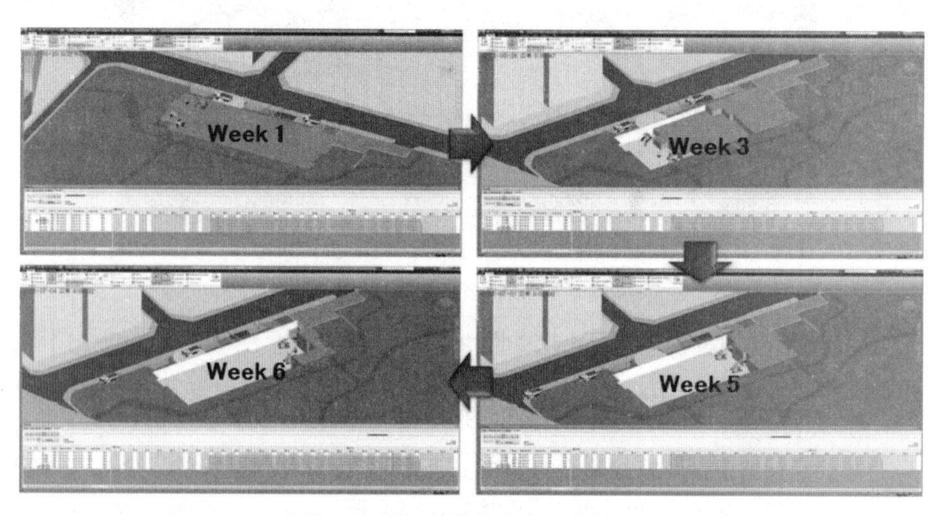

图 8-7 BIM 技术的土方开发检查

习 题

一、多项选择题（每题的备选项中，有2个或2个以上符合题意，至少有1个错项）

1.（ ）必须经安全生产知识和管理能力考核合格，依法取得安全生产考核合格证书。

A. 企业主要负责人　　B. 项目技术负责人

C. 项目负责人　　D. 安全总监

E. 专职安全生产管理人员

2. 安全教育和培训的类型包括（ ）。

A. 各类上岗证书的初审、复审培训　　B. 季度继续教育

C. 三级教育　　D. 岗前教育

E. 日常教育

3. 以下属于第一类危险源的有（ ）。

A. 可能发生意外释放的能量　　B. 设备故障

C. 人为失误　　D. 管理缺陷

E. 可能发生意外释放的危害物质

4. 根据《建筑施工安全检查标准》JGJ 59—2011，建筑施工安全检查评定的等级包括（ ）。

A. 优良　　B. 良好

C. 一般　　D. 合格

E. 不合格

5. 下列各项检查评分表中，没有设置保证项目的有（ ）。

A. 安全管理检查评分表　　B. 文明施工检查评分表

C. 高处作业检查评分表　　D. 施工用电检查评分表

E. 施工机具检查评分表

6. 建筑工程施工安全“十查”包括（ ）。

A. 查安全思想　　B. 查安全防护

C. 查教育培训　　D. 查持证上岗

E. 查设备设施

7.“建筑施工安全检查评分汇总表”主要内容不包括（ ）。

A. 安全管理　　B. 进度管理

C. 质量管理　　D. 成本管理

E. 合同管理

8. 建筑施工安全检查评定的等级为不合格的情形有（ ）。

A. 汇总表得分值60分，分项检查评分表无零分

B. 汇总表得分值70分，分项检查评分表无零分

C. 汇总表得分值70分，分项检查评分表有一分项零分

D. 汇总表得分值80分，分项检查评分表有一分项零分

E. 汇总表得分值70分，分项检查评分表有缺项

9. 下列属于危险性较大的分部分项工程的有（ ）。

A. 开挖深度3m的基坑

B. 搭设高度4m的混凝土模板支撑工程

C. 搭设高度20m的落地式钢管脚手架工程

D. 搭设基础标高80m的起重机械拆卸工程

E. 跨度5m的钢结构安装工程

10. 下列必须进行专家论证的分部分项工程有（　　）。

A. 开挖深度4m的基坑

B. 施工总荷载（设计值）20kN/m^{2}的混凝土模板支撑工程

C. 单件起吊重量在120kN的起重吊装工程

D. 拆除、爆破工程

E. 跨度50m的钢结构安装工程

二、案例分析题

（一）

背景：

某写字楼工程，建筑面积120000m^2，地下2层，地上22层。施工企业安全教育培训贯穿生产经营的全过程，教育培训包括计划编制、组织实施和人员持证审核等工作内容。施工企业对新上岗操作工人进行了岗前教育培训，每年按规定对所有从业人员进行安全生产继续教育。安全生产费用管理包括资金的提取、申请、审核审批、支付、使用、统计、分析、审计检查等工作内容。施工企业按规定提取了安全生产所需的费用。

施工企业按规定对分包单位进行了安全检查和考核，并建立了合格分（供）方名录，并定期审核、更新。施工企业根据施工管理和环境特征，组织各管理层制定了应急救援预案。

问题：

1. 安全教育和培训的类型应包括哪些内容？岗前教育培训应包括哪些内容？安全生产继续教育应包括哪些内容？

2. 施工企业对分包单位进行安全检查和考核的内容有哪些？应急救援预案包括哪些内容？

（二）

背景：

某新建站房工程，建筑面积56500m^2，地下1层，地上3层，框架结构，建筑总高24m。总承包单位搭设了双排扣件式钢管脚手架（高度25m），在施工过程中有大量材料堆放在脚手架上面，结果发生了脚手架坍塌事故，造成了1人死亡、4人重伤、1人轻伤，直接经济损失600多万元。

问题：生产安全事故有哪几个等级？本事故属于哪个等级？

（三）

背景：

某工程项目地下2层，地上16层，层高均为4m，框架-剪力墙结构。某次安全检查评分汇总表如下所示：

总计得分（满分100）	项目名称及分值									
	安全管理（满分10分）	文明施工（满分15分）	脚手架（满分10分）	基坑工程（满分10分）	模板支架（满分10分）	高处作业（满分10分）	施工用电（满分10分）	物料提升机与施工升降机（满分10分）	塔式起重机与起重吊装（满分10分）	施工机具（满分5分）
	9			9	9	9	9	8.5	8.5	缺项

汇总表中已知部分分值。其他得分情况为：

(1) 该项目有2种脚手架，扣件式钢管脚手架、悬挑式脚手架分别得84分、88分。

(2)《文明施工检查评分表》得分情况如下：

总计得分（满分100）	保证项目						一般项目			
	现场围挡（满分10分）	封闭管理（满分10分）	施工场地（满分10分）	材料管理（满分10分）	现场办公与住宿（满分10分）	现场防火（满分10分）	综合治理（满分10分）	公示标牌（满分10分）	生活设施（满分10分）	社区服务（满分10分）
	10	5	5	5	5	5	10	8	8	4

问题：

1. 分别计算脚手架、文明施工在汇总表中的得分。

2. 指出该次安全检查评定等级，并说明理由。

习题参考答案：

任务 9

建筑工程施工项目成本管理

任务 9.1　施工项目成本管理概述

9.1.1　施工项目成本管理内容及程序

1. 施工项目成本管理的内容

施工项目成本管理是施工企业项目管理系统中的一个子系统，这一系统的具体内容包括：成本计划、成本控制、成本核算、成本分析和成本考核等。项目经理部在项目施工过程中，对所发生的各种成本信息，通过有组织、有系统地进行计划、控制、核算、分析、考核等一系列工作，促使工程项目系统内各种要素按照一定的目标运行，使施工项目的实际成本能够在预定的计划成本范围内。

2. 施工项目成本管理的程序

掌握生产要素的市场价格和变动状态→确定项目合同价→编制成本计划→成本动态控制→进行项目成本核算和工程价款结算→进行项目成本分析→进行项目成本考核编制成本报告→积累项目成本资料。

9.1.2　施工项目成本管理的措施

为了取得成本管理的理想成效，应当从多方面采取措施实施管理，通常可以将这些措施归纳为组织措施、合同措施、技术措施和经济措施。

1. 组织措施

组织措施是从成本管理的组织方面采取的措施。成本控制是全员的活动，如实行项目经理责任制，落实成本管理的组织机构和人员，明确各级成本管理人员的任务和职能分工、权力和责任。成本管理不仅是专业成本管理人员的工作，各级项目管理人员都负有成本控制责任。

2. 合同措施

采用合同措施控制成本，应贯穿整个合同周期，包括从合同谈判开始到合同终结的全过程。对于分包项目，首先是选用合适的合同结构，对各种合同结构模式进行分析、比较，在合同谈判时，要争取选用适合于工程规模、性质和特点的合同结构模式。其次，在合同的条款中应仔细考虑一切影响成本和效益的因素，特别是潜在的风险因素。通过对引起成本变动的风险因素的识别和分析，采取必要的风险对策，如通过合理的方式增加承担风险的个体数量以降低损失发生的比例，并最终将这些策略体现在合同的具体条款中。在合同执行期间，合同管理的措施既要密切注视对方合同执行的情况，以寻求合同索赔的机会，同时也要密切关注自己履行合同的情况，以防被对方索赔。

3. 经济措施

经济措施是最易为人们所接受和采用的措施。管理人员应编制资金使用计划，确定、分解成本管理目标。对成本管理目标进行风险分析，并制定防范性对策。在施工中严格控制各项开支，及时准确地记录、收集、整理、核算实际支出的费用。对各种变更，应及时做好增减账，落实业主签证并结算工程款。通过偏差分析和未完工程预测，发现潜在的可能引起未完工程成本增加的问题，及时采取预防措施。

4. 技术措施

施工过程中降低成本的技术措施，包括：进行技术经济分析，确定最佳的施工方案；结合施工方法，进行材料使用的比选，在满足功能要求的前提下，通过代用、改变配合比、使用外加剂等方法降低材料消耗的费用；确定最合适的施工机械、设备使用方案；结合项目的施工组织设计及自然地理条件，降低材料的库存成本和运输成本；应用先进的施工技术，运用新材料，使用先进的机械设备等。

9.1.3　施工成本的构成

1. 建筑安装费用的构成

根据现行规定，建筑安装工程费用组成有两个划分标准，一是按照费用构成要素划分，另外一个是按照造价形成划分。

(1) 按照费用构成要素划分

建筑安装工程费按照费用构成要素划分由人工费、材料（包含工程设备，下同）费、施工机具使用费、企业管理费、利润、规费和税金组成。

(2) 按照造价形成划分

建筑安装工程费按照工程造价形成由分部分项工程费、措施项目费、其他项目费、规费、税金组成。

2. 施工项目成本的构成

施工项目的成本是指在施工项目的施工过程中所发生的全部生产费用的总和，包括：所消耗的原材料、辅助材料、构配件等费用；周转材料的摊销费或租赁费；施工机械的使用费或租赁费；支付给生产主人的工资、奖金、工资性质的津贴以及进行施工组织与管理所发生的全部费用支出等。施工项目成本由直接成本和间接成本组成。

(1) 直接成本

直接成本是指施工过程中耗费的构成工程实体或有助于工程实体形成的各项费用支出(措施费)，是可以直接计入工程对象的费用。依据建筑安装费用的按构成要素划分的直接成本包括人工费、材料费和施工机具使用费等。

直接成本＝人工费＋材料费＋施工机具使用费 (9-1)

(2) 间接成本

间接成本是指准备施工、组织和管理施工生产的全部费用支出，无法直接计入工程对象，需要分配计入工程对象，但为进行工程施工所必须发生的费用。依据建筑安装费用的按构成要素划分的间接成本包括企业管理费和规费等。

间接成本＝企业管理费＋规费 (9-2)

3. 施工成本的计算

成本计算按照生产费用计入成本的方法不同划分为直接成本和间接成本的方法计算。此种方式也是目前在工程实际中，企业进行成本管理最常使用的。

(1) 直接成本的计算

1) 人工费计算

施工项目成本中人工费的计算包含两个基本要素：工日消耗量和日工资单价。

人工费＝∑(工日消耗量×日工资单价) (9-3)

其中工日消耗量是指在正常施工条件下，完成规定计量单位的建筑安装产品所消耗的生产工人的工日数量；日工资单价是指直接从事建筑安装工程施工的生产工人在每个法定工作日的工资、津贴及奖金等。

工程造价管理机构确定日工资单价应根据工程项目的技术要求，通过市场调查并参考实物工程量人工单价综合分析确定，发布的最低日工资单价不得低于工程所在地人力资源和社会保障部门所发布的最低工资标准：普工1.3倍，一般技工2倍，高级技工3倍。施工企业投标报价时自主确定人工费时可以参照确定的日工资单价。

2) 材料费计算

施工项目成本中材料费的计算包含两个基本要素：材料消耗量和材料单价。

材料费＝∑(材料消耗量×材料单价) (9-4)

材料单价＝[(供应价格＋运杂费)×(1＋运输损耗率)]×(1＋采购机保管费率) (9-5)

材料消耗量是指在正常施工条件下，完成规定计量单位的建筑安装产品所消耗的各类材料的净用量和不可避免的损耗量；材料单价是指建筑材料从其来源地运到施工场地仓库直至出库形成的单价，当一般纳税人采用一般计税法时，材料单价中的材料原价、运杂费等应扣除增值税进项税额。

3) 施工机具使用费

① 施工机械使用费

施工机械使用费＝∑(施工机械台班消耗量×机械台班单价) (9-6)

施工机械台班单价包括台班折旧费、检修费、维护费、安拆费及场外运费、人工费、燃料动力费和其他费用。

② 仪器仪表使用费

仪器仪表使用费＝∑(仪器仪表台班消耗量×仪器仪表台班单价) (9-7)

(2) 间接成本的计算

1）企业管理费计算

企业管理费一般采用基数乘以费率的方法计算，取费基数有三种，分别是以直接费（人工费＋材料费＋施工机具使用费）、人工费和施工机具使用费合计、人工费为计算基础。

① 以直接费为计算基础

$$企业管理费率(\%)=\frac{生产工人年平均管理费}{年有效施工天数\times人工单价}\times人工费占直接费的比例(\%) \tag{9-8}$$

② 以人工费和施工机具使用费合计为计算基础

$$企业管理费率(\%)=\frac{生产工人年平均管理费}{年有效施工天数\times(人工单价+每一台班施工使用费)}\times100\% \tag{9-9}$$

③ 以人工费为计算基础

$$企业管理费率(\%)=\frac{生产工人年平均管理费}{年有效施工天数\times人工单价}\times100\% \tag{9-10}$$

工程造价管理机构在确定计价定额中的企业管理费时，应以定额人工费或定额人工费与施工机具使用费之和作为计算基数，其费率根据历年累积的工程造价资料，辅以调查数据确定。

2）规费计算

社会保险费和住房公积金：

社会保险费和住房公积金应以定额人工费为计算基础，根据工程所在地省、自治区、直辖市或行业建设主管部门规定费率计算。

$$社会保险费和住房公积金=\sum(工程定额人工费\times社会保险费和住房公积金率) \tag{9-11}$$

任务 9.2 工程量清单的应用

9.2.1 工程量清单

工程量清单是载明建设工程分部分项工程项目、措施项目和其他项目的名称和相应数量以及规费和税金项目等内容的明细清单。目前建设工程项目的工程量清单编制主要遵循的依据是《建设工程工程量清单计价规范》GB 50500—2013 和《房屋建筑与装饰工程工程量计算规范》GB 50854—2013（以下简称 2013 规范）。

1. 分部分项工程量清单

分部分项工程量清单必须根据各专业工程工程量计算规范规定进行编制，清单中必须载明项目编码、项目名称、项目特征、计量单位和工程量，并根据清单计价规范和拟建工程的实际情况列项编制。

2. 措施项目清单

措施项目是指为完成工程项目施工，发生于该工程施工准备和施工过程中的技术、生活、安全、环境保护等方面的项目。根据2013规范的规定，措施项目清单分为总价措施项目清单和单价措施项目清单。

(1) 单价措施项目清单

措施项目中可以计算工程量的项目，如脚手架工程、混凝土模板及支架、垂直运输、超高施工增加、大型机械设备进出场及安拆、施工降排水等，这些措施项目按照分部分项工程项目清单的方式采用综合单价计价，有利于费用的确定与调整。

(2) 总价措施项目清单

措施项目中有一些项目发生和施工方法、施工进度或者两个及以上的分项工程相关，如安全文明施工、夜间施工增加费、二次搬运、冬雨期施工增加等项目，这些项目需要以“项”为计量单位进行编制，故称为总价措施项目。

3. 其他项目清单

其他项目清单是指除分部分项工程项目清单、措施项目清单所包含的内容以外，因招标人的特殊要求而发生的与拟建工程项目有关的其他费用项目和相应数量的清单。其他项目清单包括暂列金额、暂估价（包括材料暂估价、工程设备暂估价、专业工程暂估价）、计日工、总承包服务费。

4. 规费、税金项目清单

规费项目清单包括以下项目：社会保险费（养老、失业、医疗、生育、工伤）、住房公积金。出现计价规范中未列的项目，应根据省级政府或省级有关权力部门的规定列项。税金项目清单是指增值税项目清单，出现计价规范中未列的项目，应根据税务部门的规定列项。

9.2.2 工程量清单计价

工程量清单的计价过程分为两个环节，第一个环节为工程量清单计量，即编制工程量清单；第二个环节是工程量清单的应用，即编制招标控制价、标底、投标报价、工程价款支付、工程结算、合同调整等。

1. 工程量清单计量

工程量清单计量包括工程项目的划分和工程量的计算。在编制工程量清单时划分工程项目主要是按照清单工程量计算规范规定的清单项目和设计文件进行划分。

清单工程量计算时就是按照确定的清单项目的工程量计算规则，依据设计文件及相应的图集标准对工程实物量进行计算。

2. 工程量清单计价的基本程序

(1) 工程量清单的编制程序

工程量清单的编制程序如图9-1所示。

(2) 工程量清单的应用

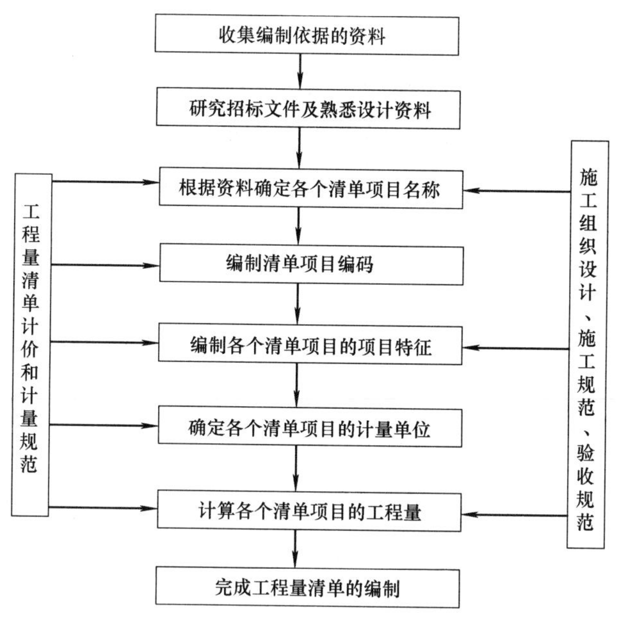

图 9-1 工程量清单的编制程序

工程量清单的应用如图 9-2 所示。

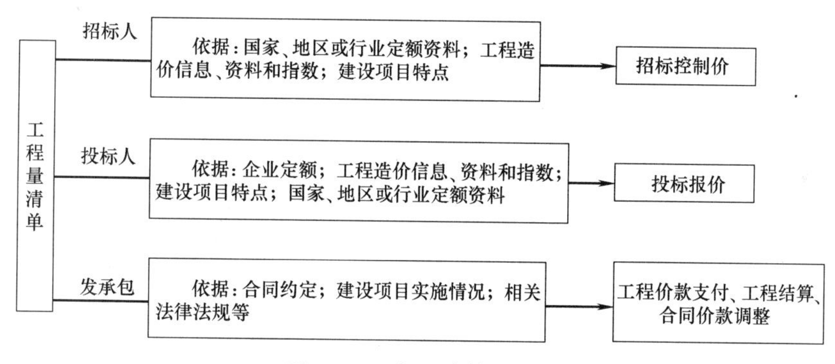

图 9-2 工程量清单的应用

9.2.3 工程量清单的应用

1. 招标控制价

招标控制价是指根据国家或省级建设行政主管部门颁发的有关计价依据和办法，依据拟定的招标文件和招标工程量清单，结合工程具体情况发布的招标工程的最高投标限价。招标控制价应在招标时公布，不应上调或下浮，招标人应将招标控制价及有关资料报送工程所在地工程造价管理机构备查。

（1）招标控制价的组成

根据招标文件中提供的工程量清单编制，编制分部分项工程和措施项目清单与计价表、其他项目清单与计价表、规费税金项目计价表，计算完毕汇总得到单位工程招标投标控制价汇总表，单位工程招标控制报价汇总得到单项工程招标控制报价汇总表和建设工程项目招标控制总价汇总表。

(2) 单位工程招标控制价的编制

1) 分部分项费的编制

分部分项费的计算需要确定两个数据，一个是分部分项的工程量，该数据是招标工程量清单中给定的工程量；另一个是综合单价，综合单价应按照招标人发布的分部分项工程量清单的项目名称、工程量、项目特征描述，依据工程所在地区颁发的计价定额和人工、材料、施工机具台班价格信息等进行组价确定。

$$\text{分部分项工程费}=\sum(\text{分部分项工程量}\times\text{相应综合单价}) \tag{9-12}$$

2) 措施项目费的编制

措施项目应按照招标文件中提供的措施项目清单确定，其中单价措施项目费的计算同分部分项费计算，如下所示：

$$\text{单价措施项目费}=\sum\begin{pmatrix}\text{单价措施项目工程量}\\\times\text{相应综合单价}\end{pmatrix} \tag{9-13}$$

总价措施项目费按照计价定额规定的取费基数及相应费率计算，其中安全文明施工费应当按照国家或省级、行业建设主管部门的规定标准计价，该部分不得作为竞争性费用。

$$\text{总价措施项目费}=\sum(\text{取费基数}\times\text{相应费率}) \tag{9-14}$$

3) 其他项目费的编制

① 暂列金额

暂列金额由招标人根据工程特点、工期长短，按有关计价规定进行估算，一般可以按照分部分项费的10%～15%确定。

② 暂估价

暂估价中的材料单价应按照工程造价管理机构发布的工程造价信息中的材料单价计算，工程造价信息未发布的材料单价，其单价可以参考市场价格估算。专业工程暂估价应分不同专业按有关计价规定估算。

$$\text{专业工程暂估价}=\text{专业工程暂估价}\times\text{费率} \tag{9-15}$$

③ 计日工

在编制招标控制价时，计日工所消耗的人工、材料、施工机具台班单价的确定同分部分项费中的确定方法。

④ 总承包服务费

总承包服务费应按照省级或行业建设主管部门的规定计算，在计算时可以参考以下标准。

招标人仅要求对分包的专业工程进行总承包管理和协调时，按分包的专业工程估算造价的1.5%计算；招标人要求对分包的专业工程进行总承包管理和协调，同时要求提供配合服务时，根据配合服务内容和提出的要求，按分包的专业工程估算造价的3%～5%计算；招标人自行供应材料的，按招标人提供的材料价值的1%计算。

4) 规费、税金的编制

规费和税金必须按照国家或省级、行业建设主管部门的规定计算。

2. 投标报价

(1) 投标报价的含义

投标报价是投标人响应招标文件要求对建设工程项目所报出的工程造价。投标报价是形成建筑安装工程造价的关键，决定最终的合同价格。

（2）投标报价的编制

1）投标报价的组成

投标报价的编制内容应根据招标人提供的工程量清单编制，其详细的组成内容同招标控制价，首先编制分部分项工程和措施项目清单与计价表、其他项目清单与计价表、规费税金项目计价表，计算完毕汇总得到单位工程投标报价汇总表，单位工程投标报价汇总得到单项工程投标报价汇总表和建设工程项目投标总价汇总表。

2）投标报价的编制

① 分部分项费的编制

投标报价中的分部分项费和单价措施项目费的综合单价应按照招标人发布的分部分项工程量清单的项目特征来描述，依据工程所在地区颁发的计价办法、定额、企业定额、人工、材料、施工机具台班价格信息等进行确定。综合单价应包括完成一个规定清单项目所需的人工费、材料和工程设备费、施工机具使用费、企业管理费、利润，并考虑一定的风险费用，综合单价中的五项费用均作为竞争性费用。

投标报价的综合单价中人工、材料、施工机具台班消耗量的确定应根据承包人企业的实际消耗量水平，即采用企业定额，并结合拟定的施工方案确定完成清单项目需要消耗的各种人工、材料、施工机具台班的数量。在没有企业定额或者企业定额缺项时，可参照与企业实际水平相近的国家、地区、行业定额，调整确定完成清单项目所需的人工、材料、施工机具台班消耗量。投标报价中的人材机的消耗量水平要比社会平均水平的定额消耗量标准要低。各种人工、材料、施工机具台班的价格信息应根据工程造价管理部门发布的信息、询价的结果、市场行情综合确定。

② 总价措施项目费的编制

总价措施项目内容应依据招标人提供的措施项目清单和投标人拟定的施工组织设计或施工方案确定，取费基数及相应费率可参照国家、地区计价管理部门颁布的计价方法，按照企业实际的数据确定；其中安全文明施工费应当按照国家或省级、行业建设主管部门的规定标准计价，该部分不得作为竞争性费用。

③ 其他项目费的编制

暂列金额应按招标人在其他项目清单中列出的金额填写；暂估价中的材料暂估价应按招标人在其他项目清单中列出的单价计入分部分项工程量清单；专业工程暂估价应按招标人在其他项目清单中列出的金额填写；计日工应按照招标人提供的其他项目清单列出的项目和估算数量，自主确定各综合单价并计算费用。总承包服务费应根据招标人在招标文件中列出的分包专业工程内容和供应材料、设备情况，按照招标人提出的协调、配合与服务要求和施工现场管理需要自主确定。

④ 规费、税金的编制

规费和税金必须按照国家或省级、行业建设主管部门的规定计算，不得作为竞争性费用。

⑤ 投标报价的汇总

投标人的投标总价应当与组成的工程量清单的分部分项费、措施项目费、其他项目费、规费、税金的合计金额一致。若投标人对投标报价进行报价优惠（或降价、让利）

时，不能只进行投标总价的优惠，应当反映在相应清单项目的综合单价中。

3. 工程款支付

（1）预付款的相关规定

1）支付金额的规定

包工包料工程的预付款的支付比例不得低于签约合同价（扣除暂列金额）的10%，不宜高于签约合同价（扣除暂列金额）的30%。

2）支付时间的规定

① 发包人应在收到承包人支付申请的7天内进行核实，向承包人发出预付款支付证书，并在签发支付证书后的7天内向承包人支付预付款。预付款支付最迟应在开工通知载明的开工日期7天前支付。

② 发包人没有按合同约定按时支付预付款的，承包人可催告发包人支付；发包人在预付款期满后的7天内仍未支付的，承包人可在付款期满后的第8天起暂停施工。发包人应承担由此增加的费用和延误的工期，并应向承包人支付合理利润。

（2）工程预付款的计算

1）预付款额度的确定方法

工程预付款额度，各地区、各部门的规定不完全相同，主要是保证施工所需要材料和构件的正常储备。工程预付款额度一般是根据施工工期、建安工程量、主要材料和构件费用占建安费的比例以及材料储备周期等因素测算来确定。

① 百分比法

百分比法是发包人根据工程的特点、工期长短、市场行情、供求规律等因素，招标时在合同文件中约定工程预付款的百分比，按中标的合同造价（扣除暂列金额）的一定比例确定预付备料款额度，也有以年度完成工作量为基数确定预付款，前者较为常用。

$$\text{工程预付款}=\text{合同价(扣除暂列金额)}\times\text{预付款比例} \tag{9-16}$$

② 公式计算法

公式计算法是根据主要材料（含结构件等）占年度承包工程总价的比重、材料储备定额天数和年度施工天数等因素，通过公式计算预付备料款额度的一种方法。

计算公式是：

$$\text{工程预付款额}=\frac{\text{年度工程总价}\times\text{材料比例(\%)}}{\text{年度施工天数}}\times\text{材料储备定额天数} \tag{9-17}$$

公式中，年度施工天数按365天日历天计算；材料储备定额天数由当地材料供应的在途天数、加工天数、整理天数、供应间隔天数、保险天数等因素决定。

2）预付备料款的回扣

发包人支付给承包人的工程预付款属于预支性质，随着工程的实施进度，已支付的预付款应以充抵工程价款的方式陆续扣回。在实际工作中，工程预付款的抵扣方式应当由发包人和承包人通过洽商用合同的形式予以确定，扣款的方法主要有以下两种：

① 按合同约定扣款

预付款的扣款方法在合同中予以明确，一般是在承包人完成金额累计达到合同总价的一定比例后，由承包人开始向发包人还款，发包人从每次应付给承包人的金额中扣回工程预付款，发包人至少在合同规定的完工期前将工程预付款的总金额逐次扣回。

② 起扣点计算法

从未施工工程尚需的主要材料及构件的价值相当于预付款数额时起扣，此后每次结算工程进度款时，按材料所占比重扣减预付款，至工程竣工前全部扣清，该方法最大限度地占用了发包人的流动资金，对承包人比较有利。

起扣点的计算公式：

$$起扣点金额=承包合同总额-\frac{工程预付款总额}{主要材料及构件所占比重} \tag{9-18}$$

【例 9-1】 某承包商承包了某工程项目施工任务，签订的施工合同价为 2000 万元（含暂列金额 100 万元），其中安全文明施工费为 200 万元，合同中约定的工期为 10 个月，工程预付款支付比例为合同价的 20%，工程预付款的扣回方式按照起扣点计算法，从起扣点开始按照 4 次平均扣回，假设每月完成的工程量金额均相同，在竣工前全部扣清，主要材料及构件费占工程款的比重为 62.5%，安全文明施工费的预付比例为 60%。

【问题】

1. 工程预付款是多少？
2. 工程预付款起扣点金额为多少，从第几个月开始起扣，每次扣款金额为多少？
3. 安全文明施工费的预付金额为多少？

【解析】

1. 工程预付款＝合同价（扣除暂列金额）×预付款比例
＝(2000－100)×20%
＝380 万元

2. 起扣点金额＝合同总价－(预付款/主要材料及构件所占比重)
＝2000－380/62.5%＝1392 万元

每月完成的合同额为 2000/10＝200 万元，则第七个月累计完成的合同额为 200×7＝1400 万元＞1392 万元，故从第七个月开始起扣工程预付款，7～10 四个月平均扣回。每次扣款金额＝380/4＝95 万元。

3. 安全文明施工费＝200×60%＝120 万元

4. 进度款

(1) 进度款的相关规定

1) 进度款的支付比例按照合同约定，按期中结算价款总额计，不低于 60%，不高于 90%。

2) 承包人应在每个计量周期到期后的 7 天内向发包人提交已完工程进度款支付申请一式四份，详细说明此周期认为有权得到的款额，包括分包人已完工程的价款。

(2) 进度款的支付计算

1) 工程进度款的支付方式

工程进度款的支付方式有多种，需要根据合同约定进行支付。常见工程进度款的支付方式为月度支付、分段支付。

① 月度支付

即按工程师确认的当月完成的有效工程量进行核算，在当月末或次月初按照合同约定的支付比例进行支付，并扣除合同约定的应该扣的保修金、应扣预付款及处罚金额。

工程月度进度款＝当月有效工作量×合同－相应的保修金－应扣预付款－罚款 (9-19)

② 分段支付

即按照合同约定的工程形象进度，划分为不同阶段进行工程款的支付。对一般工民建项目可以分为基础、结构（又可以划分不同层数）、装饰、设备安装等几个阶段，按照每个阶段完工后的有效工作量以及合同约定的支付比例进行支付。

工程分段进度款＝阶段有效工作量×合同－相应的保修金－应扣预付款－罚款 (9-20)

③ 竣工后一次支付

建设项目规模小、工期较短（如在 12 月以内）的工程，可以实行在施工过程中分几次预支，竣工后次结算的方法。

④ 双方约定的其他支付

2）工程进度款的计算

工程月度进度款＝当期有效工作量×合同单价－相应的保修金－应扣预付款－罚款 (9-21)

3）工程进度款的支付流程

若合同中约定了支付时间，那么就按照合同约定的时间执行即可。合同没有约定时，发包人应在收到承包人进度款支付申请后的 14 天内，根据计量结果和合同约定对申请内容予以核实，确认后向承包人出具进度款支付证书。若发承包双方对部分清单项目的计量结果出现争议，发包人应对无争议部分的工程计量结果向承包人出具进度款支付证书。发包人应在签发进度款支付证书后的 14 天内，按照支付证书列明的金额向承包人支付进度款。

若发包人逾期未签发进度款支付证书，则视为承包人提交的进度款支付申请已被发包人认可，承包人可向发包人发出催告付款的通知。发包人应在收到通知后的 14 天内，按照承包人支付申请阐明的金额向承包人支付进度款。

5. 工程竣工结算

工程竣工结算是指建设工程项目完工并经竣工验收合格后，发承包双方按照施工合同的约定对所完成的工程项目进行的合同价款的计算、调整和确认。

（1）工程竣工结算的编制依据

工程竣工结算由承包人或受其委托具有相应资质的工程造价咨询人编制，由发包人或受其委托具有相应资质的工程造价咨询人核对。工程竣工结算编制的主要依据有：《建设工程工程量清单计价规范》GB 50500—2013；工程合同；发、承包双方实施过程中已确认的工程量及其结算的合同价款；发、承包双方实施过程中已确认调整后追加（减）的合同价款；建设工程设计文件、相关规范及标准图集资料；投标文件；其他依据。

（2）工程竣工结算款的支付程序

工程竣工结算文件经发承包双方签字确认的，应当作为工程结算的依据，未经对方同意另一方不得就已生效的竣工结算文件委托工程造价咨询企业重复审核，发包人应当按照竣工结算文件及时支付竣工结算款。竣工结算文件应当由发包人报工程所在地县级以上地方人民政府住房和城乡建设主管部门备案。

1）承包人提交竣工结算款支付申请

除专用合同条款另有约定的外，承包人应在工程竣工验收合格后 28 天内向发包人和监理人提交竣工结算申请表，并提交完整的结算资料，该申请表应包括的内容：竣工结算合同价款总额、累计已实际支付的合同价款、应预留的质量保证金、应支付的竣工结算款金额等。

2）发包人签发竣工付款证书

① 监理人应当在收到竣工结算申请单后 14 天内（专用合同条款另有约定除外）完成核查并报送发包人，发包人应在收到监理人提交的经审核的竣工结算申请单后 14 天内完成审批，并由监理人向承包人签发经发包人签认的竣工付款证书。监理人或发包人对竣工结算申请单有异议的，有权要求承包人进行修正和提供补充资料，承包人应提交修正后的竣工结算申请单。

② 发包人在收到承包人提交竣工结算款支付申请书后 28 天内未完成审批且未提出异议的，视为发包人认可承包人提交的竣工结算申请单，并自发包人收到承包人提交的竣工结算申请单后第 29 天起视为已签发竣工付款证书。

③ 承包人对发包人签认的竣工付款证书有异议的，对于有异议的部分应当在收到发包人签认的竣工付款证书后 7 天内提出异议，并由合同当事人按照专用合同条款约定的方式和程序进行复核。承包人逾期未提出异议的，视为认可发包人的审批结果。

3）支付竣工结算款

发包人签发竣工结算支付证书后的 14 天内（专用条款约定的除外），按照竣工结算支付证书列明的金额向承包人支付结算款。发包人逾期支付的，按照中国人民银行发布的同期同类贷款基准利率支付违约金；逾期支付超过 56 天的，按照中国人民银行发布的同期同类贷款基准利率的两倍支付违约金。

发包人在竣工结算支付证书签发后或者在收到承包人提交的竣工结算款支付申请规定时间内仍未支付的，除法律另有规定外，承包人可与发包人协商将该工程折价，也可直接向人民法院申请将该工程依法拍卖，承包人就该工程折价或拍卖的价款优先受偿。

（3）最终结清

所谓最终结清，是指合同约定的缺陷责任期终止后，承包人已按合同规定完成全部剩余工作且质量合格的，发包人与承包人结清全部剩余款项的活动。

1）最终结清申请单

缺陷责任期终止后，承包人已按合同规定完成全部剩余工作且质量合格的，发包人签发缺陷责任期终止证书，承包人可按合同约定的份数和期限向发包人提交最终结清申请单。最终结清支付申请表内容包括已预留的质量保证金、应增加因发包人原因造成缺陷的修复金额、最终应支付的合同价款。

2）最终支付证书

发包人收到承包人提交的最终结清申请单后的 14 天内（专用条款另有约定的除外）予以核实，向承包人签发最终支付证书。发包人逾期未完成审批，又未提出修改意见的，视为承包人提交的最终结清申请单已被发包人认可，且自发包人收到承包人提交的最终结清申请单后 15 天起视为已颁发最终结清证书。

3）最终结清付款

发包人应在颁发最终结清证书 7 天内（专用合同条款另有约定的除外）完成支付。发包人逾期支付的，按照中国人民银行发布的同期同类贷款基准利率支付违约金；逾期支付超过 56 天的，按照中国人民银行发布的同期同类贷款基准利率的两倍支付违约金。

【例 9-2】 某工程项目有 A、B、C、D 四个分项工程，采用工程量清单招标确定中标人，合同工期 5 个月，计划开工时间 2020 年 4 月，计划完工时间 2020 年 9 月。承包人报价部分数据见表 9-1。

承包人报价部分数据表 **表 9-1**

项目名称	计量单位	数量	综合单价
A	m^3	6000	150 元/m^3
B	m^3	900	450 元/m^3
C	t	120	4000 元/t
D	m^2	1800	300 元/m^2
措施项目费	120000 元		
其中：总价措施项目费	50000 元		
单价项目费	70000 元		
暂列金额	100000 元		

合同中关于工程进度款的约定如下：

① 工程开工前发包方向承包方支付合同价（扣除暂列金额）的 20%作为预付款。预付款从第 2 个月至第 4 个月均摊抵扣，措施项目开工后在前 4 个月平均支付。

② 工程进度款按月结算，发包方按每次应付工程进度款的 90%支付。

③ 分项工程累计实际工程量增加（减少）超过计划工程量 15%时，该分项工程的综合单价调整系数为 0.9（1.1）。

④ 在第四个月的施工过程中发生了如下事件：业主确认计日工 80 个工日，合同中的综合单价为 100 元/工日；某种材料 100m^2，综合单价为 200 元/m^2。

⑤ 规费综合费率为 7%（以分部分项费、措施项目费、其他项目费之和为基数），增值税率为 9%。

⑥ 各月计划量为分项工程 A、B、C、D 均按两个月平均完成表 9-1 中的工程量，实际完成工程量为 A 第 1 个月 3200m^3，第 2 个月 3500m^3；B 第 2 个月 500m^3，第 3 个月 560m^3；C 第 3 个月 50t，第 4 个月 50t；D 分项和计划相同。

⑦ 第 5 个月办理竣工结算，办理竣工结算时业主按总造价的 5%扣留工程质量保证金。

【问题】

1. 工程签约合同价为多少元？
2. 开工前业主应拨付的材料预付款为多少元？
3. 1～4 月业主应拨付的工程进度款分别为多少元？
4. 工程实际总造价和竣工结算款分别为多少？

【解析】

1. 工程合同价＝[∑(分部分项工程量×综合单价)＋措施项目费＋其他项目费]×(1＋规费费率)×(1＋增值税率)

＝(6000×150＋900×450＋120×4000＋1800×300＋120000＋10000)×(1＋7%)×(1＋9%)

＝(2325000＋120000＋100000)×1.07×1.09＝2968233.5 元

2. 工程预付款＝(2325000＋120000)×(1＋7%)×(1＋9%)×20%＝570320.7 元

3. 1～4 月业主应拨付的工程进度款计算如下：

(1) 第 1 个月

承包人完成的工程款：(3200×150＋30000)×(1＋7%)×(1＋9%)＝594813 元

业主应支付的工程款：594813×90%＝535331.7 元

(2) 第 2 个月

A 分项工程累计完成的工程量：3200＋3500＝6700m^3

超过计划完成工程量百分比：(6700－6000)/6000＝11.67%＜15%，综合单价不调整。

承包人完成工程款：(3500×150＋500×450＋30000)×(1＋7%)×(1＋9%)＝909714 元

业主应支付的工程款：909714×90%－570320.7/3＝628635.7 元

(3) 第 3 个月

B 分项工程累计完成的工程量：500＋560＝1060m^3

超过计划完成工程量百分比：(1060－900)/900＝17.8%＞15%

超过部分综合单价：450×0.9＝405 元

超过计划 15%的工程量：1060－900×(1＋15%)＝25m^3

承包人完成工程款：

[25×405＋(560－25)×450＋50×4000＋30000]×(1＋7%)×(1＋9%)＝560844.51 元

业主应支付的工程款：560844.51×90%－570320.7/3＝314653.16 元

(4) 第 4 个月

C 分项工程累计完成的工程量：50＋50＝100t

比计划完成工程量较少：(100－120)/120＝－16.67%，变化幅度超过 15%，需要调整综合单价。

调整后综合单价：4000×1.1＝4400 元

分项工程款：

[50×(4400－4000)＋50×4400＋900×300]×(1＋7%)×(1＋9%)＝594813 元

计日工工程款：(80×100＋100×200)×(1＋7%)×(1＋9%)＝32656.4 元

措施项目费：30000×(1＋7%)×(1＋9%)＝34989 元

承包人完成工程款：594813＋32656.4＋34989＝662458.4 元

业主应支付的工程进度款：662458.4×90%－570320.7/3＝406105.66 元

4. (1) 第 5 个月承包人完成的工程款：

(900×300)×(1＋7%)×(1＋9%)＝314901 元

(2) 工程实际总造价：

594813＋909714＋560844.51＋662458.4＋314901＝3042730.91元

（3）竣工结算款：

累计已支付工程款：570320.7＋535331.7＋628635.7＋314655.16＋406105.66＝2455048.92元

工程竣工结算款＝3042730.91×（1－5％）－2455048.92＝435545.44元

6. 合同价款的调整

合同价款是合同文件的核心要素，在工程实施阶段，由于项目实际情况的变化，发承包双方在施工合同中约定的合同价款可能会出现变动。为有效控制工程造价，发承包双方应当在施工合同中明确约定合同价款的调整事项和调整方法。

（1）引起合同调整的事项

发承包双方按照合同约定调整合同价款的事项，可以分为五大类：第一，法规变化，主要包括国家法律、法规、规章和政策发生变化；第二，工程变更，主要包括工程变更、工程量清单项目特征描述不符、工程量清单缺项、工程量偏差、计日工等；第三，物价变化，主要包括物价波动和暂估价；第四，工程索赔，主要包括不可抗力、提前竣工（赶工补偿）、误期赔偿等；第五，其他，主要指现场签证及发承包双方约定的其他调整事项。

（2）价款调整方法

1）价款调整的基本原则

① 已标价工程量清单中有适用于变更工程项目的，且工程变更导致的该清单项目的工程数量变化不足15％时，采用该项目的单价。直接采用适用的项目单价的前提是其采用的材料、施工工艺和方法相同，也不因此增加关键线路上工程的施工时间。

② 已标价工程量清单中没有适用，但有类似于变更工程项目的，可在合理范围内参照类似项目的单价或总价调整。采用类似的项目单价的前提是其采用的材料、施工工艺和方法基本相似，不增加关键线路上工程的施工时间，可仅就其变更后的差异部分，参考类似的项目单价由发承包双方协商新的项目单价。

③ 已标价工程量清单中没有适用也没有类似于变更工程项目的，由承包人根据变更工程资料、计量规则和计价办法、工程造价管理机构发布的信息（参考）价格和承包人报价浮动率，提出变更工程项目的单价或总价，报发包人确认后调整，承包人报价浮动率可按下列公式计算：

$$\text{实行招标的工程：承包人报价浮动率 } L=\left(1-\frac{\text{中标价}}{\text{招标控制价}}\right)\times 100\% \tag{9-22}$$

$$\text{不实行招标的工程：承包人报价浮动率 } L=\left(1-\frac{\text{报价值}}{\text{施工图预算}}\right)\times 100\% \tag{9-23}$$

注：上述公式中的中标价、招标控制价或报价值、施工图预算，均不含安全文明施工费。

④ 已标价工程量清单中没有适用也没有类似于变更工程项目，且工程造价管理机构发布的信息价格缺价的，由承包人根据变更工程资料、计量规则、计价办法和通过市场调查等取得有合法依据的市场价格提出变更工程项目的单价，报发包人确认后调整。

2）价款调整方法

① 分部分项工程和单价措施项目综合单价的调整

当应予计算的实际工程量与招标工程量清单出现偏差（包括因工程变更等原因导致的工程量偏差）超过 15%时，对综合单价的调整原则为：当工程量增加 15%以上时，其增加部分的工程量的综合单价应予调低；当工程量减少 15%以上时，减少后剩余部分的工程量的综合单价应予调高。至于具体的调整方法，可参见以下公式：

当 $Q_1>1.15Q_0$ 时

$$S=1.15Q_0\times P_0+(Q_1-1.15Q_0)\times P_1 \tag{9-24}$$

当 $Q_1<0.85Q_0$ 时

$$S=Q_1\times P_1 \tag{9-25}$$

式中：S——调整后的某一分部分项工程费结算价；

Q_1——最终完成的工程量；

Q_0——招标工程量清单中列出的工程量；

P_1——按照最终完成工程量重新调整后的综合单价；

P_0——承包人在工程量清单中填报的综合单价。

新综合单价 P_1 的确定方法：

新综合单价 P_1 的确定，一是发承包双方协商确定，二是与招标控制价相联系，当工程量偏差项目出现承包人在工程量清单中填报的综合单价与发包人招标控制价相应清单项目的综合单价偏差超过 15%时，工程量偏差项目综合单价的调整可参考如下公式：

当 $P_0<P_2\times(1-L)\times(1-15\%)$ 时，该类项目的综合单价为：

$$P_1 \text{ 按照 } P_2\times(1-L)\times(1-15\%)\text{调整} \tag{9-26}$$

当 $P_0>P_2\times(1+15\%)$ 时，该类项目的综合单价为：

$$P_1 \text{ 按照 } P_2\times(1+15\%)\text{调整} \tag{9-27}$$

当 $P_2\times(1-L)\times(1-15\%)<P_0<P_2\times(1+15\%)$ 时，可以不做调整。

式中：P_0——承包人在工程量清单中填报的综合单价；

P_2——发包人招标控制价相应项目的综合单价；

L——承包人报价浮动率。

② 总价措施项目费的调整

工程变更引起措施项目发生变化的，承包人提出调整措施项目费的，应事先将拟实施的方案提交发包人确认，并详细说明与原方案措施项目相比的变化情况。拟实施的方案经发承包双方确认后执行。该情况下，应按照下列规定调整措施项目费：

安全文明施工费，按照实际发生变化的措施项目调整，不得浮动。

按总价（或系数）计算的措施项目费，除安全文明施工费外，按照实际发生变化的措施项目调整，但应考虑承包人报价浮动因素（浮动费率公式同前）。如果承包人未事先将拟实施的方案提交给发包人确认，则视为工程变更不引起措施项目费的调整或承包人放弃调整措施项目费的权利。

【例 9-3】 某工程项目招标工程量清单数量为 1500m^3，施工中由于设计变更调增为 1800m^3，该项目招标控制价综合单价为 300 元，投标报价为 380 元，应如何调整？

【解析】 1800/1500=120%，工程量增加超过 15%，需对单价做调整。

$$P_2\times(1+15\%)=300\times(1+15\%)=345\text{ 元}<380\text{ 元}$$

该项目变更后的综合单价应调整为 345 元。

$C=1500\times(1+15\%)\times380+(1800-1500\times1.15)\times345=655500+75\times345=681375$ 元

任务9.3 成本计划

施工项目成本计划是在成本预测的基础上，经过分析、比较、论证、判断之后，以货币形式预先规定施工项目在计划期内的生产费用、成本水平、成本降低率，以及为降低成本所采取的主要措施和规划的书面方案。

9.3.1 成本计划的内容及编制依据

1. 施工成本计划的内容

(1) 通过标价分离，测算项目成本。工程项目一旦中标后，施工企业一般采用标价分离方法进行成本测算，确定施工项目的目标成本和施工项目部的计划成本。

(2) 确定项目施工总体成本目标。工程开工前期，项目成本经理组织专职人员采用适用的方法，对工程项目的总成本水平和降低成本的可能性进行分析预测，制定出项目的目标成本。

(3) 编制施工项目总体成本计划。

(4) 根据施工项目经理部与企业职能部门的责任成本范围，分别确定其具体成本目标，分解相关成本要求。

(5) 编制相应的专门成本计划，包括单位工程、分部分项成本计划等。

(6) 针对以上成本计划，制定相应的控制方法，包括确保落实成本计划的施工组织措施、施工方案等。

(7) 编制施工项目管理目标责任书和企业职能部门管理目标。

(8) 配备相应的施工管理与实施资源，明确成本管理责任与权限。

按照上述要求形成的项目施工成本计划应经过施工企业授权人批准后实施。

2. 施工成本计划的编制依据

(1) 合同文件；

(2) 项目管理实施规划；

(3) 相关设计文件；

(4) 价格信息；

(5) 相关定额；

(6) 类似项目的成本资料。

9.3.2 施工成本计划的编制程序

施工成本计划编制应符合下列程序：

(1) 预测施工项目成本；

(2) 确定施工项目总体成本目标；

(3) 编制施工项目总体成本计划；

(4) 施工项目管理机构与组织的职能部门根据其责任成本范围，分别确定自己的成本目标，并编制相应的成本计划；

(5) 针对成本计划制定相应的控制措施；

(6) 由项目管理机构与组织的职能部门负责人分别审批相应的成本计划。

9.3.3 施工项目成本计划的编制方法

1. 按施工成本组成编制施工成本计划

施工成本可以按成本构成分解为人工费、材料费、施工机械使用费、措施费和间接费，如图 9-3 所示。

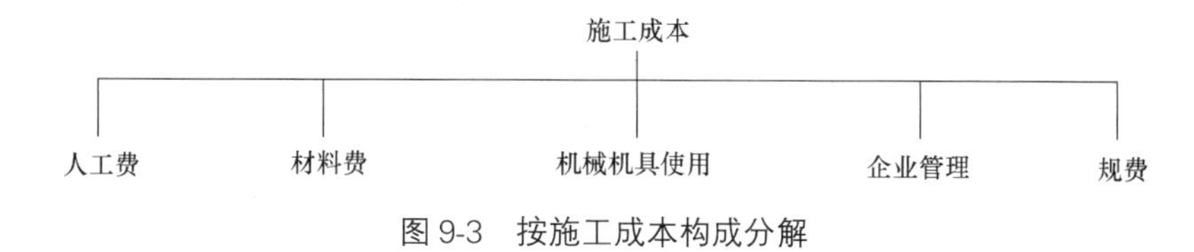

图 9-3 按施工成本构成分解

2. 按项目组成编制施工成本计划

大中型的工程项目通常是由若干单项工程构成的，而每个单项工程包括了多个单位工程，多个单位工程又是由若干个分部分项工程构成。因此，首先要把项目总施工成本分解到单项工程和单位工程中，再进一步分解为分部工程和分项工程，如图 9-4 所示。

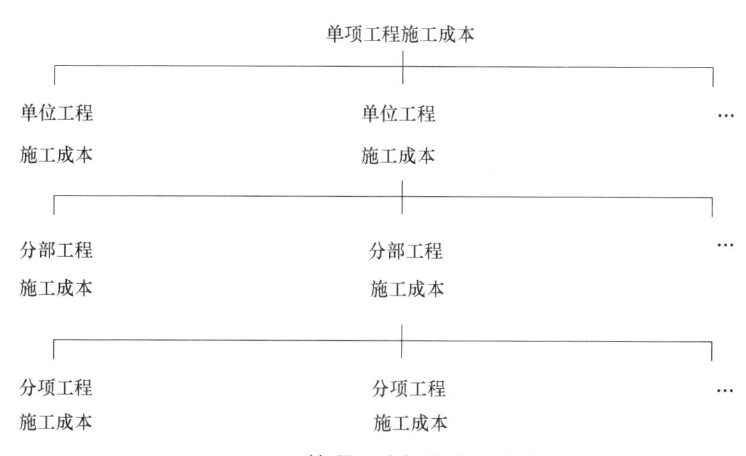

图 9-4 按项目分解的施工成本

3. 按施工进度编制施工成本计划

工程项目的投资总是分阶段、分期支出的，资金应用是否合理与资金的时间安排有密切关系。通常可利用控制施工进度的网络计划进一步扩充而得。即在建立网络计划时，一方面确定完成各项工作所需花费的时间，另一方面同时确定完成这一工作的合适的施工成本支出计划。在实践中，将施工项目分解为既能方便地表示时间，又能方便地表示施工成本支出计划的工作是不容易的，通常如果项目分解程度对时间控制合适的话，则对施工成本支出计划可能分解过细，以至于不可能对每项工作确定其施工成本支出计划。反之亦然，因此在编制网络计划时，应在充分考虑施工进度控制对项目划分要求的同时，还要考虑确定施工成本支出计划对项目划分的要求，做到二者兼顾。

以上三种编制施工成本计划的方法并不是相互独立的。在实际中，往往是将这几种方法结合起来使用，从而达到扬长避短的效果。例如：按项目分解项目总施工成本与按施工成本构成分解项目总施工成本两种方法结合，一般横向按施工成本构成分解，纵向按项目分解。

任务9.4 成本控制

施工项目成本控制应贯穿于项目从投标阶段开始直至竣工验收的全过程，它是企业全面成本管理的重要环节。在项目的施工过程中，需要成本控制方法和动态控制原理对实际施工成本的发生过程进行有效控制。

9.4.1 成本控制方法

1. 价值工程法

价值工程法是对工程项目进行事前成本控制的重要方法，在工程项目设计阶段，研究工程设计的技术合理性，探究有无改进的可能性，在提高功能的条件下，降低成本。在工程施工阶段，也可以通过价值工程活动，进行施工方案的技术经济分析，确定最佳施工方案，降低施工成本。

(1) 施工阶段的价值工程应用

在施工阶段，最主要的就是施工设备与施工设计的合理搭配，运用价值工程原理，可使两者完美地衔接在一起，从而实现进一步提高施工价值的目的。应用价值工程，对于各个环节，比如施工队伍的合理选择可以有效加快施工进度以及保障施工的质量，以及工程的财务活动可以做到统筹各方、合理调度，从而节约成本。

(2) 工程材料选择的价值工程应用

合理地选择建筑工程材料既能降低成本，又能保证工程的整体质量。价值工程是科学选择过程，是对整体功能把握的前提下，在实际的多种材料选择的方案中，利用价值工程原理，在满足功能要求的基本前提下，一定可以找出一种价格相对低廉的材料，不仅可以降低工程的总成本，而且还可以提高工程的质量，这一突破有利于促进当前建筑工程行业的整体管理水平的提高。

2. 成本的过程控制方法

收集成本实际支出数据，施工阶段是成本发生的主要阶段，这个阶段的成本控制主要是通过确定成本目标并按计划成本组织施工，合理配置资源，对施工现场发生的各项成本费用进行有效控制，其具体的控制方法如下：

(1) 人工费的控制

人工费的控制实行“量价分离”的方法，将作业用工及零星用工按定额工日的一定比例综合确定用工数量与单价，通过劳务合同进行控制。加强劳动定额管理、提高劳动生产率、降低工程耗用人工工日数量，是控制人工费支出的主要手段。

1) 制定先进合理的企业内部劳动定额，严格执行劳动定额，并将安全生产、文明施工及零星用工下达到作业队进行控制。

2) 提高生产工人的技术水平和作业队的组织管理水平，根据施工进度、技术要求，合理搭配各工种工人的数量，减少和避免无效劳动。

3）加强职工的技术培训和多种施工作业技能的培训，不断提高职工的业务技术水平和熟练操作程度，培养一专多能的技术工人，提高作业工效，提倡技术革新和推广新技术，提高技术装备水平和工厂化生产水平，提高企业的劳动生产率。

4）实行弹性需求的劳务管理制度。

（2）材料费的控制

材料费控制同样按照“量价分离”原则，控制材料用量和材料价格。

1）材料用量的控制

在保证符合设计要求和质量标准的前提下，合理使用材料，通过定额控制、指标控制、计量控制、包干控制等手段有效控制物资材料的消耗。

2）材料价格的控制

材料价格主要由材料采购部门控制。由于材料价格是由买价、运杂费、运输中的合理损耗等所组成，因此控制材料价格，主要是通过掌握市场信息，应用招标和询价等方式控制材料、设备的采购价格。

（3）施工机械使用费的控制

合理选择施工机械设备，合理使用施工机械设备对成本控制具有十分重要的意义，尤其是高层建筑施工。在确定采用何种组合方式时，首先应满足施工需要，其次要考虑到费用的高低和综合经济效益。

施工机械使用费主要由台班数量和台班单价两方面决定，因此为有效控制施工机械使用费支出，应主要从以下两个方面进行控制：

1）台班数量

① 根据施工方案和现场实际情况，选择适合项目施工特点的施工机械，制定设备需求计划，合理安排施工生产，充分利用现有机械设备，加强内部调配，提高机械设备的利用率。

② 保证施工机械设备的作业时间，安排好生产工序的衔接，尽量避免停工、窝工，尽量减少施工中所消耗的机械台班数量。

③核定设备台班定额产量，实行超产奖励办法，加快施工生产进度，提高机械设备单位时间的生产效率和利用率。

④ 加强设备租赁计划管理，减少不必要的设备闲置和浪费，充分利用社会闲置机械资源。

2）台班单价

① 加强现场设备的维修、保养工作。降低大修、经常性修理等各项费用的开支，提高机械设备的完好率，最大限度地提高机械设备的利用率，避免因使用不当造成机械设备的停置。

② 加强机械操作人员的培训工作。不断提高操作技能，提高施工机械台班的生产效率。

③ 加强配件的管理。建立健全配件领发料制度，严格按油料消耗定额控制油料消耗，

做到修理有记录，消耗有定额，统计有报表，损耗有分析。通过经常分析总结，提高修理质量，降低配件消耗，减少修理费用的支出。

④ 降低材料成本。做好施工机械配件和工程材料采购计划，降低材料成本。

⑤ 成立设备管理领导小组，负责设备调度、检查、维修、评估等具体事宜。对主要部件及其保养情况建立档案，分清责任，便于尽早发现问题，找到解决问题的办法。

3. 赢得值（挣值）法

赢得值法（Earned Value Management，EVM）作为一项先进的项目管理技术，国际上先进的工程公司已普遍采用赢得值法进行工程项目的费用、进度综合分析控制。用赢得值法进行费用、进度综合分析控制，基本参数有三项，即已完工作预算费用、计划工作预算费用和已完工作实际费用。

（1）赢得值法的三个基本参数

1）已完工作预算费用

已完工作预算费用为 *BCWP*（Budgeted Cost for Work Performed），是指在某一时间已经完成的工作（或部分工作），以批准认可的预算为标准所需要的资金总额，由于发包人正是根据这个值为承包人完成的工作量支付相应的费用，也就是承包人获得（挣得）的金额，故称赢得值或挣值。

$$\text{已完工作预算费用}(BCWP)=\text{已完成工作量}\times\text{预算单价} \tag{9-28}$$

2）计划工作预算费用

计划工作预算费用，简称 *BCWS*（Budgeted Cost for Work Scheduled），即根据进度计划，在某一时刻应当完成的工作（或部分工作），以预算为标准所需要的资金总额。一般来说，除非合同有变更，*BCWS* 在工程实施过程中应保持不变。

$$\text{计划工作预算费用}(BCWS)=\text{计划工作量}\times\text{预算单价} \tag{9-29}$$

3）已完工作实际费用

已完工作实际费用，简称 *ACWP*（Actual Cost for Work Performed），即到某一时刻为止，已完成的工作（或部分工作）所实际花费的总金额。

$$\text{已完工作实际费用}(ACWP)=\text{已完成工作量}\times\text{实际单价} \tag{9-30}$$

（2）赢得值法的四个评价指标

在这三个基本参数的基础上，可以确定赢得值法的四个评价指标，它们都是时间的函数。

1）费用偏差 *CV*（Cost Variance）

$$CV=BCWP-ACWP \tag{9-31}$$

当 $CV<0$ 时，即表示项目运行超出预算费用；

当 $CV>0$ 时，表示项目运行节支，实际费用没有超出预算费用。

2）进度偏差 *SV*（Schedule Variance）

$$SV=BCWP-BCWS \tag{9-32}$$

当 $SV<0$ 时，表示进度延误，即实际进度落后于计划进度；

当 $SV>0$ 时，表示进度提前，即实际进度快于计划进度。

3）费用绩效指数（*CPI*）

$$CPI=\frac{BCWP}{ACWP} \tag{9-33}$$

当 $CPI<1$ 时，表示超支，即实际费用高于预算费用；

当 $CPI>1$ 时，表示节支，即实际费用低于预算费用。

4）进度绩效指数（SPI）

$$SPI=\frac{BCWP}{BCWS} \tag{9-34}$$

当 $SPI<1$ 时，表示进度延误，即实际进度落后于计划进度；

当 $SPI>1$ 时，表示进度提前，即实际进度快于计划进度。

9.4.2 赢得值法的应用

利用赢得值法，费用（进度）偏差反映的是绝对偏差，结果很直观，有助于费用管理人员了解项目费用出现偏差的绝对数额，并依此采取一定措施，制定或调整费用支出计划和资金筹措计划。费用（进度）偏差仅适合于对同一项目作偏差分析。费用（进度）绩效指数反映的是相对偏差，它不受项目层次的限制，也不受项目实施时间的限制，因而在同一项目和不同项目比较中均可采用。

【例 9-4】 根据例 9-2 的背景资料和计算结果可以得出表 9-1 中的数据，为简便计算，本题中只分析分部分项工程量的成本、进度偏差，不进行规费税金的取费。

【问题】

1. 挣值法使用的三项成本值是什么？

2. 计算每月的三项成本值及累计成本值并填入表 9-2。

3. 分析第 4 月末的成本偏差、累计成本偏差和进度偏差、累计进度偏差。

【解析】

1. 挣值法使用的三项成本值是已完工作预算费用（$BCWP$）、计划工作预算费用（$BCWS$）和已完工作实际费用（$ACWP$）。

2.

各月成本值及累计值（单位：万元） **表 9-2**

项目名称	第 1 月	第 2 月	第 3 月	第 4 月	第 5 月
BCWP	48	75	45.2	47	27
累计 *BCWP*	48	123	168.2	215.2	242.2
BCWS	45	65.25	44.25	51	27
累计 *BCWS*	45	110.25	154.5	205.5	232.5
ACWP	48	75	47.09	49	27
累计 *ACWP*	48	123	170.09	219.09	246.09

3. 根据表 9-2 的计算结果可以得出：

第 4 个月成本偏差 $=BCWP-ACWP=47-49=-2$ 万元　　成本超支

第 4 个月累计成本偏差 $=\sum BCWP-\sum ACWP=215.2-219.09=-3.89$ 万元　　成本超支

第 4 个月进度偏差 $=BCWP-BCWS=47-51=-4$ 万元　　进度延误

第 4 个月累计进度偏差$=\sum BCWP-\sum BCWS=215.2-205.5=9.7$万元　进度提前

任务 9.5 施工成本核算、分析与考核

9.5.1 施工项目成本核算

施工项目成本核算是在成本范围内，以货币为计量单位，以施工项目成本直接耗费为对象，在区分收支类别和岗位成本责任的基础上，利用一定的方法，正确组织施工项目成本核算，全面反映施工项目成本耗费的一个核算过程。

1. 成本核算的原则

项目成本核算应坚持形象进度、产值统计、成本归集同步的原则，即三者的取值范围应是一致的。形象进度表达的工程量、统计施工产值的工程量和实际成本归集所依据的工程量均应是相同的数值。

2. 成本核算的依据

成本核算的依据包括：

(1) 各种财产物资的收发、领退、转移、报废、清查、盘点资料。做好各项财产物资的收发、领退、清查和盘点工作，是正确计算成本的前提条件。

(2) 与成本核算有关的各项原始记录和工程量统计资料。

(3) 工时、材料、费用等各项内部消耗定额以及材料、结构件、作业、劳务的内部结算指导价。

3. 项目成本核算的方法

项目成本核算最常用的核算方法有会计核算方法、业务核算方法与表格核算方法，三种方法互为补充，各具特点，形成完整的项目成本核算体系。施工项目成本核算的方法主要有表格核算法和会计核算法。

(1) 会计核算法

会计核算法是以传统的会计方法为主要的手段，以货币为度量单位，会计记账凭证为依据，对各项资金来源去向进行综合系统完整地记录、计算、整理汇总的一种方法。

会计核算方法是建立在会计对工程项目进行全面核算的基础上，再利用收支全面核实和借贷记账法的综合特点，按照施工项目成本的收支范围和内容，进行施工项目成本核算。不仅核算工程项目施工的直接成本，而且还要核算工程项目在施工过程中出现的债权债务、为施工生产而自购的工具、器具摊销、向发包单位的报量和收款、分包完成和分包付款等。这种核算方法的优点是科学严密，人为控制的因素较小而且核算的覆盖面较大；缺点是对核算工作人员的专业水平和工作经验都要求较高。项目财务部门一般采用此种方法。

(2) 表格核算法

表格核算法主要是建立在内部各项成本核算的基础上，通过项目的各业务部门与核算单位定期采集相关信息、填制相应表格，形成项目成本核算体系的一种方式。

表格核算法是通过对施工项目内部各环节进行成本核算，以此为基础，核算单位和各

部门定期采集信息，按照有关规定填制一系列的表格，完成数据比较、考核和简单的核算，形成工程项目成本的核算体系，作为支撑工程项目成本核算的平台。这种核算的优点是简便易懂，方便操作，实用性较好；缺点是难以实现较为科学严密的审核制度，精度不高，覆盖面较小。

(3) 业务核算法

业务核算法是对项目中的各项业务的各个程序环节，用各种凭证进行具体核算管理的一种方法。

9.5.2 施工项目成本分析

成本分析是成本管理中的一个重要环节，是成本核算和成本控制的继续和发展。成本分析的过程，既是对项目施工过程中各种费用要素进行归集和如实反映的过程，也是满足项目成本管理所需要的信息反馈的过程，是对项目成本计划的实施进行检验和控制的过程，对项目决策目标的实现起着重要的作用，做好成本分析工作对降低成本、增加项目利润、提高项目施工管理水平有着重要的作用。

1. 成本分析的内容和步骤

(1) 成本分析的内容

成本分析的内容包括：时间节点成本分析；工作任务分解单元成本分析；组织单元成本分析；单项指标成本分析；综合项目成本分析。

(2) 成本分析的步骤

1) 选择成本分析方法；

2) 收集成本信息；

3) 进行成本数据处理；

4) 分析成本形成原因；

5) 确定成本结果。

2. 成本分析的方法

(1) 比较法

比较法，又称指标对比分析法，就是通过技术经济指标的对比，检查目标的完成情况，分析产生差异的原因，进而挖掘内部潜力的方法。这种方法具有通俗易懂、简单易行、便于掌握的特点，因而得到了广泛的应用，但在应用时必须注意各技术经济指标的可比性。比较法的应用，通常有下列形式：

1) 将实际指标与目标指标对比

通过这种对比，可以检查目标完成情况，分析影响目标完成的积极因素和消极因素，以便及时采取措施，保证成本目标的实现。在进行实际目标与目标指标对比时，还应注意目标本身有无问题。如果目标本身出现问题，则应调整目标，重新正确评价实际工作的成绩。

2) 本期实际目标与上期实际目标对比

通过这种对比，可以看出各项技术经济指标的变动情况，反映施工管理水平的提高程度。

3) 与本行业平均水平、先进水平对比

通过这种对比，可以反映本项目的技术管理和经济管理与行业的平均水平和先进水平的差距，进而采取措施赶超先进水平。以上三种对比，可以在一张表上同时反映出来。

【例 9-5】 某施工项目 2019 年度节约钢材的目标为 220 万元，实际节约 230 万元，2018 年节约 195 万元，本企业先进水平节约 235 万元。试编制分析表。

【解析】 分析表编制见表 9-3：

表 9-3

指　标	2019 年计划数	2018 年实际数	企业先进水平	2019 年实际数	差异数		
					2019 年与计划比	2019 年与 2018 年比	2019 年与先进比
钢材节约额	220	195	235	230	10	35	−5

（2）因素分析法

因素分析法又称连环置换法。这种方法可用来分析各种因素对成本的影响程度。在进行分析时，首先要假定众多因素中的一个因素发生变化，而其他因素不变，然后逐个替换，分别比较其计算结果，以确定各个因素的变化对成本的影响程度。因素分析法的计算步骤如下：

1）确定分析对象，并计算出实际数与目标数的差异；

2）确定该指标是由哪几个因素组成的，并按其相互关系进行排序；

3）以目标数为基础，将各因素的目标数相乘，作为分析替代的基数；

4）将各个因素的实际数按照上面的排列顺序进行替换计算，并将替换后的实际数保留下来；

5）将每次替换计算所得的结果与前一次的计算结果相比较，两者的差异即为该因素对成本的影响程度；

6）各个因素的影响程度之和，应与分析对象的总差异相等。

【例 9-6】 某工程浇筑一层结构商品混凝土，目标成本为 353600 元，实际成本为 401700 元，比目标成本增加 48100 元。根据表 9-4 的资料，用“因素分析法”分析其成本增加的原因。

某分项工程商品混凝土目标成本与实际成本对比表　　表 9-4

项目	计划	实际	差额
工程量(m^3)	500	520	+20
单价(元)	680	750	+70
损耗率(%)	4	3	−1
成本(元)	353600	401700	+48100

【解析】 （1）分析对象是浇筑一层结构商品混凝土的成本，实际成本与目标成本的差额为 29320 元。

（2）该指标是由产量、单价、损耗率三个因素组成的，其排序见表 9-4。

（3）以目标数 353600（500×680×1.04）元为分析替代的基础。

（4）替换：

第一次替换：产量因素：以 520 替代 500，得 520×680×1.04 ＝ 367744 元；

第二次替换：单价因素：以 750 替代 680，并保留上次替换后的值，即 520×750×1.04 ＝ 405600 元；

第三次替换：损耗率因素：以 1.03 替代 1.04，并保留上两次替换后的值，即 520×750×1.03＝401700 元。

（5）计算差额：

第一次替换与目标数的差额＝367744－353600＝14144 元；

第二次替换与第一次替换的差额＝405600－367744＝37856 元；

第三次替换与第二次替换的差额＝401700－405600＝－3900 元。

工程量增加是成本增加了 14144 元，单价提高使成本增加了 37856 元，而损耗率下降使成本降低了 3900 元。

（6）各因素的影响程度之和 ＝14144＋37856－3900 ＝ 48100 元，与实际成本和目标的总差额相等。

为了使用方便，企业也可以通过运用因素分析表来求出各因素的变动对实际成本的影响程度，其具体形式见表 9-5。

商品混凝土成本变动因素分析表　　**表 9-5**

顺序	连环替代计算	差异(元)	因素分析
目标数	500×680×1.04		
第一次替代	520×680×1.04	14144	由于用量增加 $20m^3$，成本增加 14144 元
第二次替代	520×750×1.04	37856	由于单价提高 70 元，成本增加 37856 元
第三次替代	520×750×1.03	－3900	由于损耗率下降 1%，成本减少 3900 元
合计	21840＋11440－3960＝29320	48100	

3. 差额计算法

差额计算法是因素分析法的一种简化形式，它利用各个因素的目标值与实际值的差额来计算其对成本的影响程度。

【例 9-7】 利用例 9-6 中的数据，用差额计算法计算。

【解析】 500×680×1.04－520×750×1.03＝48100 元

4. 比率法

比率法是指用两个以上的指标的比例进行分析的方法。它的基本特点是：先把对比分析的数值变成相对数，再观察其相互之间的关系。常用的比率法有以下几种：

（1）相关比率法。由于项目经济活动的各个方面是互相联系、互相依存、又互相影响的，因而可将两个性质不同而又相关的指标加以对比，求出比率，并以此来考察经营成果的好坏。

例如，产值和工资是两个不同的概念，但它们的关系又是投入与产出的关系。在一般情况下，都希望以最少的人工费支出完成最大的产值。因此，用产值工资率指标来考核人工费的支出水平，就很能说明问题。

（2）构成比率法。又称比重分析法或结构对比分析法。通过构成比率，可以考察成本总量的构成情况以及各成本项目占成本总量的比重，同时也可看出量、本、利的比例关系（即预算成本、实际成本和降低成本的比例关系），从而为寻求降低成本的途径指明方向。

（3）动态比率法。动态比率法就是将同类指标不同时期的数值进行对比，求出比率，以分析该项指标的发展方向和发展速度。动态比率的计算，通常采用基期指数（或稳定比指数）和环比指数两种方法。

9.5.3 施工项目成本考核

成本考核是衡量成本降低的实际成果，也是对成本指标完成情况的总结和评价。组织应根据项目成本管理制度，确定项目成本考核目的、时间、范围、对象、方式、依据、指标、组织领导、评价与奖惩原则。

1. 成本考核的依据

成本考核的依据包括成本计划、成本控制、成本核算和成本分析的资料。一般包括以下 5 个方面。

（1）项目施工合同或工程总承包合同文件；

（2）项目经理目标责任书；

（3）项目管理实施规划及项目施工组织设计文件；

（4）项目成本计划文件；

（5）项目成本核算资料与成本报告文件。

2. 项目成本考核的程序

（1）组织主管领导或部门发出考评通知书，说明考评的范围、具体时间和要求；

（2）项目经理部按考评通知书的要求，做好相关范围成本管理情况的总结和数据资料的汇总，提出自评报告；

（3）组织主管领导签发项目经理部的自评报告，交送相关职能部门和人员进行审阅评议；

（4）及时进行项目审计，对项目整体的综合效益做出评估；

（5）按规定时间召开组织考评会议，进行集体评价与审查并形成考评结论。

3. 成本考核的方法

成本考核也可分别考核公司层和项目管理机构。公司应对项目管理机构的成本和效益进行全面评价、考核与奖惩。公司层对项目管理机构进行考核与奖惩时，既要防止虚盈实亏，也要避免实际成本归集差错等的影响，使成本考核真正做到公平、公正、公开，在此基础上落实成本管理责任制的奖惩措施。项目管理机构应根据成本考核结果对相关人员进行奖惩。成本考核的方法分为传统成本考核法和现代成本考核法。

（1）传统成本考核法

传统成本考核指标主要是可比产品成本计划完成情况指标。具体包括全部可比产品成本计划降低率、全部可比产品成本计划降低额、全部可比产品成本实际降低率、全部可比产品成本实际降低额。其中：

可比产品成本降低额＝本期实际成本－可比产品上期实际成本　　(9-35)

可比产品成本降低率＝可比产品成本降低额/可比产品上期实际成本×100％　(9-36)

（2）现代成本考核法

在现代成本管理的理论和方法中，对传统的成本考核内容进行了较大的改革，主要是围绕责任成本设计成本考核指标，其内容主要包括行业内部考核指标和企业内部责任成本考核指标。

行业内部考核指标具体包括成本降低率、标准总成本、实际总成本、销售收入成本率。

$$成本降低率=(标准成本-实际总成本)/标准总成本\times 100\% \tag{9-37}$$

$$销售收入成本率=报告期销售成本总额/报告期销售收入总额\times 100\% \tag{9-38}$$

企业内部责任成本考核指标具体包括责任成本差异率和责任成本降低额。

$$责任成本差异率=责任成本差异额/标准责任成本总额\times 100\% \tag{9-39}$$

$$责任成本降低率=本期责任成本降低额/上期责任成本总额\times 100\% \tag{9-40}$$

现代成本考核法围绕责任成本设立了成本考核的指标，同时还包括成本岗位工作考核，引入成本否决制的基本思想，与奖惩密切结合起来，充分体现成本考核的时代性和先进性。

任务 9.6 BIM 技术在成本管理中的应用

9.6.1 施工项目成本精细管理

1. 施工项目精细管理的含义

施工项目成本精细管理的意义是细化项目成本管理，以改变当前的项目成本管理问题。通过追求新的过程分解来细化工作的特定技术和新方法，正确分析项目成本，建立良好的控制程序，使成本符合管理过程的准确性和标准化要求，从而提高项目成本管理的有效性。

由于项目成本的阶段性和动态性，导致项目的数据和信息来自成本管理的各个阶段。成本管理的细化是确保正确创建相应的数据信息并在项目中彼此共享，只有认真而严格的成本管理流程，才能使成本数据和信息可以更有效地运行，从而使管理人员采取正确的措施决定。进行精细管理的主要方法是使用精准信息技术，以及先进信息技术、数据和系统的集成管理技术、创新管理方式，使工程造价管理更加标准化、规范化。

2. BIM 技术在施工项目成本精细管理中的应用优势

BIM 模型具有 3D 效果，可让施工单位表达的设计内容和主题更准确。不仅如此，建立 BIM 模型可以直接获得产品的可计算属性。BIM 模型可以直接表示项目，施工单位能方便准确地完成客户所交代的工程项目。除此之外，还可以更准确地向设计单位表达预期目标，减少施工中后期的设计变更，降低了企业的资金风险。BIM 在检查成本时，可以迅速找出不合适的组件，消除重复或不合理。BIM 模型及其参数化的特征，使模型更紧密联系实际，防止施工延迟进而增加项目不必要的成本。

传统工程成本管理会从多方面进行成本计算，该过程复杂，工作量也很重。而且各方在诉讼过程中会因为意见分歧而发生纠纷，BIM 模型的应用可以减少这些不必要的分歧，使各方能够协调与合作。不仅如此，设计单位还可以远程构建通过 BIM 平台监控项目设计情况，并进行相应的协调和调整工作，不仅减少了程序修改的成本，而且降低了由设计变更引起的风险。此外，BIM模型可以准确预测项目的开展，并且能够结合实际施工情况来及时更新记录，从而更便于开展工程造价精细化管理。通过此方法，BIM可以有效地收集成本信息并将其整合到建设项目的现金流中。

9.6.2 BIM技术在不同阶段的造价管理

1. 决策阶段基于BIM的工程造价全过程管理

BIM模型的特点是可视化和参数化。在决策阶段，使用BIM的3D空间设计和建筑物漫游功能模型以消除不必要的组件并添加获得所需的缺少组件。人员可以进行更多的投资估算，基于虚拟模式准确地使投资估算真正成为建设项目投资的上限，并减少高估的机会。

2. 设计阶段基于BIM的工程造价全过程管理

在设计阶段，项目设计师通常按专业划分。在传统二维设计模式下，没有有效的方法来解决专业之间衔接不当的问题，导致多次返工，设计变更，这使项目开发部、设计院、施工部、监督单位、供应商、咨询单位工作进度延迟，给施工人员带来了很大的麻烦，也增加了施工成本。如果每个专业都可以使用BIM技术建立模型并将其导入用于碰撞检测的软件，测试结果将直观地反映出建筑、给水排水、结构、机电、消防专业的三维立体图，得到碰撞冲突检测结果，避免在施工过程中由专业之间的冲突引起的设计变更。从源头上减少设计变更，才可以真正地合作并降低预算。

3. 施工阶段基于BIM的工程造价全过程管理

在施工阶段，承包商使用BIM的可视化功能来制订计划并模拟施工过程以发现可能的问题，实现可视化技术公开，并根据节点提出材料要求。BIM技术还可以收集现场数据检测现场质量缺陷，并关联安全风险和文明建设。基于BIM的工程测量可以根据任何条件拆分原始BIM模型施工面，以总结出相应的工程量。施工单位无须花时间检查工程量。因此，承包商可以快速而准确地核实已完成项目的数量，获取BIM数据库中的价格信息，并快速计算出相应的项目进度付款，这使项目进度付款的管理更简单、更有效。BIM模型具有参数化的功能，如果结构上有设计变更，则该模型可以自动更新信息，同时保持之间的关系零件，可以有效地防止由于延迟或延误而重复或丢失工程成本的相关内容而使更新不完整。使用BIM模型的工程设计变更可以实现动态、准确和完整的信息传递，从而实现高效的协作和分享。

习　题

案例分析题：

背景：

某工程项目业主采用工程量清单计价方式公开招标确定了承包人，双方签订了工程承包合同，合同工期为6个月。合同中的清单项目及费用包括：分项工程项目4项，总费用为200万元，相应专业措施费用为16万元；安全文明施工措施费用为6万元；计日工费用为3万元；暂列金额为12万元；特种门窗工程（专业分包）暂估价为30万元，总承包服务费为专业分包工程费用的5%；规费费率为7%，增值税率为9%。各分项工程项目费用及相应专业措施费用、施工进度如下图所示：

分项工程项目名称	分项工程项目及相应专业措施费用(万元)		施工进度(单位:月)					
	项目费用	措施费用	1	2	3	4	5	6
A	40	2.2						
B	60	5.4						
C	60	4.8						
D	40	3.0						

注:表中粗实线为计划作业时间,粗虚线为实际作业时间;
各分项工程计划和时间作业按均衡施工考虑。

合同中有关付款条款约定如下：

(1) 工程预付款为签约合同价（扣除暂列金额）的20%，于开工之日前10天支付，在工期最后2个月的工程款中平均扣回；

(2) 分项工程项目费用及相应专业措施费用按实际进度逐月结算；

(3) 安全文明施工措施费用在开工后的前2个月平均支付；

(4) 计日工费用、特种门窗专业费用预计发生在第5个月，并在当月结算；

(5) 总承包服务费、暂列金额按实际发生额在竣工结算时一次性结算；

(6) 业主按每月工程款的90%给承包商付款；

(7) 竣工结算时扣留工程实际总造价的5%作为质量保证金。

问题：

1. 该工程签约合同价是多少万元？工程预付款为多少万元？

2. 列式计算1～5月每月的工程进度款为多少？若第6个月办理竣工结算，工程实际总造价和工程结算款分别为多少？

3. 列式计算第3个月末时的工程进度偏差并分析工程进度情况（以投资额表示）。

习题参考答案：

任务 10

资源管理

项目资源既是项目目标得以实现的物质基础，也是项目管理的主要对象，包括项目使用的人力资源、材料、施工机具与设施、技术、资金和基础设施等。项目资源管理是对项目资源所进行的计划、组织、指挥、协调和控制等活动，其目的是通过生产要素管理，实现生产要素的优化配置，做到动态管理、降低工程成本、提高经济效益。

任务 10.1 人力资源管理

10.1.1 人力资源管理概述

1. 人力资源管理相关概念

人力资源是能够推动经济和社会发展的体力和脑力劳动者，在项目中包括不同层次的管理人员和参与的各种工人。

人力资源管理是一切对组织的员工构成直接影响的管理决策及利用人力资源实现组织目标的实践活动，包括工作分析、组织规划、员工招聘和选拔、培训和开发、激励机制、工作绩效、沟通等一系列劳动关系的过程。

2. 工程项目人力资源管理的特点

工程项目人力资源管理在内容上有自己的侧重点，在方法上也有一定的独特性，即建设项目人力资源管理在一定的生命周期内，表现为满足项目任务的需求。

3. 工程项目人力资源管理与企业一般人力资源管理的比较

工程项目人力资源管理与企业一般人力资源管理的比较见表 10-1。

工程项目人力资源管理与企业一般人力资源管理比较　　表 10-1

类别	工程项目人力资源管理	企业一般人力资源管理
管理方式	强调项目经理理负责制	企业领导方式多样化
管理机构	项目组织是临时的、一次性的、灵活和柔性的，隶属于不同的部门	企业组织是长期的、稳定的，隶属是唯一的

续表

类别	工程项目人力资源管理	企业一般人力资源管理
管理对象	一个具体项目的一次性完成的人，主要是项目经理、项目团队以及与项目相关的其他干系人	是相对持续稳定的经济实体和人
运行规律	以项目周期和内在规律为基础，是一次性多变的活动过程	以现代企业制度和企业经济活动内在的规律为基础
资源规划	满足某一项目的近期需求，且对需求预测的要求程度较低，各个阶段对人力资源管理的要求比较复杂	需要满足近期和长期的发展对人力资源的需求，对需求预测的要求比较高
人员获取	针对某一具体项目发展周期，往往是非常规的	招聘和录用程序是常规性的
绩效评价	对人员仅进行短期考核，评价指标以业绩、能力、态度为主	企业评价指标较复杂，内容较多
组织文化	项目组织文化是一种在短期内塑造而成的功利性文化	企业组织文化是经过长期营造积累而形成的
激励机制	组织随项目完成而解散，对项目团队成员应当以物质激励能力开发为主	激励措施是多方面的，以物质和精神激励为主
管理方法	是按项目管理知识体系中的技术和工具方法进行管理	人力资源管理是职能管理和作业管理相结合，实质是实体性管理

10.1.2 人力资源管理计划

1. 人力资源管理计划概述

项目管理机构应编制人力资源需求计划、人力资源配置计划和人力资源培训计划。人力资源计划是从项目目标出发，根据内外部环境的变化，通过对项目未来人力资源需求的预测，确定完成项目所需人力资源的数量和质量、各自的工作任务，以及相互关系的过程。人力资源计划的最终目标是使组织和个人都得到长期利益。

2. 人力资源需求计划

人力资源需求计划是为了实现目标而对所需人力资源进行预测，并为满足这些需要而预先进行系统安排的过程。

在进行管理人员人力资源需求计划编制时的一个重要前提是进行工作分析。工作分析是指通过观察和研究，对特定的工作职务做出明确的规定，并规定这一职务的人员应具备什么素质的过程。在整个项目进行过程中，除特殊情况外，项目经理是固定不变的，项目经理部的其他人员可以实行动态配置。

对于劳务人员的优化配置，应根据承包项目的施工进度计划和工种需要数量进行。项目经理部根据计划与劳务合同，接收到劳务承包队伍派遣的作业人员后，应根据工程的需要，或保持原建制不变，或重新进行组合。

3. 人力资源配置计划

人员配置计划阐述了单位每个职位的人员数量、人员的职务变动、职务空缺数量的补充办法。应特别注意项目小组成员（个人或团体）不再为项目所需要时，他们是如何解散的。适当地再分配程序可以是：通过减少或消除为了填补两次再分配之间的时间空隙而“制造工作”的趋势来降低成本；通过降低或消除对未来就业机会的不确定心理来鼓舞士气。

4. 人力资源培训计划

为适应发展的需要，要对员工进行培训，包括新员工的上岗培训和老员工的继续教育，以及各种专业培训等。人力资源培训的意义在于：提高人员综合素质的重要途径；有助于提高团队士气，减少员工流失率；有利于迎接新技术革命的挑战；有利于大幅度提高生产力。

培训计划涉及：培训政策、培训需求分析、培训目标的建立、培训内容、选择适当的培训方式（在职、脱产）。

培训内容包括规章制度、安全施工、操作技术和文明教育四个方面。具体有：人员的应知应会知识、法律法规及相关要求，操作和管理的沟通配合须知、施工合规的意识、人体工效要求等。

10.1.3　人力资源管理内容

项目人力资源管理过程应包括人力资源组织与组织规划、人力资源的选择、订立劳务分包合同、教育培训和考核等内容。项目管理机构应确保人力资源的选择、培训和考核符合项目管理需求。

1. 人力资源管理组织与组织规划

项目人力资源管理是通过项目组织来进行的。项目组织是为了项目实施而建立的一个临时性组织，是为了达到这一目标由不同层次的权利和责任人的分工与合作构成的一个有机整体，它与项目同周期，项目完成后项目组织也随之解散。组织规划时应该坚持的原则有：精干高效原则、管理跨度和分层统一的原则、业务系统化管理原则、弹性和流动性原则以及项目组织与企业组织一体化原则。

管理组织的形式有以下几种：

（1）项目型组织结构：项目经理在企业内招聘，抽调职能人员组成管理机构，由项目经理指挥。组织成员在工程建设期间与原所在部门断绝领导与被领导关系。项目结束后机构撤销，所有人员仍回原所在部门和岗位。

（2）职能型组织结构：按职能原则建立的项目组织，它并不打乱企业现行的建制，把项目委托给企业某一专业部门，由被委托部门领导，在本单位选人组合负责管理项目组织，项目终止后恢复原职。

（3）矩阵型项目组织：多个项目与职能部门的结合呈现矩阵状，把职能原则和对象原则结合起来，既发挥职能部门的纵向优势，又发挥项目组织的横向优势。矩阵中的每个成员或部门，接受原部门负责人和项目经理的双重领导。一个专业人员可能同时为几个项目服务，特殊人才可充分发挥作用，免得人才在一个项目中闲置又在另一个项目中短缺，大大提高人才利用率。

（4）事业部型组织机构：企业成立事业部，事业部享有相对独立的经营权，可以是一个独立单位。事业部可以按照地区设置，也可以按工程类型或经营内容设置。在事业部下边设置项目经理部，项目经理由事业部选派，一般对事业部负责，有的可以直接对业主负责，是根据其授权程度决定的。

2. 人力资源的选择

根据项目需求确定人力资源性质数量标准，根据组织中工作岗位的需求，提出人员补充计划：对有资格的求职人员提供均等的就业机会；根据岗位要求和条件允许来确定合适人选。

3. 项目管理人员招聘的原则

公开原则；平等原则；竞争原则，制定科学的考核程序、录用标准；全面原则，德、才、能；量才原则，最终目的是使每一岗位上都是最合适、最经济的人员，并能达到组织整体效益最优。

4. 劳务合同

劳务分包合同的内容应包括：工程名称，工作内容及范围，提供劳务人员的数量，合同工期，合同价款及确定原则，合同价款的结算和支付，安全施工，重大伤亡及其他安全事故处理，工程质量、验收与保修，工期延误，文明施工，材料机具供应，文物保护，发包人、承包人的权利和义务，违约责任等。同时还应考虑劳务人员各种保险的合同管理。

5. 人力资源的培训

教育培训的管理包括培训岗位、人数，培训内容、目标、方法、地点和培训费用等，应重点培训生产线关键岗位的操作运行人员和管理人员。对培训人员的培训时间与项目的建设进度应相衔接，项目管理人员应在意识、培训、经验、能力方面满足规定要求。

10.1.4 项目人力资源管理中常采用的激励方法

（1）对于不同员工应采用不同的激励手段；

（2）适当拉开实际效价的档次，控制奖励的效价差；

（3）注意期望心理的疏导；

（4）注意公平心理的疏导；

（5）恰当地树立奖励目标；

（6）注意掌握奖励时机和奖励频率，注意综合效价。

10.1.5 项目人力资源考核

项目人力资源的考核就是工作行为的测量过程，即用过去制定的标准来比较工作绩效的记录，是将绩效考核的结果反馈给职工的过程。绩效考核是一个动态的过程，受到各种因素的影响，具有过程性与非人为性特点。

1. 对管理人员的考核

（1）管理人员绩效考核的内容

1）工作成绩。重点考核工作的实际成果，以员工工作岗位的责任范围和工作要求为标准，相同职位的职工以同一个标准考核。

2）工作态度。重点考核员工在工作中的表现，如责任心、职业道德、积极性。

3）工作能力。

（2）管理人员绩效考核的方法

1）主观评价法。依据一定的标准对被考核者进行主观评价。在评价过程中，可以通过对比比较法，将被考核者的工作成绩与其他被考核者的进行比较，评出最终的顺序或等级；也可以通过绝对标准法，直接根据考核标准和被考核者的行为表现进行比较。主观评价法比较简单，但也容易受考核者的主观影响，需要在使用过程中精心设计考核方案，减少考核的不确定性。

2）客观评价法。依据工作指标的完成情况进行客观评价。主要包括：生产指标，如产量、销售量、废次品率、原材料消耗量、能源率等。个人工作指标，如出勤率、事故率、违规违纪次数等指标。客观评价法注重工作结果，忽略被考核者的工作行为，一般只适用于生产一线从事体力劳动的员工。

3）工作成果评价法。是为员工设定一个最低的工作成绩标准，然后将员工的工作结果与这一最低的工作成绩标准进行比较。重点考核被考核者的产出和贡献。

2. 对作业人员的考核

应以劳务分包合同等为依据，由项目经理部对进场的劳务队伍进行队伍评价。在施工过程中，项目经理部的管理人员应加强对劳务分包队伍的管理，重点考核是否按照组织有关规定进行施工，是否严格执行合同条款，是否符合质量标准和技术规范操作要求。工程结束后，由项目经理对分包队伍进行评价，并将评价结果报组织有关管理部门，为以后工作提供选择的依据，并尽量与之建立长期合作关系。

任务10.2 劳 务 管 理

10.2.1 劳务用工管理

1. 劳务用工基本规定

（1）劳务用工企业必须依法与工人签订劳动合同，合同中应明确合同期限、工作内容、工作条件、工资标准（计时工资或计件工资）、支付方式、支付时间、合同终止条件、双方责任等。劳务企业应当每月对劳务作业人员应得工资进行核算，按照劳动合同约定的日期支付工资，不得以工程款拖欠、结算纠纷、垫资施工等理由随意克扣或无故拖欠工人工资。

（2）劳务用工企业必须建立健全培训制度，从事建设工程劳务作业的人员必须持相应的执业资格证书，并在工程所在地建设行政主管部门登记备案，严禁无证上岗。

（3）总承包企业、专业承包企业项目部应当以劳务班组为单位，建立建筑劳务用工档案，按月归集劳动合同、考勤表、施工作业工作量完成登记表、工资发放表、班组工资结清证明等资料，并以单项工程为单位，按月将企业自有建筑劳务的情况和使用的分包企业情况向工程所在地建设行政主管部门报告。

（4）总承包企业或专业承包企业支付劳务企业分包款时，应责成专人现场监督劳务企业将工资直接发放给劳务工本人，严禁发放给“包工头”或由“包工头”替多名劳务工代领工资，以避免出现“包工头”携款潜逃，劳务工资拖欠的情况。因总承包企业转包、挂靠、违法分包工程导致出现拖欠劳务工资的，由总承包企业承担全部责任，并先行支付劳务工资。

2. 劳务作业分包管理

(1) 劳务作业分包的定义

劳务作业分包是指施工总承包企业或者专业承包企业将其承包工程中的劳务作业发包给具有相应资质和能力的劳务分包企业完成的活动。

(2) 劳务作业分包管理流程

劳务作业分包管理流程如下：劳务分包单位信息的收集→资格预审→实地考察→评定→培训→推荐劳务分包→劳务分包单位参与投标→评标及确定中标单位→签订劳务分包合同→注册、登记→进场施工及现场管理→考核、评估→协作终止。

3. 劳务工人实名制管理

(1) 劳务工人实名制管理的作用

通过实名制管理，对规范总分包单位双方的用工行为，杜绝非法用工、劳资纠纷、恶意讨薪等问题的发生，具有一定的积极作用。

通过实名制数据采集，能及时掌握了解施工现场的人员状况，有利于工程项目施工现场劳动力的管理和调剂。

通过实名制数据公示，公开劳务分包单位企业人员考勤状况，公开每一个工人的出勤状况，避免或减少因工资和劳务费的支付而引发的纠纷隐患或恶意讨要事件的发生。通过实名制方式，为项目经理部施工现场劳务作业的安全管理、治安保卫管理提供第一手资料。

通过实名制管理卡金融功能的使用，可以简化企业工资发放程序，避免工人因携带现金而产生的不安全，为工人提供了极大的便利。

(2) 劳务实名制管理的主要措施

1) 总承包企业、项目经理部和作业分包单位必须按规定分别设置劳务管理机构和劳务管理员（简称劳务员），制定劳务管理制度。劳务员应持有岗位证书，切实履行劳务管理的职责。

2) 作业分包单位的劳务员在进场施工前，应按实名制管理要求，将进场施工人员花名册、身份证、劳动合同文本、岗位技能证书复印件及时报送总承包商备案。总承包方劳务员根据劳务分包单位提供的劳务人员信息资料逐一核对，不具备以上条件的不得使用，总承包商将不允许其进入施工现场。

3) 劳务员要做好劳务管理工作内业资料的收集、整理、归档，包括：企业法人营业执照、资质证书、建筑企业档案管理手册、安全生产许可证、项目施工劳务人员动态统计表、劳务分包合同、交易备案登记证书、劳务人员备案通知书、劳动合同书、身份证、岗位技能证书、月度考勤表、月度工资发放表等。

4) 项目经理部劳务员负责项目日常劳务管理和相关数据的收集统计工作，建立劳务费、工资结算兑付情况统计台账，检查监督作业分包单位对劳务工资的支付情况，对作业分包单位在支付工资上存在的问题，应要求其限期整改。

5) 项目经理部劳务员要严格按照劳务管理的相关规定，加强对现场的监控，规范分包单位的用工行为，保证其合法用工，监督劳务分包做好劳务人员的劳动合同签订、人员增减变动台账。

(3) 劳务实名制管理的技术手段

实名制采用“建筑企业实名制管理卡”，该卡具有多项功能。

1) 工资管理：劳务分包单位按月将劳务人员的工资通过邮政储蓄所存入个人管理卡，工人使用管理卡可就近在ATM机支取现金，查询余额，也可异地支取。

2) 考勤管理：在施工现场进出口通道安装打卡机，工人进出施工现场进行打卡，打卡机记录工人出勤状况。

3) 门禁管理：劳务人员出入项目施工区、生活区的通行许可证。

4) 售饭管理：劳务分包单位按月将每个劳务人员的本月饭费存入卡中，工人用餐时在售饭机上划卡付费即可。

10.2.2 劳动力的配置

1. 施工劳动力结构的特点

劳动力结构是指在劳动力总数中各种人员的构成及其比例关系。施工现场劳动力结构具有以下特点：

(1) 长期工少，短期工多；

(2) 技术工少，普通工多；

(3) 中老年工人多，青年工人少；

(4) 女性工人少，男性工人多。

2. 施工劳动力计划与配置方法

(1) 劳动力计划编制要求

1) 要保持劳动力均衡使用。

2) 要根据工程的实物量和定额标准分析劳动需用总工日，确定生产工人、工程技术人员的数量和比例，以便对现有人员进行调整、组织、培训，以保证现场施工的劳动力到位。

3) 要准确计算工程量和施工期限。

(2) 劳动力需求计划

确定建筑工程项目劳动力的需要量，是劳动力管理计划的重要组成部分，它不仅决定了劳动力的招聘计划、培训计划，而且直接影响其他管理计划的编制。

1) 确定劳动效率

确定劳动力的劳动效率，是劳动力需求计划编制的重要前提。建筑工程施工中，劳动效率通常用“产量/单位时间”或“工时消耗量/单位工作量”来表示，可以在《劳动定额》中直接查到，它代表社会平均先进水平的劳动效率。但在实际应用时，必须考虑到具体情况，如环境、气候、地形、地质、工程特点、实施方案的特点、现场平面布置、劳动组合、施工机具等，进行合理调整。

根据劳动力的劳动效率，就可得出劳动力投入的总工时，即：

劳动力投入总工时＝工程量/(产量/单位时间)＝工程量×工时消耗/单位工程量 (10-1)

2) 确定劳动力投入量

劳动力投入量也称劳动组合或投入强度，在劳动力投入总工时一定的情况下，假设持续的时间内，劳动力投入强度相等，而且劳动效率也相等，在确定每日班次及每班次的劳动时间时，可按下式计算：

$$\text{劳动力投入量}=\frac{\text{劳动力投入总工时}}{\text{班次/日}\times\text{工时/班次}\times\text{活动持续时间}}=\frac{\text{工时消耗量}\times\text{工程量/单位工程量}}{\text{班次/日}\times\text{工时/班次}\times\text{活动持续时间}}\tag{10-2}$$

3）劳动力需求计划的编制

在编制劳动力需要量计划时，由于工程量、劳动力投入量、持续时间、班次、劳动效率、每班工作时间之间存在一定的变量关系，因此，在计划中要注意它们之间的相互调节。

在工程项目施工中，经常安排混合班组承担一些工作任务，此时，不仅要考虑整体劳动效率，还要考虑到设备能力和材料供应能力的制约，以及与其他班组工作的协调。

劳动力需要量计划中还应包括对现场其他人员的使用计划，如为劳动力服务的人员（如医生、厨师、司机等）、工地警卫、勤杂人员、工地管理人员等，可根据劳动力投入量计划按比例计算，或根据现场的实际需要安排。

（3）劳动力配置计划

1）劳动力配置计划的内容

根据类型和生产过程特点，提出工作时间、工作制度和工作班次方案；根据精简、高效的原则和劳动定额，提出配备各岗位所需人员的数量，优化人员配置；研究确定各类人员应具备的劳动技能和文化素质；研究测算职工工资和福利费用；研究测算劳动生产率；研究提出员工聘用方案，特别是高层次管理人员和技术人员的来源和聘用方案。

2）劳动力配置计划的编制方法

按设备计算定员，即根据机器设备的数量、工人操作设备定额和生产班次等，计算生产定员人数。

按劳动定额定员，即根据工作量或生产任务量，按劳动定额计算生产定员人数。

按岗位计算定员，即根据设备操作岗位和每个岗位需要的工人数计算生产定员人数。

按比例计算定员，即按服务人数占职工总数或者生产人员数量的比例计算所需服务人员的数量。

按劳动效率计算定员，根据生产任务和生产人员的劳动效率计算生产定员人数。

按组织机构职责范围、业务分工计算管理人员的人数。

任务 10.3　工程材料管理

10.3.1　工程材料（设备）管理概述

建筑材料（设备）主要分为主要材料、辅助材料和周转材料，以及工程设备。建筑材料（设备）在整个建筑工程造价中的比重较大，加强项目的材料（设备）管理，对于提高工程质量、降低工程成本都将起到积极的作用。项目管理机构应制定材料（设备）管理制度，规定材料的使用、限额领料，使用监督、回收过程，并应建立材料（设备）使用台账。

10.3.2 项目材料计划

1. 材料计划的分类

按照计划的用途分，材料计划分为材料需用计划、加工订货计划和采购计划。按照计划的期限划分，材料计划有年度计划、季度计划、月计划、单位工程材料计划及临时追加计划。

项目常用的材料计划有：单位工程主要材料需用计划、主要材料年度需用计划、主要材料月（季）度需用计划、半成品加工订货计划、周转料具需用计划、主要材料采购计划、临时追加计划等。

2. 材料需用计划的编制

（1）单位工程主要材料需要量计划

项目开工前，项目经理部依据施工图纸、预算、管理水平和节约措施，以单位工程为对象编制各种材料需要量计划，作为编制其他材料计划及项目材料采购总量控制的依据。

（2）主要材料年（季、月）度需用计划

根据项目进度计划安排，在主要材料需要量计划的基础上。编制主要材料年度需用计划、主要材料季度需用计划和主要材料月度需用计划，作为项目阶段材料计划的控制依据。

（3）主要材料月度需用计划

该计划是项目材料需用计划中最具体的计划，是制订采购计划和向供应商订货的依据。计划中应注明产品的名称、规格型号、单位、数量、主要技术要求（含质量）、进场日期、提交样品时间等。

（4）周转料具需用计划

依据施工组织设计，按品种、规格、数量、需用时间和进度编制。

3. 材料采购计划的编制

（1）材料采购计划

计划中应确定采购方式、采购人员、候选供应商名单和采购时间等。根据物资采购的技术复杂程度、市场竞争情况、采购金额及数量大小确定采购方式。包括招标采购、邀请报价采购和零星采购等方式。

（2）半成品加工订货计划

在构件制品加工周期允许时间内，依据施工图纸和施工进度，提出加工订货计划。加工订货产品通常为非标产品，必须提出具体的加工要求，并附加图纸、说明、样品等。

4. 材料计划的调整

材料计划在实施中常会受到各种因素的影响而进行调整。材料调整计划或材料追加计划应按照编制审核程序进行审批后实施。计划调整的常见因素有生产任务改变、设计变更、材料市场供需变化、施工进度调整等。

10.3.3 现场材料管理

1. 材料采购

工程项目材料采购的要求：

（1）项目经理部应编制工程项目所需主要材料、大宗材料的需要量计划，由企业物资部门订货或采购。

（2）材料采购应按照企业质量管理体系和环境管理体系的要求，依据项目经理部提出的材料计划进行采购。

（3）材料采购时，要注意采购周期、批量、库存量满足使用要求，进行方案优选，选择采购费和储存费之和最低的方案。其计算公式为：

$$F=Q/2\times P\times A+S/Q\times C \qquad (10\text{-}3)$$

式中：F——采购费和储存费之和；

Q——每次采购量；

P——采购单价；

A——年仓库储存费率；

S——总采购量；

C——每次采购费。

2. 最优采购批量的计算

最优采购批量，也称最优库存量，或称经济批量，是指采购费和储存费之和最低的采购批量，其计算公式推导如下：

将采购费和储存费之和的公式右边对 Q 求导数，并令其为 0，解此方程，可得最优采购批量的计算公式为：

$$Q_0=\sqrt{2SC/PA} \qquad (10\text{-}4)$$

式中：Q_0——最优采购批量。

年采购次数为 S/Q_0；采购间隔期为 365/年采购次数。因此，项目的年材料费用总和就是材料费、采购费和仓库储存费三者之和。

3. 材料进场的验收和保管

材料进入现场时，应进行材料凭证、数量、规格、外观的验收（验收需填报检验记录），其中凭证验收包括发货明细、材质证明或合格证，进口材料应具有国家商检局检验证明书。数量验收包括数量是否与发货明细相符、是否与进场计划相符，水泥进行 5%过磅抽查，小件材料物资如包装完整按 5%抽检。计量方法为过磅或检尺，验收完成后进行实物挂牌标识，建立“收料台账记录”。

材料验收中，对不符合计划要求或质量不合格的材料，应更换、退货或让步接收（降级使用），严禁使用不合格的材料。

经验收合格的材料应按施工现场平面布置一次就位，并做好材料的标识。材料的堆放地应平整夯实，并有排水、防扬尘措施。各类材料应分品种、规格码放整齐，并标识齐全清晰，料具码放高度不得超过 1.5m。库外材料存放应下垫上盖，有防雨、防潮要求的材料应入库保管。

周转材料不得挪作他用，也不得随意切割打洞，严禁高空坠落，拆除后应及时退库。施工现场散落材料必须及时清理分拣归垛。易燃、易爆、剧毒等危险品应设立专库保管，并有明显危险品标志。钢材、术材、地方材料等需复试的材料进场验收后进行待验标识，并通知有关人员送检，待复检合格后进行发放使用。

4. ABC 分类法

就是根据库存材料的占用资金大小和品种数量之间的关系，把材料分为 A、B、C 三类（表 10-2），找出重点管理材料的一种方法。

材料 ABC 分类表 **表 10-2**

材料分类	品种数占全部品种数(%)	资金额占资金总额(%)
A 类	5～10	70～75
B 类	20～25	20～25
C 类	60～70	5～10
合计	100	100

A 类材料占用资金比重大，是重点管理的材料，要按品种计算经济库存量和安全库存量，并对库存量随时进行严格盘点，以便采取相应措施。对 B 类材料，可按大类控制其库存；对 C 类材料，可采用简化的方法管理，如定期检查库存，组织在一起订货运输等。

任务 10.4 施工机具与设施管理

10.4.1 施工机具与设施管理概述

施工机具与设施管理实行集中管理与分散管理相结合的办法，主要任务在于正确选择施工机具与设施，保证施工机具与设施在使用中处于良好状态，减少施工机具与设施闲置、损坏，提高施工机械化自动化水平，提高完好率、利用率和效率。施工机具与设施的供应有四种渠道：企业自有机具设施；市场租赁机具设施；企业为项目专购机具设施；分包施工机具与设施任务。

10.4.2 施工机具与设施选择的依据和原则

施工机具与设施选择的依据是：施工项目的施工条件、工程特点、工程量多少及工期要求等。选择的原则主要有适应性、高效性、稳定性、经济性和安全性。

10.4.3 施工机具与设施选择的方法

施工机具与设施选择的方法有单位工程量成本比较法、折算费用法（等值成本法）、界限时间比较法和综合评分法等。

1. 施工机械需用量的计算

施工机械需用量根据工程量、计划期内台班数量、机械生产率和利用率计算如下：

$$N=P/(W\times Q\times K_1\times K_2) \tag{10-5}$$

式中：N——机械需用数量；

P——计划期内工作量；

W——计划期内台班数；

Q——机械台班生产率（即台班工作量）；

K_1——现场工作条件影响系数；

K_2——机械生产时间利用系数。

2. 单位工程量成本比较法

机械设备使用的成本费用分为可变费用和固定费用两大类。可变费用又称操作费，它随着机械的工作时间变化，如操作人员的工资、燃料动力费、小修理费、直接材料费等。固定费用是按一定施工期限分摊的费用，如折旧费、大修理费、机械管理费、投资应付利息、固定资产占用费等，租赁机械的固定费用是要按期交纳的租金。在多台机械可供选用时，可优先选择单位工程量成本费用较低的机械。单位工程量成本的计算公式是：

$$C=(R+F_x)/Qx \tag{10-6}$$

式中：C——单位工程量成本；

R——一定期间固定费用；

F——单位时间可变费用；

Q——单位作业时间产量；

x——实际作业时间（机械使用时间）。

3. 折算费用法（等值成本法）

当施工项目的施工期限长，某机械需要长期使用，项目经理部决策购置机械时，可考虑机械的原值、年使用费、残值和复利利息，用折算费用法计算，在预计机械使用的期间，按月或年摊入成本的折算费用，选择较低者购买。计算公式是：

年折算费用=(原值-残值)×资金回收系数+残值×利率+年度机械使用费

其中

$$资金回收系数=\frac{i(1+i)^n}{(1+i)^{n-1}} \tag{10-7}$$

式中：i——复利率；

n——计利期。

10.4.4 大型施工机械设备管理

1. 项目机械设备管理工作的主要内容

（1）制定设备管理制度；

（2）签订机械租赁合同，组织设备进场与退场；

（3）建立现场设备台账；

（4）建立机械设备日巡查、周检查、月度大检查制度，组织设备维修保养；

（5）做好设备安全技术交底，监督操作者取得操作证，按规程操作设备；

（6）参与重要机械设备作业指导书、防范措施的制定、审查等；

（7）负责机械危险辨识和应急预案的编制和演练；

（8）参与机械事故、未遂事故的调查、处理、报告；

（9）负责各种资料、记录的收集、整理、存档和机械统计报表工作。

2. 项目机械设备的使用管理制度

（1）“三定”制度。是指主要机械在使用中实行定人、定机、定岗位责任的制度。

(2) 交接班制度。在采用多班制作业、多人操作机械时，要执行交接班制度，内容包括：

1）交接工作完成情况；

2）交接机械运转情况；

3）交接备用料具、工具和附件；

4）填写本班的机械运行记录；

5）交接双方签字；

6）管理部门检查交接情况。

(3) 安全交底制度。是指项目机械管理人员要对机械操作人员进行安全技术书面交底，并有机械操作人签字。

(4) 技术培训制度。通过进场培训和定期的过程培训，使操作人员做到“四懂三会”，即懂机械原理、懂机械构造、懂机械性能、懂机械用途，会操作、会维修、会排除故障；使维修人员做到“三懂四会”，即懂技术要求、懂质量标准、懂验收规范，会拆检、会组装、会调试、会鉴定。

(5) 检查制度。在机械使用前和使用中的检查内容包括：

1）制度的执行情况；

2）机械的正常操作情况；

3）机械的完整与受损情况；

4）机械的技术与运行状况、维修及保养情况；

5）各种机械管理资料的完整情况。

(6) 操作证制度。机械操作人员必须持证上岗；操作人员应随身携带操作证；严禁无证操作；审核操作证的年度审查情况。

3. 机械设备进场验收管理

(1) 进入现场的机械设备应具有的技术文件包括：

1）设备安装、调试、使用、拆除及试验图标程序和详细文字说明书；

2）各种安全保险装置及行程限位器装置调试和使用说明书；

3）维修保养及运输说明书；

4）安全操作规程；

5）产品鉴定证书，合格证书；

6）配件及配套工具目录。

(2) 施工机械进场验收主要内容有：

1）安装位置是否符合平面布置图要求；

2）安装地基是否牢固，机械是否稳固，工作棚是否符合要求；

3）传动部分是否灵活可靠，离合器是否灵活，制动器是否可靠，限位保险装置是否有效，机械的润滑情况是否良好；

4）电气设备是否可靠，电阻遥测记录是否符合要求，漏电保护器灵敏可靠，接地接零保护正确；

5）安全防护装置完好，安全、防火距离符合要求；

6）机械工作机构无损伤，运转正常，紧固件牢固；

7）操作人员持证上岗。

4. 施工机具与设施报废和出场管理

机械设备一般属于下列情况之一的应当更新：

（1）设备损耗严重，大修理后性能、精度仍不能满足规定要求的；

（2）设备在技术上已经落后，耗能超过标准 20%以上的；

（3）设备使用年限长，已经经过四次以上大修或者一次大修费用超过正常大修费用一倍的。

5. 施工机具与设施管理中常见的问题

设备由项目部管理，可以减少人员，减少中间环节，便于项目部灵活使用设备，提高了项目部的经济效益，但也存在以下问题：

（1）由于项目部的一次性特点，很难根据自身特点对设备寿命周期进行管理，削弱了设备的基础工作。

（2）同样由于项目一次性特点，项目经理部往往从本项目经理部利益考虑，不愿拿出资金维护设备，造成部分设备带病作业，甚至拼设备。致使下一个项目不得不花大量的时间和资金去恢复设备，影响公司的持续发展和整体利益，也使项目核算成本不真实。

（3）在施工项目接替不上时，会出现设备管理、维修脱节。

（4）施工中，由于施工机具与设施分散在各施工项目上，项目经理很难合理储存零部件，使备件供应不及时。同时，配件的多头采购也难以保证备件质量。

6. 施工机具与设施管理考核指标

组织应对项目施工机具与设施的配置、使用、维护、技术与安全措施、使用效率和使用成本进行考核评价。

施工机具与设施管理的考核指标包括：机械设备完好率、机械设备利用率、机械设备资产保值增值率、机械设备新度系数、机械设备装备率、技术装备率。

对机械设备维修和操作人员的考核，应该以人员的技术技能、工作效率、服务态度、规程、标准、定额等全面地评价人员的业务水平。

在施工机具与设施管理考核工作中应当注意的问题是：

（1）施工机具与设施管理考核必须是全方位的、多层次的和长期的工作；

（2）要准确、及时和全面地做好施工机具与设施管理统计工作，为加强设备设施管理考核、及时发现问题、研究改进措施提供可靠的依据；

（3）施工机具与设施管理考核指标应该实事求是、认真负责、奖罚严明，使机械设备管理考核工作真正起到激励和约束作用。

任务 10.5　资金管理

10.5.1　项目资金管理概述

项目的资金管理应是以保证收入、节约支出、集中管理、防范风险和提高项目资金使用效益为目的。主要环节有：资金收入、支出预测，资金收入对比，资金筹措，资金使用管理等。项目资金管理的原则是：统一管理、分级负责；归口协调、流程管控；资金集中、预算控制；以收定支、集中调剂。

项目经理部负责项目资金的使用管理，负责编制年、季、月度资金收支计划。其主要管理职责是：

（1）制定本项目资金预算管理实施细则；

（2）组织落实项目资金收支有序开展，确保项目资金及时回收和合理支出；

（3）编制、上报和执行项目资金预算；

（4）编制项目预算执行情况月报。

10.5.2 项目资金管理计划

1. 项目资金流动计划

项目资金流动包括项目资金的收入与支出，项目管理机构应编制项目资金收入计划和支出计划。要做到收入有规定、支出有计划、追加按程序。做到在计划范围内一切开支有审批，主要工料大宗支出有合同，使项目资金运营处于受控状态。

项目经理主持此项工作，由有关业务部门分别编制，财务部门汇总平衡。

项目资金收支计划包括收入方和支出方两部分。收入方包括项目本期工程款等收入项目、向公司内部银行借款，以及月初项目银行存款。支出方包括项目本期支付的各项工料费用，包括上缴利税基金和管理费、归还公司内部银行借款，以及月末项目银行存款。

2. 资金需求计划

各部门应根据本部门的月度经营情况和资金需求情况，全面、准确、及时地编制部门资金需求计划。

3. 编制年、季、月度项目资金管理计划

项目经理部应编制年、季、月进度资金收支计划，有条件的可以考虑编制旬、周、日的资金收支计划，上报组织主管部门审批实施。

年度资金收支计划的编制，要根据施工合同工程款支付的条款和年度生产计划安排，预测年内可能达到的资金收入；要参照施工方案，安排工料机费用等资金分阶段投入，做好收入与支出在时间上的平衡。编制年度资金计划，主要是摸清工程款到位情况，测算筹集资金的额度，安排资金分期支付，平衡资金，确立年度资金管理工作总体安排。

10.5.3 项目资金管理过程

项目资金收支管理、资金使用成本管理、资金风险管理应满足组织的规定要求。

1. 项目资金收入与支出管理

（1）保证资金收入。生产的正常进行需要一定的资金保证，项目部的资金来源，包括组织（公司）拨付资金，向发包人收取的工程款和备料款，以及通过组织（公司）获得的银行贷款等。收款工作要从承揽工程、签订合同时就入手，直到工程竣工验收、预算结算确定收入，以及保修期满收回工程尾款，主要有以下几点工作：

1）新开工项目按工程施工合同收取预付费或开办费；

2）根据月度统计表编制“工程进度款结算单”或“中期付款单”，于规定日期报送监理工程师审批结算，如发包人不能按期支付工程进度款且超过合同支付的最后期限，项目经理部应向发包人出具付款违约通知书，并按银行的同期贷款利率计息；

3）根据工程变更记录和证明发包人违约的材料，及时计算索赔金额，列入工程进度款结算；

4）合同造价之外，由原发包单位负责的工程设备或材料，如发包人委托项目经理部代购，必须签订代购合同，收取设备或材料订货预付款或代购款以及采购管理费；

5）工程材料单价实行市场价，合同中属暂估价的，施工中实际发生材料价差应按规定计算，及时请发包人确认，与进度款一起收取；

6）工期奖、质量奖、技术措施费、不可预见费及索赔款，应根据施工合同规定，与工程进度款同期收取；

7）工程尾款应根据发包人认可的工程结算金额，于保修期完成时取得保修完成单，及时回收工程款。

（2）抓好资金支出是控制项目资金的出口，施工生产直接或间接的生产费用投入，需花费大量资金，因此要精心计划节省使用资金，以保证项目部有资金支付能力。

抓好开源节流，组织好工料款回收，控制好生产费用支出，保证项目资金正常运转，在资金周转中使投入能得到补偿、得到增值，才能保证生产继续进行。

2. 项目资金的使用管理

建立健全项目资金管理责任制，明确项目资金的使用管理由项目经理负责，项目经理部财务人员负责协调组织日常工作，做到统一管理、归口负责、业务交圈对口，建立责任制，明确项目预算员、计划员、统计员、材料员、劳动定额员等有关职能人员的资金管理职责和权限。

资金的使用原则：项目资金的使用管理应本着促进生产、节省投入、量入为出、适度负债的原则。要本着国家、企业、员工三者利益兼顾的原则，优先考虑上缴国家的税金和应上缴的各项管理费。

要依法办事，按照《劳动法》保证员工工资按时发放，按照劳务分包合同，保证劳务费按合同规定结算和支付，按材料采购合同按期支付货款，按分包合同支付分包款。

节约资金的办法：项目资金的使用管理实际上反映了项目施工管理的水平，从施工计划安排、施工组织设计、施工方案的选择上，用先进的施工技术提高效率、保证质量、降低消耗，努力做到以较少的资金投入，创造较大的经济价值。

3. 项目资金风险管理

要注意发包方资金到位情况，签好施工合同，明确工程款支付办法和发包方供料范围。在发包方资金不足的情况下，尽量要求发包方供应部分材料，要防止发包方把属于甲方供料、甲方分包范围的转给组织支付。

要关注发包方资金动态，在已经发生垫资施工的情况下，要适当掌握施工进度，以利于回收资金，如果出现工程垫资超出原计划控制幅度，要考虑调整施工方案，压缩规模，甚至暂缓施工，并积极与发包方协调，保证项目的资金回收。

10.5.4 项目资金分析

项目管理机构应结合项目成本核算与分析，进行资金收支情况和经济效益考核评价。项目经理部应做好项目资金的分析，进行计划收支与实际收支对比，找出差异，分析原因，改进资金管理。项目竣工后，结合成本核算与分析评价资金收支情况和经济效益，上报组织财务主管部门备案。组织应根据项目的资金管理效果对项目经理部进行奖惩。

项目的资金分析要围绕资金收支计划进行。通过计划收入与实际收入的对比，可以从工程款收入的多少看出报告期计划产值的完成情况、增减账索赔办理情况、工程质量缺陷的消项情况、工程保修期执行情况、预算结算定案情况，为抓好工程款回收总结经验。

习　　题

一、单项选择题（每题的备选项中，仅有 1 个选项符合题意）

根据库存材料的占用资金大小和品种数量之间的关系，把材料分为 A、B、C 三类，其中，（　　）可采用简化的方法管理。

A. A 类　　B. B 类

C. C 类　　D. 以上选项都不对

二、多项选择题（每题的备选项中，有 2 个或 2 个以上符合题意，至少有 1 个错项）

项目人力资源管理组织的形式包括（　　）。

A. 项目型组织结构　　B. 职能型组织结构

C. 矩阵型项目组织结构　　D. 事业部型组织机构

E. 管理型组织结构

习题参考答案：

任务 11

其他管理

任务 11.1 绿色建造与环境管理

11.1.1 绿色建造的含义

1. 概念

绿色建造是指在设计和施工全过程中，立足于工程建设总体，在保证安全和质量的同时，通过科学管理和技术进步，提高资源利用效率，节约资源和能源，减少污染，保护环境，实现可持续发展的工程建设生产活动。

2. 内涵

绿色建造的内涵主要包含以下 5 个方面：

（1）绿色建造的指导思想是可持续发展战略思想；

（2）绿色建造的本质是工程建设生产活动，但这种活动是以保护环境和节约资源为前提的；

（3）绿色建造的基本理念是“环境友好、资源节约、过程安全、品质保证”；

（4）绿色建造的实现途径是施工图的绿色设计、绿色建造技术进步和系统化的科学管理；

（5）绿色建造的实施主体是工程承包商，并需由相关方（政府、业主、总承包、设计和监理等）共同推进。

11.1.2 绿色建造与环境管理组织体系制度建设

1. 建设单位应履行的职责

（1）在编制工程概算和招标文件时，应明确绿色施工的要求，并提供包括场地、环境、工期、资金等方面的条件保障；

（2）应向施工单位提供建设工程绿色施工的设计文件、产品要求等相关资料，保证资料的真实性和完整性；

（3）应建立工程绿色施工的协调机制。

2. 设计单位应履行的职责

（1）应按国家现行有关标准和建设单位的要求进行工程的绿色设计；

（2）应协助、支持、配合施工单位做好建筑工程绿色施工的有关设计工作。

3. 监理单位应履行的职责

（1）应对建筑工程绿色施工承担监理职责；

（2）应审查绿色施工组织设计、绿色施工方案或绿色施工专项方案，并在实施过程中做好监督检查工作。

4. 施工单位应履行的职责

（1）施工单位是建筑工程绿色施工的实施主体，应组织绿色施工的全面实施；

（2）实行总承包管理的建设工程，总承包单位应对绿色施工负总责；

（3）总承包单位应对专业承包单位的绿色施工实施管理，专业承包单位应对工程承包范围的绿色施工负责；

（4）施工单位应建立以项目经理为第一责任人的绿色施工管理体系，制定绿色施工管理制度，负责绿色施工的组织实施，进行绿色施工教育培训，定期开展自检、联检和评价工作；

（5）绿色施工组织设计、绿色施工施工方案或绿色施工专项方案编制前，应进行绿色施工影响因素分析，并据此制定实施对策和绿色施工评价方案。

11.1.3 绿色设计

1. 绿色设计概述

绿色设计指在产品整个生命周期内，着重考虑产品环境属性（可拆卸性、可回收性、可维护性、可重复利用性等）并将其作为设计目标，在满足环境目标要求的同时，保证产品应有的功能、使用寿命、质量等要求。绿色设计的原则被公认为“3R”的原则，即“Reduce、Reuse、Recycle”，减少环境污染，减小能源消耗，产品和零部件的回收再生循环或者重新利用。

施工图绿色设计是对工程项目初步设计的延伸和细化。建筑领域的绿色设计，可以通俗地理解为建筑设计追求“近零能耗建筑”，施工设计追求“零排放施工”。

2. 绿色设计宜采用的技术

绿色设计宜采用的技术见表 11-1。

绿色设计技术 **表 11-1**

序号	技术名称	所属范畴
1	钢筋混凝土预制装配化设计技术	环境保护技术
2	建筑构配件整体设计技术	
3	预制钢筋混凝土外墙承重与保温一体化设计技术	
4	构件化 PVC 环保围墙设计技术	
5	无机轻质保温-装饰墙体设计技术	
6	基于低碳排放的“双优化”技术	

续表

序号	技术名称	所属范畴
7	建筑自然通风组织与利用技术	环境保护技术
8	墙面绿化设计技术	
9	屋顶绿化设计技术	
10	钢结构现场免焊接设计技术	
11	基坑施工逆作法和半逆作法设计技术	
12	植生混凝土应用技术	
13	透水混凝土应用技术	
14	楼宇垃圾密闭输送技术	
15	污水净化技术	
1	低耗能楼宇设施选择技术	节能与能源利用技术
2	地源、水源及气源热能利用技术	
3	风能利用技术	
4	太阳能热水利用技术	
5	屋顶光伏发电技术	
6	玻璃幕墙光伏发电技术	
7	能源储存系统在削峰填谷和洁净能源(不稳定电源)中接入技术	
8	自然采光技术	
9	太阳光追射照明技术	
10	自然光折射照明技术	
11	建筑遮阳技术	
12	临电限电器应用技术	
13	LED 照明技术	
14	光、温、声控照明技术	
15	供热计量技术	
16	外墙保温设计技术	
17	铝合金窗断桥技术	
18	电梯势能利用技术	
19	一级能耗空调应用技术	
1	基于资源高效利用的工程设计优化技术	节材与材料资源利用技术
2	综合管线布置中 BIM 应用与优化技术	
3	标准化设计技术	
4	结构构件预制设计技术	
5	工程耐久性设计技术	
6	工程结构安全度合理储备技术	
7	新型复合地基及桩基开发应用技术	
8	建筑材料绿色性能评价及选择技术	

续表

序号	技术名称	所属范畴
9	清水混凝土技术	节材与材料资源利用技术
10	高强混凝土应用技术	
11	高强钢筋应用技术	
12	钢结构长效防腐及技术	
1	污水微循环利用技术	节水与水资源利用技术
2	中水利用技术	
3	供水系统防渗技术	
4	自动加压供水设计技术	
5	感应阀门应用技术	
1	通过抬起、架空保持高绿地率的可持续性场址应用技术	节地与土地资源保护技术
2	绿色中庭设计技术	
3	垂直绿化体系设计技术	
4	建筑阳台被动式遮阳技术	

11.1.4 绿色施工

1. 绿色施工概述

(1) 绿色施工的定义

绿色施工是指工程建设中，在保证质量、安全等基本要求的前提下，通过科学管理和技术进步，最大限度地节约资源与减少对环境负面影响的施工活动，实现“四节一环保”(节能、节地、节水、节材和环境保护)。可简单地概况如下：①尽可能采用绿色建材（可循环）和设备（变频）；②节约资源，降低消耗；③清洁施工过程，控制环境污染；④积极采用“四新技术”。

(2) 绿色施工与传统施工的差别及重点

同传统施工一样，绿色施工也具备五个要素，如图 11-1 所示。

施工活动五个要素：
- 对象——工程项目
- 资源配置——人、设备、材料等
- 方法：管理＋技术——持续改进
- 验收——合格性产品
- 目标——不同时期工程施工的目标值设定不同

图 11-1　施工活动要素图

绿色施工与传统施工的主要区别在于“目标”要素中，除质量、工期、安全和成本控制之外，绿色施工要把“环境和资源保护目标”作为主控目标之一加以控制。此外，绿色施工所谈到的“四节一环保”中的“四节”与传统的所谓“节约”也不尽相同，绿色施工所强调的“四节”是强调在环境和资源保护前提下的“四节”，是强调以“节能减排”为目标的“四节”。因此，符合绿色施工做法的“四节”，对于项目成本控制而言，往往是施工成本的大量增加。这种局部利益与整体利益、眼前利益与长远利益在客观上的不一致性，必然增加推进绿色施工的困难，因此要充分估计在施工行业推动绿色施工的复杂性和艰难性。

（3）绿色施工与绿色建筑的关系

绿色建筑是指在建筑的全寿命周期内，最大限度地节约资源、保护环境和减少污染，为人们提供健康、适用和高效的使用空间，与自然和谐共生的建筑，它事关居住者的健康、运行成本和使用功能，对整个使用周期均有重大影响，强调的是一种状态。而绿色施工主要涉及施工期间，对环境影响相当集中，施工过程做到绿色，一般会增加施工成本，但对社会及人类生存环境是一种“大节约”。绿色施工的关键在于施工组织设计和施工方案做到绿色，才能使施工过程成为绿色，但是光有绿色施工不可能建成绿色建筑。

2. 绿色施工技术

绿色施工宜采用的技术见表 11-2。

绿色施工技术　　表 11-2

序号	技术名称	所属范畴
1	钢铝框木模板	节材与材料资源利用技术
2	工具式铝合金模板	
3	铝合金模板早拆模架体系	
4	塑料模板技术	
5	工具式水平模板钢结构托架	
6	盘扣式支撑架	
7	键槽式模板支架	
8	贝雷片支撑应用技术	
9	电动液压爬模应用技术	
10	新型爬架应用技术	
11	电动桥式脚手架	
12	全集成升降防护平台体系	
13	钢筋集中数控加工技术	
14	预制装配式混凝土路面	
15	箱式板房应用	
16	可周转工具式围墙应用技术	
17	构件化 PVC 绿色围墙技术	
18	内爬塔式起重机施工技术	
19	格构式井字梁钢平台塔式起重机基础技术	
20	施工竖井多滑轮组	
21	超大面积钢结构屋盖全柔性整体提升技术	
22	桅杆式起重机应用技术	
23	CAD 焊接接地技术	
24	泵送混凝土配合比参数取值优化技术	
25	早拆、快拆体系模板支撑技术	

续表

序号	技术名称	所属范畴
26	定型化移动灯架应用技术	节材与材料资源利用技术
27	可周转洞口防护栏杆应用技术	
28	利用废旧钢管固定楼层防护门技术	
29	一种链板式电梯门技术	
30	电梯井道自翻牛腿操作架应用技术	
31	带荷载报警爬升料台	
32	悬吊式机电风管安装平台施工技术	
33	可多次周转的快装式楼梯应用技术	
34	基坑定型马道	
35	可重复使用的标准化塑料护角	
36	快捷安拆标准化水平通道	
37	可持续周转临边防护	
38	工具式栏杆	
39	预应力抗浮锚杆逆作施工技术	
40	地下室室内贫水泥砂浆回填技术	
41	高强钢筋应用技术	
42	高强高性能混凝土(C50以上)应用技术	
43	大孔轻集料砌块免抹灰技术	
44	KSC轻质隔墙施工技术	
45	马鞍型屋面吊顶移动操作平台	
46	可重复使用悬挑脚手架预埋环	
47	混凝土现浇结构可周转钢筋马凳应用技术	
48	封闭箍筋闪光对焊施工技术	
49	塑料马镫施工技术	
50	砌体施工标准化技术	
51	加气块砌体包管墙施工技术	
52	预制构件(楼梯、空调板等)现场加工技术	
53	大面积地坪激光整平机应用技术	
54	装配式钢筋(焊接网)应用技术	
55	中空钢网内隔墙施工技术	
56	H型钢桁架支撑操作平台	
57	可周转式幕墙埋件定型模板	
58	可多次周转玻璃钢圆柱模	
59	预制清水混凝土施工技术	
60	现场预制清水混凝土看台板技术	
61	利用废旧材料加工定型防护	

续表

序号	技术名称	所属范畴
62	超高层钢结构施工阶段防护平台技术	节材与材料资源利用技术
63	现浇式节能墙体施工技术	
64	自动焊接技术	
65	无机轻质保温-装饰墙体	
66	预制隔断板	
67	临时照明免布管、免裸线技术	
68	楼梯间照明改进措施	
69	现场临时水电作为正式水电的应用	
70	手提套管的再利用	
71	深基坑支护预应力锚索一次成型施工技术	
72	管道工厂化预制技术	
73	管线综合排布技术	
74	高大空间无脚手架施工技术	
75	外墙结构保温-装饰一体化施工技术	
76	溜槽替代混凝土输送泵技术	
77	超高层建筑管道井施工节材技术	
78	穿管器管廊穿管技术	
79	风管的优化节材措施	
80	规则异形加劲板下料优化方案	
81	可拆卸重复利用卡箍对管道临时定位技术	
82	屋面泡沫混凝土保温施工技术	
83	铝合金电缆施工技术	
84	天然石粉涂料施工技术	
85	新型石膏砂浆	
86	非承重烧结页岩保温砖施工技术	
87	环氧煤沥青冷缠带防腐材料的应用	
1	高层建筑施工用水管道加压改造及地下水利用的优化	节水与水资源利用技术
2	雨水回收利用系统	
3	自动加压供水系统	
4	地下水的重复利用技术	
5	基坑降水利用技术	
6	混凝土养护节水技术	
7	外墙混凝土养护技术	
8	高层建筑中的中水回用技术	
9	雨水弃流器一体机在雨水收集系统中的应用	
10	管道防漏结构	

续表

序号	技术名称	所属范畴
1	无功功率补偿装置应用	节能与能源利用技术
2	建筑施工中楼梯间及地下室临电照明的节电控制装置	
3	太阳能路灯节能环保技术	
4	光导纤维照明施工技术	
5	LED 临时照明技术	
6	工人生活区 36V 低压照明	
7	限电器在临电中的应用	
8	项目部热水供应的节能减排	
9	漂浮式施工用水电加热装置	
10	现场塔式起重机镝灯定时控制技术	
11	工地宿舍配电技术	
12	太阳能光伏发电	
13	空气源热泵辅助加热技术	
14	临电限电器应用(J L-EL 系列限量用电控制器)	
15	太阳能热泵系统的应用	
16	太阳能生活热水应用技术	
17	冬期施工蒸汽养护系统的应用	
18	巧用闲置沥青罐温度控制端口控制重油恒温集热罐	
19	远程能耗管理系统	
1	移动式临时厕所	节地与土地资源保护技术
2	可周转式钢材废料池	
3	复耕土的利用	
4	临时设施、设备等可移动化节地技术	
5	预留后浇楼板内预留料具堆场	
6	推拉大门	

3. 绿色施工评价

绿色施工评价是衡量绿色施工实施水平的标尺。住房和城乡建设部于 2010 年 11 月正式发布《建筑工程绿色施工评价标准》GB/T 50640—2010，至此，绿色施工有了国家的评价标准，为绿色施工评价提供了依据。绿色施工评价是一项系统性很强的工作，贯穿整个施工过程，涉及较多的评价要素和评价点，工程项目特色各异、所处环境千差万别，需要系统策划、组织和实施。

（1）评价组织

1）单位工程绿色施工评价的组织方是建设单位，参与方为项目实施单位和监理单位；

2）施工阶段要素和批次评价应由工程项目部组织进行，评价结果应由建设单位和监理单位签认；

3）企业应进行绿色施工的随机检查，并对绿色施工目标的完成情况进行评估；

4）项目部会同建设和监理方根据绿色施工情况，制定改进措施，由项目部实施改进；

5）项目部应接受业主、政府主管部门及其委托单位的绿色施工检查。

（2）评价程序

1）单位工程绿色施工评价应在项目部和企业评价的基础上进行；

2）单位工程绿色施工应由总承包单位书面申请，在工程竣工验收前进行评价；

3）单位工程绿色施工评价应检查相关技术和管理资料，并听取施工单位《绿色施工总体情况报告》，综合确定绿色施工评价等级；

4）单位工程绿色施工评价结果应在有关部门备案。

（3）评价资料

1）单位工程绿色施工评价资料应包括：

① 绿色施工组织设计专门章节，施工方案的绿色要求、技术交底及实施记录；

② 绿色施工自检及评价记录；

③ 绿色技术要求的图纸会审记录；

④ 单位工程绿色施工评价得分汇总表；

⑤ 单位工程绿色施工总体情况总结；

⑥ 单位工程绿色施工相关方验收及确认表。

2）绿色施工评价资料应按规定存档。

11.1.5 环境管理

1. 环境管理概述

环境管理是企业运用计划、组织、协调、控制、监督等手段，为达到预期环境目标而进行的一项综合性活动。主要内容可分为三方面：

（1）环境计划的管理：环境计划包括工业交通污染防治、城市污染控制计划、流域污染控制计划、自然环境保护计划，以及环境科学技术发展计划、宣传教育计划等。

（2）环境质量的管理：主要有组织制定各种质量标准、各类污染物排放标准和监督检查工作，组织调查、监测和评价环境质量状况以及预测环境质量变化趋势。

（3）环境技术的管理：主要包括确定环境污染和破坏的防治技术路线和技术政策；确定环境科学技术发展方向；组织环境保护的技术咨询和情报服务；组织国内和国际的环境科学技术合作交流等。

2. 环保施工技术

环保施工技术见表 11-3。

环保施工技术 **表 11-3**

序号	技术名称	所属范畴
1	固体废弃物回收利用技术	环境保护技术
2	室内建筑垃圾垂直清理通道技术	
3	临时设施场地铺装混凝土路面砖技术	
4	施工道路自动喷洒防尘装置	
5	施工现场防扬尘自动喷淋技术	

续表

序号	技术名称	所属范畴
6	喷雾式花洒防止扬尘	环境保护技术
7	高空喷雾防扬尘技术	
8	工地新型降噪技术	
9	封闭式降噪混凝土泵房	
10	钢筋混凝土支撑无声爆破拆除技术	
11	施工车辆自动冲洗装置的应用	
12	新型环保水泥搅拌器技术	
13	桩基施工泥浆排放减量化技术	
14	钻孔灌注桩泥浆处理技术	
15	泵循环施工装置	
16	透水混凝土技术	
17	地下水自然渗透回灌技术	
18	预制混凝土风送垃圾道技术	
19	混凝土运输防遗撒措施	
20	水磨石磨浆环保排放装置技术	
21	高层建筑混凝土施工中泵管润洗废料处理技术	
22	混凝土输送管气泵反洗技术	
23	食堂隔油池	
24	封闭式垃圾池	
25	除尘器增加自动停机功能	
26	多晶硅装置管道设备清洗技术	
27	干挂陶土板外幕墙施工技术	
28	醇基液体燃料	
29	新型高频、变频振捣棒	
30	污水处理系统	

任务11.2 信息与知识管理

11.2.1 基本概念

1. 数据的概念

一般认为，数据是事实或观察的结果，是对客观事物的逻辑归纳，是用于表示客观事物的未经加工的原始素材。是人们用来记录反映客观世界的语言、文字、图形、图像、音频、视频等有意义的组合，这种组合仅是具体地对事物进行了描述，是由没有经过加工处理的（没有添加任何解释或分析的）原始事实组成，因此除它本身外没有什么价值。

2. 信息的概念

根据《质量管理体系 基础和术语》GB/T 19000—2016 的定义，“信息是有意义的数据”。

信息是通过对数据处理而产生的、按一定的规则组织在一起的数据的集合，具有超出原数据本身价值以外的附加价值。信息与数据既有联系，又有区别。

项目信息是所有与项目有关的或因项目发生的信息的总称，包括在项目决策过程、实施过程（设计准备、设计、施工和物资采购过程等）和运行过程中产生的信息，以及其他与项目建设有关的信息，它包括：项目的组织类信息、管理类信息、经济类信息、技术类信息和法规类信息。

3. 知识的概念

知识是人们通过对在改造世界的实践中获得的信息进行归纳、总结、演绎等所获得的认识和经验的总和，是可用于指导行动、决策支持等实践活动的方法和程序。知识分为显性知识和隐性知识。显性知识是已经或可以文本化的知识，并易于传播。隐性知识是存在于个人头脑中的经验或知识，需要进行大量的分析、总结和展现，才能转化成显性知识。

4. 数据、信息与知识的关系

数据、信息与知识的关系如图 11-2 所示。

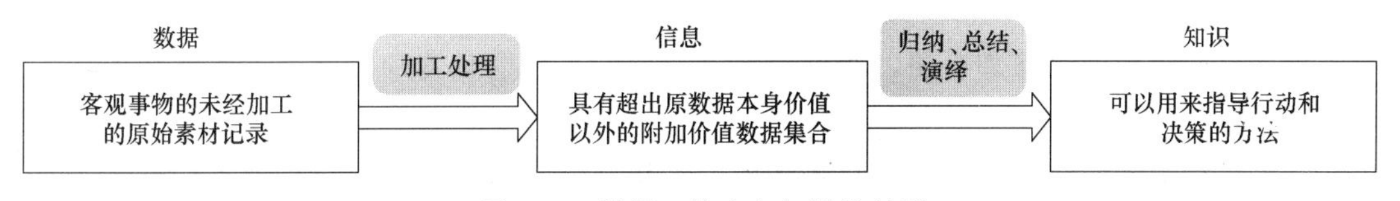

图 11-2　数据、信息与知识的关系

数据是对客观事物的数量、属性、位置及其相互关系的原始记录，是形成信息、知识的基础和源泉。

信息是通过对数据的加工处理形成的有价值和意义的数据，可以认为：信息＝数据＋处理。

通过对信息进行归纳、总结、演绎等手段进行挖掘，使其有价值的部分沉淀下来，转变成知识。

11.2.2　项目信息管理的目的和任务

1. 信息管理

信息管理指的是信息的合理组织和控制。

2. 项目的信息管理及其目的

项目的信息管理是通过对各个系统、各项工作和各种数据的管理，使项目的信息能方便和有效地获取、存储、存档、处理和交流。项目信息管理的目的旨在通过有效的项目信息传输的组织和控制为项目建设的增值服务。

3. 项目信息管理的任务

（1）信息管理手册

业主方和项目参与各方都有各自的信息管理任务，为充分利用和发挥信息资源的价值，提高信息管理的效率以及实现有序的和科学的信息管理，各方都应编制各自的信息管理手册，以规范信息管理工作。信息管理手册描述和定义信息管理做什么、谁做、什么时候做和其工作成果是什么等，它的主要内容包括：

1）信息管理的任务（信息管理任务目录）；

2）信息管理的任务分工表和管理职能分工表；

3）信息的分类；

4）信息的编码体系和编码；

5）信息输入输出模型；

6）各项信息管理工作的工作流程图；

7）信息流程图；

8）信息处理的工作平台及其使用规定；

9）各种报表和报告的格式，以及报告周期；

10）项目进展的月度报告、季度报告、年度报告和工程总报告的内容及其编制；

11）工程档案管理制度；

12）信息管理的保密制度等。

（2）信息管理部门的任务

项目管理班子中各个工作部门的管理工作都与信息处理有关，而信息管理部门的主要工作任务是：

1）负责编制信息管理手册，在项目实施过程中进行信息管理手册的必要修改和补充，并检查和督促其执行；

2）负责协调和组织项目管理班子中各个工作部门的信息处理工作；

3）负责信息处理工作平台的建立和运行维护；

4）与其他工作部门协同组织收集信息、处理信息和形成各种反映项目进展和项目目标控制的报表和报告；

5）负责工程档案管理等。

（3）应重视基于互联网的信息处理平台

由于建设工程项目大量数据处理的需要，在当今的时代应重视利用信息技术的手段进行信息管理，其核心的手段是基于互联网的信息处理平台。

11.2.3 建设工程项目信息的分类、编码和管理要求

1. 项目信息的分类

工程规模庞大和项目参与者众多是现代工程项目的主要特征之一。随之而来的是项目信息量、信息传递、信息交互的大幅度增多和日趋复杂化。为了便于对项目信息的管理和应用，有必要对种类繁多的信息进行分类。

工程项目信息分类建议从横向和纵向两个维度来考虑。横向是指不同项目参与方（业主、设计单位、承包商等）和项目管理方划分体系要统一；纵向是指工程项目整体实施周期中，各阶段的划分体系要统一。横向统一有利于不同项目干系人之间的信息共享和信息传递；纵向统一有利于项目实施周期信息管理工作的一致性和项目管理信息系统对项目实施情况的追踪和比较。

在进行项目信息分类时，可以从不同的角度进行分类。

(1) 按照工程信息的内容属性分类

1) 组织类工程信息；

2) 管理类工程信息；

3) 经济类工程信息；

4) 技术类工程信息；

5) 法规类信息，如各项法律法规、政策信息等。

(2) 按照建设工程的目标划分

1) 成本（投资）控制信息；

2) 质量控制信息；

3) 进度控制信息；

4) 合同管理信息。

(3) 按照建设工程项目信息的来源划分

1) 项目内部信息；

2) 项目外部信息。

(4) 按照信息的稳定程度划分

1) 固定信息。指在一定时间内相对稳定不变的信息，包括标准信息、计划信息和查询信息。

2) 动态信息。是指在不断变化的动态信息。

(5) 建设工程项目信息也可以按以下标准进行分类：

1) 按建设工程项目信息层次分类，如战略性信息、管理型信息、业务性信息；

2) 按项目管理工作的对象，即按项目的分解结构分类，如子项目 1、子项目 2 等；

3) 按项目实施的工作过程，按设计准备、设计、招标投标和施工过程等进行信息分类；

4) 按照项目管理的工作流程分类，如计划、执行、检查、处置等。

2. 工程项目信息编码

工程项目信息编码是项目信息分类的具体体现，是工程项目信息管理的基础，也是对信息进行计算机管理和项目管理信息系统应用的基本要求。

(1) 常用编码方法

1) 顺序编码法。是一种较为简单的编码方法，它仅仅按排列的先后顺序对每一项进行编号。该编码方法简单，代码较短，但缺乏逻辑基础，本身不说明事物的任何特征。

2) 缩写编码法。这种编码的本质特性是依据统一的方法缩写编码对象的名称，由取自编码对象名称中的一个或多个字符赋值成编码表示。例如，用 L 代表 Labor（人工），用 M 代表 Material（材料），用 E 代表 Equipment（设备）等。此编码方法在没有说明详细的总条目表的情形下也可以通过联想回忆起其含义或特征。

3) 基于标准分类的编码方法。这种方法很类似于图书管理中的十进制编码法，即先把对象分成十大类，编以第一个号 0～9，再在每大类中分十小类，编以第二个号 0～9，依次编下去。在待编条目规模很大时使用这种分类编码法具有很多优越性：一方面便于确定各信息项的分类及特性；另一方面便于信息项的添加；再就是它的逻辑意义清楚，便于进行信息项的排序、检索及分类统计。

（2）信息编码原则

1）唯一性。在一个分类编码标准中，每一个编码对象仅应有一个代码，一个代码只唯一表示一个编码对象。

2）合理性。编码结构应与分类体系相适应，其编码结构应尽可能做到与企业信息编码结构保持一致。

3）可扩充性与稳定性。编码要考虑可扩展性，在满足和适应不断扩充的需要的同时，要防止因数据扩充而重构编码结构。

4）简明性。编码结构应尽量简单，长度尽量短，以便节省机器存储空间和减少代码的差错率。

5）适用性。编码应尽可能反映编码对象的特点，适用于不同的相关应用领域，支持系统集成。编码尽可能采用已颁布的国际、国内有关标准，统一编码形式。对没有国标或行标的，可根据企业标准进行信息编码，但必须与相关的国标和行标兼容。

6）规范性。在一个信息分类编码标准中，编码的类型、编码的结构以及编码的编写格式应当统一。

3. 工程项目信息管理要求

工程项目信息管理的目的是为预测未来和正确决策提供科学依据，其主要作用是支持各级管理人员采取正确的决策和行动。工程项目信息管理应满足以下几方面的基本要求：

（1）严格保证信息的时效性、准确性和适用性，满足项目管理要求；

（2）加强和提升信息的集成性和共享性，满足项目协同与管理要求；

（3）综合考虑信息成本及信息收益，实现信息、效益最大化。

11.2.4 知识管理

1. 概述

知识管理是对知识、知识创造过程和知识的应用进行规划和管理的活动。知识可按不同标准进行各种分类。奥地利哲学家波兰尼（M. Polany）按知识能否通过编码进行传递这个标准，把知识分为编码型的显性知识和意会型的隐性知识。

显性知识是指项目在执行过程中团队内部人员完成的文档，以及外部技术调查、研究成果等表象信息，是可视的、可以明确表达的、客观存在的、易于描述的、可以确认的知识，通常以承载知识的实物、文件、数据库、说明书、报告等形式存在。隐性知识是个人技能的基础，是通过实验、犯错、纠正、总结的循环往复而在经历中形成的“个人惯例”。它一般是以个人、团队的经验、习惯、直觉、想象、创意、诀窍、风格、风俗等形式存在。知识管理其中一个重要作用就是把这些隐性知识变为显性知识，形成团队的智力资源和知识资产。

知识管理具有以下作用和意义：

（1）知识的有效管理能够提高项目执行的效率；

（2）知识的有效管理也可以降低新项目的风险，或者对新项目能够及早明了风险所在，为采取有效措施提供充分的时间保障；

（3）知识的有效管理还能形成企业的知识库，能够减少由于人员岗位的变动和离职造成的损失，为企业提高员工的素质和创新能力服务，使企业增强对环境的适应能力、保持竞争优势、获得可持续发展。

2. 知识管理主要内容

知识管理的内容很丰富，包括知识的识别、获取、分享应用、创新等。知识管理离不开技术，特别是包括数字技术、网络技术、智能技术在内的信息技术及其智能化的信息系统。

（1）识别知识应用需求

组织应首先识别在相关范围内所需的项目管理知识，一般需获得如下知识：知识产权、从经历获得的感受和体会、从成功和失败项目中得到的经验教训、过程、产品和服务的改进结果、标准规范的要求、发展趋势与方向等。

（2）知识的收集与整理

为实现有效的知识收集与整理，组织应设计合理的收集、分析和整理知识的流程，配套相应的组织人员，建设知识管理信息系统。

在知识的整理方面，组织应成立专门的经验、知识审核与分析团队，对收集的知识定期进行分析、提炼、评价，判定其价值后进行分类整理，并按统一的规范录入知识管理系统中，保证知识的可用性和便于检索者使用。

（3）知识的应用与分享

知识可转化为专利、品牌、商誉等无形资产，它往往比有形资产更有价值。知识还可构成智力资本，它在组织发展中比物质资本或货币资本还有意义，应该建立知识传递的渠道，实现知识应用于分享，使它发挥更大的作用。

组织在建立知识传递的渠道时，应充分利用互联网、移动互联网等技术，充分实现知识在整个组织的交流和共享。组织应建立激励机制，培植企业文化，把企业变成学习型组织，不断进行知识更新与创新。

任务 11.3　沟 通 管 理

11.3.1　项目沟通的概念

沟通是为了一个设定的目标，把信息、思想和情感在个人或群体间传递，并且达成共同协议的过程。这种信息的交流，既可以是通过通信工具进行交流，如电话、传真、网络等，也可以是发生在人与人之间、人与组织之间的交流。它有三大要素即：①要有一个明确的目标；②达成共同的协议；③沟通信息、思想和情感。

在项目组织内，沟通是自上而下或者自下而上的一种信息传递过程。在这个过程当中，关系到项目组织团队的目标、功能和组织机构各个方面。同样，与外部的沟通也很重要。

建设工程项目管理是涉及建设方、施工方、监理方等多方单位的复杂系统。而项目的沟通管理就是参与项目的人员与信息之间建立了联系，成为项目各方面管理的纽带，是实现项目有效进行、保障项目各方合理权益的重要手段，可以及时发现并解决技术、过程、逻辑及管理方法和程序中存在的矛盾和不一致，对取得项目成功是必不可少的。

11.3.2 项目沟通管理的内容

沟通管理的内容涉及与项目实施有关的所有信息，尤其是需要在各相关方共享的核心信息，包括内部关系、近外层关系、远外层关系等。

1. 沟通管理主要过程

沟通管理主要过程包括以下几个方面：

（1）沟通计划编制，包括确定项目干系人的信息和沟通需要，谁需要什么信息，什么时候需要，如何把信息发送给他们；

（2）信息发送，及时向各项目干系人提供所需信息；

（3）绩效报告，收集并发布有关项目绩效的信息，包括状态报告、进展报告和预测；

（4）管理收尾，生成、收集和分发信息来使阶段或项目的完成正规化。

2. 沟通方式

沟通的实际运作可以通过多种途径。口头沟通可能是运用最为广泛的方式。文字沟通（包括书面和屏幕形式）及音频、视频沟通（包括远程通信）在现代社会中是同等重要的沟通途径。然而，沟通不仅仅是上述几种方法，在人们面对面交流时，眼神手势等都是同样重要的沟通方法。某些公开场合，携带旗帜或其他标志物都有一定的含义，或者一个人的衣着和身体姿势也可能有重要的意义。有时非语言沟通比其他沟通方法更为重要。

3. 沟通的类别

（1）项目经理部内部的沟通；

（2）项目经理与职能部门的沟通；

（3）项目经理与业主的沟通；

（4）项目管理者与承包商的沟通。

11.3.3 项目沟通管理的作用

沟通是计划、组织、领导、控制等管理职能有效性的保证，没有良好的沟通，对项目的发展以及人际关系的处理、改善都存在着制约作用。多数人理解的沟通，就是善于表达，能说、会说，项目管理中的沟通，并不等同于人际交往的沟通技巧，更多是对沟通的管理。其重要性可以总结概括为以下几个方面：

（1）决策和计划的基础；

（2）组织和控制管理过程的依据和手段；

（3）项目经理成功领导的重要手段；

（4）信息反馈的重要条件。

11.3.4 项目组织协调

1. 项目组织协调关系范围

项目组织协调关系范围可以分为：内部关系范围、近外层关系范围、远外层关系范围，如图11-3所示。

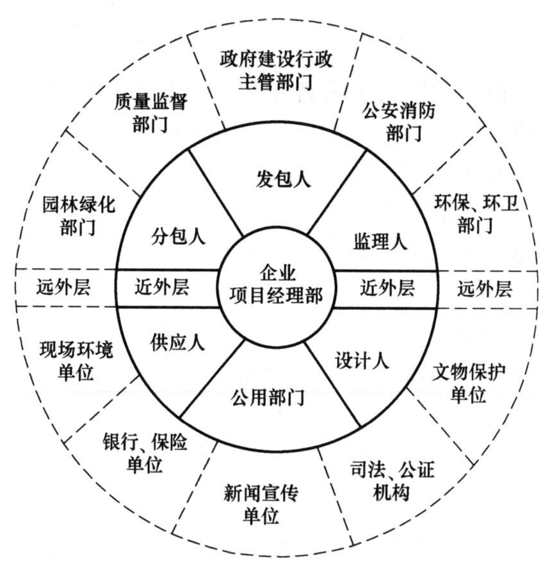

图 11-3　项目组织协调关系范围

2. 项目组织协调的内容

建设项目协调是建设项目管理的重要工作，贯穿于整个项目和项目管理过程中。建设项目组织协调的内容由人际关系、供求关系、组织关系、约束关系以及协调配合关系五部分组成。

(1) 人际关系

人际关系的协调内容包括：项目组织内部的人与人之间、人与部门之间及部门与部门之间的关系，项目组织与项目组织外部其他利益相关单位之间的人际关系。人际关系协调的核心是人员工作之间的沟通及彼此之间的矛盾。

(2) 供求关系

供求关系的协调内容包括：建设项目进行过程中所需的人力、材料、设备、资金、信息、技术的供求关系。供求关系协调的核心是通过各种协调方法保证项目各种所需要资源的供求平衡。

(3) 组织关系

组织关系的协调内容包括：组织内部各单位及人员的权利责任内容。组织关系协调的核心是解决组织内部各单位及人员的分工及配合问题。

(4) 约束关系

约束关系的协调内容包括：学习并遵守国家及地方在法律、法规、政策、制度等方面对建设项目的制约，并求得相关执法部门的许可。约束关系协调的核心是在政府的相关规定下进行项目的建设。

(5) 协调配合关系

协调配合关系的协调内容：建设方、施工方、设计方、分包方、地勘方、材料供应方、监理方及其他参与方之间在项目建设中彼此协调配合，保证步调一致，为项目成功这一目标而共同奋斗。协调配合关系协调的核心是通过各种协调管理方法保证项目各参与方在项目建设时步调一致。

11.3.5 项目冲突管理

冲突就是两个或两个以上的项目决策者在某个问题上的纠纷。对待冲突，不同的人有不同的观念。传统的观点认为，冲突是不好的，害怕冲突，力争避免冲突。现代的观点认为，冲突是不可避免的，只要存在需要决策的地方，就存在冲突。对待冲突本身并不可怕，可怕的是对冲突处理方式的不当将会引发更大的矛盾，甚至可能造成混乱，影响或危及组织的发展。项目冲突可按动机特性、项目内外、形成原因、性质、本质属性等分类。

1. 按动机特性分类

项目管理中引起冲突的动机多种多样，有的冲突主体为了追求某个目标，获得某种利益而引发冲突；有的则是为了回避某种不利状况，会对自身造成损害而引发冲突。根据引起冲突动机的特性不同，可以将冲突分为5种类型：

（1）单边利益冲突，指发生冲突双方的利益在行为取向上发生冲突，一方的利益以另一方的利益为代价。

（2）双趋冲突，指冲突主体在面对两个同样具有吸引力的目标时，形成吸引程度相当的动机，但必须从中选择一个目标而形成冲突，常形容为“鱼和熊掌不可兼得”。

（3）双避冲突，指冲突主体同时面临两个不受欢迎或令人讨厌的事物时，产生同等的逃避动机，要避其一就必然遭遇另一事物。常形容为“前有断崖，后有追兵”。这便是严重的双避冲突情景。

（4）趋避冲突，指当冲突主体面对一个目标时，产生了既向往又逃避的矛盾心态，引发冲突。常形容为“欲罢不能”。

（5）双避趋冲突，指冲突主体在面对两个目标时，存在着两种选择，但两个目标各有所长，又各有所短，使人左顾右盼，难以抉择的矛盾心态。常形容为“尺有所短，寸有所长”。

2. 按项目内外分类

根据冲突产生于项目内部还是外部，可以将冲突划分为项目内部冲突和项目外部冲突。

3. 按形成原因分类

冲突的6个来源为情感冲突、利益冲突、价值冲突、认知冲突、目标冲突及实体冲突，将项目内部冲突形成的原因归结为地位不对等、利益不一致、资源稀缺、信息不对称、沟通不畅、信息缺失、责任不清、认知差异、工程变更等。

4. 按性质分类

可以划分为建设性的冲突和破坏性的冲突。建设性冲突主要体现在交流沟通，注重企业的最终利益，着重深入探知对方的观点；而破坏性冲突目的是破坏性的，体现在不愿意考虑对方的观点见解，双方争辩经常转为对人身的攻击。

5. 按本质属性分类

工程项目冲突按本质属性分类，可以分为资源类、协调类、组织类、客观类、优先权类和其他类。

11.3.6 项目冲突的化解

解决冲突，可以采用协商、让步、缓和、强制和退出等方法。

任务 11.4 风 险 管 理

11.4.1 风险的含义

工程项目的建设实施存在着许多不确定性，可能影响项目目标的实现。由于建设工程项目具有投资大、工期长、建设过程复杂、环境影响因素多、存在众多参与方和相关者等特点，从项目策划、设计、施工到投入使用的生命期内，存在各种各样的风险，对工程风险进行管理，有着重要意义，如图 11-4 所示。

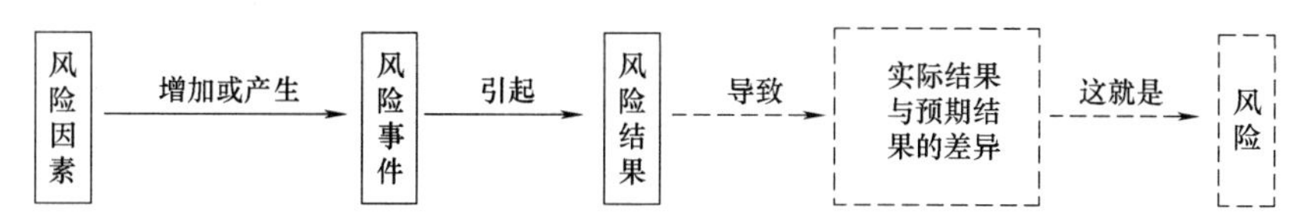

图 11-4 风险的含义

11.4.2 风险的大小

风险量：损失发生的概率及损失程度的大小。若某个可能发生的事件，其可能的损失程度和发生的概率都很大，则其风险量就可能很大。

11.4.3 风险的类型

风险的类型参见表 11-4。

风险的类型 **表 11-4**

风险的类型	表现	
组织风险	组织风险，通常是指由于工程项目建设各参与方之间的关系不协调以及各参与方自身管理组织上的不确定性而引起的风险	组织结构选择不合理的风险； 工作流程组织的风险； 制度不健全、纪律涣散的风险； 业主方人员的构成和能力的风险； 设计人和监理人能力的风险； 承包方管理人员和一般技工能力的风险； 施工机械操作人员能力和经验的风险； 损失控制和安全管理人员资历和能力的风险，等
经济与管理风险	• 经济风险，通常是市场预测失误，或是经济危机、金融危机、价格波动、通货膨胀等引起的风险。 • 管理风险，通常是由于管理失误造成的风险	宏观和微观经济情况引起的风险； 资金筹措方式不合理、财税和信贷政策、资金不到位的风险； 业主的履约能力和支付能力的风险； 工程资金供应条件的风险； 合同条款遗漏、解释不准确等的风险； 材料等供货不足或拖延、数量差错的风险； 现场与公用防火设施可用性及其数量的风险； 人身安全控制计划风险； 信息安全控制计划风险，等

续表

风险的类型	表现	
工程环境风险	• 社会风险,政治、民俗习惯、历史等带来的风险。 • 自然风险,存在的恶劣自然条件所造成的风险	工程所在国发生战争,或发生内乱、政权更迭等; 工程所在国的政治、经济政策发生变化; 工程所在地历史的、宗教的、民俗等的因素; 恶劣的天气情况,包括严寒、台风、暴雨、风沙等; 不利的地理环境、未曾预料到的工程水文地质条件,如洪水、地震、泥石流、滑坡,等
技术风险	技术风险,由工程建设过程中遇到的各类技术问题而引发的风险,主要体现在工程设计中的技术风险、施工中的技术风险等	设计不充分、不完善,存在缺陷错误或遗漏,未考虑施工可能性等; 工艺流程设计不合理,未考虑操作安全性等; 施工方案选择、技术标准的选用等,如对工程地质条件估计不足; 造成工期拖延及工程费用增加; 工程勘测资料和有关文件、工程设计文件、工程施工方案、工程物资、工程机械,等

11.4.4 风险管理

1. 含义

对财产、责任和人身风险的识别、衡量和处理。

主要内容通常包括：风险识别、风险估计、风险评价和风险控制等。

2. 基本工作内容

（1）识别损失风险；

（2）衡量与风险相关联的损失；

（3）考虑各种风险处理对策，并就最佳对策组合做出决策；

（4）实施风险管理决策；

（5）风险分析与管理实施过程的监督。

3. 风险管理的工作流程

项目风险识别：是指对潜在的和客观存在的各种风险进行系统地认识、甄别和归类，并分析产生风险事故原因的过程，从而可以找出影响项目质量、进度、投资等目标顺利实现的主要风险。

风险评估：利用已有数据资料（主要是类似项目有关风险的历史资料）和相关专业方法，分析各种风险因素发生的概率；分析各种风险的损失量，包括可能发生的工期损失、费用损失，以及对工程的质量、功能和使用效果等方面的影响；根据各种风险发生的概率和损失量，确定各种风险的风险量和风险等级。

风险响应：常用的响应如风险规避、风险减轻、风险自留、风险转移及其组合。

风险控制：风险规避、风险减轻、风险自留、风险转移。

任务 11.5 收 尾 管 理

11.5.1 项目收尾管理概念

工程项目收尾阶段是工程项目管理全过程的最后阶段，包括竣工收尾、竣工验收、竣工结算、竣工决算、回访保修和管理总结等方面的管理。

在组织竣工收尾时，大量的施工任务已经完成，小的修补任务却十分零碎。在人力和物力方面，主要力量已经转移到新的工程项目上去，只保留少量的力量进行工程的扫尾和清理。在业务和技术方面，施工技术指导工作已经不多，却有大量的资料综合、整理工作。收尾工作是现场施工管理的最后一个环节，应把各方面工作做细、做实，保证竣工收尾顺利完成。

11.5.2 项目收尾管理要求

工程项目收尾阶段的工作内容多，应制订涵盖各项工作的计划，并提出要求将其纳入项目管理体系进行运行控制。工程项目收尾阶段各项管理工作应符合以下要求：

（1）工程项目竣工收尾。工程在项目竣工验收前，项目经理部应检查合同约定的哪些工作内容已经完成，或完成到什么程度，并将检查结果记录并形成文件；总分包之间还有哪些连带工作需要收尾接口，项目近外层和远外层关系还有哪些工作需要沟通协调等，以保证竣工收尾顺利完成。

（2）工程项目竣工验收。工程项目竣工收尾工作内容按计划完成后，除了承包人的自检评定外，应及时地向发包人递交竣工工程申请验收报告，实行建设监理的项目，监理人还应当签署工程竣工审查意见。发包人应按竣工验收法规向参与项目各方发出竣工验收通知单，组织进行项目竣工验收。

（3）工程项目竣工结算。工程项目竣工验收条件具备后，承包人应按合同约定和工程价款结算的规定，及时编制并向发包人递交项目竣工结算报告及完整的结算资料，经双方确认后，按有关规定办理项目竣工结算。办完竣工结算，承包人应履约按时移交工程成品，并建立交接记录，完善交工手续。

（4）工程项目竣工决算。工程项目竣工决算是由项目发包人（业主）编制的工程项目从筹建到竣工投产或使用全过程的全部实际支出费用的经济文件。竣工决算综合反映竣工项目建设成果和财务情况，是竣工验收报告的重要组成部分，按国家有关规定，所有新建、扩建、改建的项目竣工后都要编制竣工决算。

（5）工程项目回访保修。工程项目竣工验收后，承包人应按工程建设法律、法规的规定，履行工程质量保修义务，并采取适宜的回访方式为顾客提供售后服务。工程项目回访与质量保修制度应纳入承包人的质量管理体系，明确组织和人员的职责，提出服务工作计划，按管理程序进行控制。

（6）工程项目管理总结。工程项目结束后，应对工程项目管理的运行情况进行全面总结。工程项目管理总结是项目相关方对项目实施效果从不同角度进行的评价和总结。通过定量指标和定性指标的分析、比较，从不同的管理范围总结项目管理经验，找出差距，提出改进处理意见。

习　题

一、单项选择题（每题的备选项中，仅有1个选项符合题意）

单位工程绿色施工评价的组织方是（　　）。

A. 建设单位　　B. 政府

C. 总承包单位　　D. 监理单位

二、多项选择题（每题的备选项中，有2个或2个以上符合题意，至少有1个错项）

下列选项中，属于风险控制方法的有（　　）。

A. 风险识别　　B. 风险规避

C. 风险评估　　D. 风险自留

E. 风险转移

习题参考答案：

任务 12

建筑工程验收管理

任务 12.1 建筑工程质量验收

12.1.1 建筑工程质量验收的划分

建筑工程质量验收是指建筑工程质量在施工单位自行检查合格的基础上，由工程质量验收责任方组织，工程建设相关单位参加，对检验批、分项、分部、单位工程及其隐蔽工程的质量进行抽样检验，对技术文件进行审核，并根据设计文件和相关标准以书面形式对工程质量是否达到合格做出确认。施工质量验收包括施工过程的质量验收及工程项目竣工质量验收两个部分。

依据《建筑工程施工质量验收统一标准》GB 50300—2013，建筑工程施工质量验收应划分为单位（子单位）工程、分部（子分部）工程、分项工程和检验批。其中，检验批、分项工程、分部（子分部）工程的质量验收属于施工过程的质量验收。建筑工程施工质量验收的具体划分原则如下。

单位工程应按下列原则划分：

（1）具备独立施工条件并能形成独立使用功能的建筑物或构筑物为一个单位工程；

（2）对于规模较大的单位工程，可将其能形成独立使用功能的部分划分为一个子单位工程。

分部工程应按下列原则划分：

（1）可按专业性质、工程部位确定；

（2）当分部工程较大或较复杂时，可按材料种类、施工特点、施工程序、专业系统及类别将分部工程划分为若干子分部工程。

分项工程可按主要工种、材料、施工工艺、设备类别进行划分。如地基工程的灰土地基、粉煤灰地基等。

检验批，可根据施工、质量控制和专业验收的需要，按工程量、楼层、施工段、变形缝进行划分。检验批是工程验收的最小单位，是分项工程、分部工程（子分部工程）、单位工程质量验收的基础。

施工前，应由施工单位制定分项工程和检验批的划分方案，并由监理单位审核。对于《建筑工程施工质量验收统一标准》GB 50300—2013 中未涵盖的分项工程和检验批，可由建设单位组织监理、施工等单位协商确定。

依据《建筑工程施工质量验收统一标准》GB 50300—2013，地基与基础、主体结构、建筑装饰装修、屋面和建筑节能五个分部工程及其分项工程的划分见表 12-1；建筑给水排水及供暖、通风与空调、建筑电气、智能建筑和电梯五个分部工程及其分项工程的划分详见《建筑工程施工质量验收统一标准》GB 50300—2013。

建筑工程的分部工程、分项工程划分 **表 12-1**

序号	分部工程	子分部工程	分项工程
1	地基与基础	地基	素土、灰土地基，砂和砂石地基，土工合成材料地基，粉煤灰地基，强夯地基，注浆地基，预压地基，砂石桩复合地基，高压旋喷注浆地基，水泥土搅拌桩地基，土和灰土挤密桩复合地基，水泥粉煤灰碎石桩复合地基，夯实水泥土桩复合地基
		基础	无筋扩展基础，钢筋混凝土扩展基础，筏形与箱形基础，钢结构基础，钢管混凝土结构基础，型钢混凝土结构基础，钢筋混凝土预制桩基础，泥浆护壁成孔灌注桩基础，干作业成孔桩基础，长螺旋钻孔压灌桩基础，沉管灌注桩基础，钢桩基础，锚杆静压桩基础，岩石锚杆基础，沉井与沉箱基础
		基坑支护	灌注桩排桩围护墙，板桩围护墙，咬合桩围护墙，型钢水泥土搅拌墙，土钉墙，地下连续墙，水泥土重力式挡墙，内支撑，锚杆，与主体结构相结合的基坑支护
		地下水控制	降水与排水，回灌
		土方	土方开挖，土方回填，场地平整
		边坡	喷锚支护，挡土墙，边坡开挖
		地下防水	主体结构防水，细部构造防水，特殊施工法结构防水，排水，注浆
2	主体结构	混凝土结构	模板，钢筋，混凝土，预应力，现浇结构，装配式结构
		砌体结构	砖砌体，混凝土小型空心砌块砌体，石砌体，配筋砌体，填充墙砌体
		钢结构	钢结构焊接，紧固件连接，钢零部件加工，钢构件组装及预拼装，单层钢结构安装，多层及高层钢结构安装，钢管结构安装，预应力钢索和膜结构，压型金属板，防腐涂料涂装，防火涂料涂装
		钢管混凝土结构	构件现场拼装，构件安装，钢管焊接，构件连接，钢管内钢筋骨架，混凝土
		型钢混凝土结构	型钢焊接，紧固件连接，型钢与钢筋连接，型钢构件组装及预拼装，型钢安装，模板，混凝土
		铝合金结构	铝合金焊接，紧固件连接，铝合金零部件加工，铝合金构件组装，铝合金构件预拼装，铝合金框架结构安装，铝合金空间网格结构安装，铝合金面板，铝合金幕墙结构安装，防腐处理
		木结构	方木与原木结构，胶合木结构，轻型木结构，木结构的防护
3	建筑装饰装修	建筑地面	基层铺设，整体面层铺设，板块面层铺设，木、竹面层铺设
		抹灰	一般抹灰，保温层薄抹灰，装饰抹灰，清水砌体勾缝
		外墙防水	外墙砂浆防水，涂膜防水，透气膜防水
		门窗	木门窗安装，金属门窗安装，塑料门安装，特种门安装，门窗玻璃安装

续表

序号	分部工程	子分部工程	分项工程
3	建筑装饰装修	吊顶	整体面层吊顶，板块面层吊顶，格栅吊顶
		轻质隔墙	板材隔墙，骨架隔墙，活动隔墙，玻璃隔墙
		饰面板	石板安装，陶瓷板安装，木板安装，金属板安装，塑料板安装
		饰面砖	外墙饰面砖粘贴，内墙饰面砖粘贴
		幕墙	玻璃幕墙安装，金属幕墙安装，石材幕墙安装，陶板幕墙安装
		涂饰	水性涂料涂饰，溶剂型涂料涂饰，美术涂饰
		裱糊与软包	裱糊，软包
		细部	橱柜制作与安装，窗帘盒和窗台板制作与安装，门窗套制作与安装，护栏和扶手制作与安装，花饰制作与安装
4	屋面	基层与保护	找坡层和找平层，隔汽层，隔离层，保护层
		保湿与隔热	板状材料保温层，纤维材料保温层，喷涂硬泡聚氨酯保温层，现浇泡沫混凝土保温层，种植隔热层，架空隔热层，蓄水隔热层
		防水与密封	卷材防水层，涂膜防水层，复合防水层，接缝密封防水
		瓦面与板面	烧结瓦和混凝土瓦铺装，沥青瓦铺装，金属板铺装，玻璃采光顶铺装
		细部构造	檐口，檐沟和天沟，女儿墙和山墙，水落口，变形缝，伸出屋面管道，屋面出入口，反梁过水孔，设施基座，屋脊，屋顶窗
5	建筑节能	围护系统节能	墙体节能、幕墙节能、门窗节能、屋面节能、地面节能
		供暖空调设备及管网节能	供暖节能，通风与空调设备节能，空调与供暖系统冷热源节能，空调与供暖系统管网节能
		电气动力节能	配电节能，照明节能
		监控系统节能	监测系统节能，控制系统节能
		可再生能源	地源热泵系统节能，太阳能光热系统节能，太阳能光伏节能

12.1.2 建筑工程质量验收

依据《建筑工程施工质量验收统一标准》GB 50300—2013，建筑工程质量验收应符合下列规定：

1. 单位（子单位）工程质量验收

（1）单位（子单位）工程质量验收合格应符合下列规定：

1）所含分部（子分部）工程的质量均应验收合格。

分部工程质量验收记录见表 12-2，地基与基础分部工程的验收应由施工、勘察、设计单位项目负责人和总监理工程师参加并签字；主体结构、节能分部工程的验收应由施工、设计单位项目负责人和总监理工程师参加并签字。

2）质量控制资料完整。

单位工程质量控制资料核查记录包括建筑与结构、给水排水与供暖、通风与空调、建筑电气、智能建筑、建筑节能和电梯 7 项组成。建筑与结构质量控制资料核查记录见表 12-3。

分部（子分部）工程质量验收记录 表 12-2

<table>
<tr><td colspan="2">单位(子单位)工程名称</td><td colspan="2"></td><td>子分部工程数量</td><td></td><td>分项工程数量</td><td></td></tr>
<tr><td colspan="2">施工单位</td><td colspan="2"></td><td>项目负责人</td><td></td><td>技术(质量)负责人</td><td></td></tr>
<tr><td colspan="2">分包单位</td><td colspan="2"></td><td>分包单位负责人</td><td></td><td>分包内容</td><td></td></tr>
<tr><td>序号</td><td>子分部工程名称</td><td>分项工程名称</td><td>检验批容量</td><td colspan="2">施工单位检查结果</td><td colspan="2">监理单位验收结论</td></tr>
<tr><td>1</td><td></td><td></td><td></td><td colspan="2"></td><td colspan="2"></td></tr>
<tr><td>2</td><td></td><td></td><td></td><td colspan="2"></td><td colspan="2"></td></tr>
<tr><td>3</td><td></td><td></td><td></td><td colspan="2"></td><td colspan="2"></td></tr>
<tr><td>4</td><td></td><td></td><td></td><td colspan="2"></td><td colspan="2"></td></tr>
<tr><td>5</td><td></td><td></td><td></td><td colspan="2"></td><td colspan="2"></td></tr>
<tr><td>6</td><td></td><td></td><td></td><td colspan="2"></td><td colspan="2"></td></tr>
<tr><td>7</td><td></td><td></td><td></td><td colspan="2"></td><td colspan="2"></td></tr>
<tr><td>8</td><td></td><td></td><td></td><td colspan="2"></td><td colspan="2"></td></tr>
<tr><td colspan="4">质量控制资料</td><td colspan="2"></td><td colspan="2"></td></tr>
<tr><td colspan="4">安全和功能检验结果</td><td colspan="2"></td><td colspan="2"></td></tr>
<tr><td colspan="4">观感质量检验结果</td><td colspan="2"></td><td colspan="2"></td></tr>
<tr><td>综合验收结论</td><td colspan="7"></td></tr>
<tr><td colspan="2">施工单位
项目负责人：
年 月 日</td><td colspan="2">勘察单位
项目负责人：
年 月 日</td><td colspan="2">设计单位
项目负责人：
年 月 日</td><td colspan="2">监理单位
项目负责人：
年 月 日</td></tr>
</table>

建筑与结构质量控制资料核查记录 表 12-3

<table>
<tr><td colspan="2" rowspan="2">工程名称</td><td colspan="2" rowspan="2"></td><td colspan="2">施工单位</td><td colspan="2"></td></tr>
<tr><td colspan="2"></td><td colspan="2">施工单位</td><td colspan="2">监理单位</td></tr>
<tr><td>序号</td><td>项目</td><td colspan="2">资 料 名 称</td><td>份数</td><td>核查意见</td><td>核查人</td><td>核查意见</td><td>核查人</td></tr>
<tr><td>1</td><td rowspan="10">建筑与结构</td><td colspan="2">图纸会审、设计变更、洽商记录</td><td></td><td></td><td rowspan="10"></td><td></td><td rowspan="10"></td></tr>
<tr><td>2</td><td colspan="2">工程定位测量、放线记录</td><td></td><td></td><td></td></tr>
<tr><td>3</td><td colspan="2">原材料出厂合格证书及进厂检(试)验报告</td><td></td><td></td><td></td></tr>
<tr><td>4</td><td colspan="2">施工试验报告及见证检测报告</td><td></td><td></td><td></td></tr>
<tr><td>5</td><td colspan="2">隐蔽工程验收记录</td><td></td><td></td><td></td></tr>
<tr><td>6</td><td colspan="2">施工记录</td><td></td><td></td><td></td></tr>
<tr><td>7</td><td colspan="2">地基基础、主体结构检验及抽样检测资料</td><td></td><td></td><td></td></tr>
<tr><td>8</td><td colspan="2">分项、分部工程质量验收记录</td><td></td><td></td><td></td></tr>
<tr><td>9</td><td colspan="2">工程质量事故及事故调查处理资料</td><td></td><td></td><td></td></tr>
<tr><td>10</td><td colspan="2">新材料、新工艺施工记录</td><td></td><td></td><td></td></tr>
</table>

结论：

施工单位项目负责人： 总监理工程师：

年 月 日 年 月 日

3）所含分部工程中有关安全、节能、环境保护和主要使用功能的检验资料应完整。

单位工程安全和功能检验资料核查及主要功能抽查记录包括建筑与结构、给水排水与供暖、通风与空调、建筑电气、智能建筑、建筑节能和电梯 7 项组成。建筑与结构安全和功能检验资料核查及主要功能抽查记录见表 12-4，抽查项目由验收组协商确定。

单位工程安全和功能检验资料核查及主要功能抽查记录　　表 12-4

工程名称			施工单位			
序号	项目	安全与功能检查项目	份数	核查意见	抽查结果	核查（抽查）人
1	建筑与结构	地基承载力检验报告				
2		桩基承载力检验报告				
3		混凝土强度实验报告				
4		砂浆强度试验报告				
5		主体结构尺寸、位置抽查记录				
6		建筑物垂直度、标高、全高测量记录				
7		屋面淋水试验记录				
8		地下室渗漏水检测记录				
9		有防水要求的地面蓄水试验记录				
10		抽气（风）道检查记录				
11		外墙气密性、水密性、耐风压检测报告				
12		幕墙气密性、水密性、耐风压检测报告				
13		建筑物沉降观测记录				
14		节能、保温测试记录				
15		室内环境检测报告				
16		土壤氡气浓度检测报告				

结论：

施工单位项目负责人：　　　　年　月　日　　　　总监理工程师：　　　　年　月　日

4）主要使用功能的抽查结果应符合相关专业验收规范的规定。

5）观感质量应符合要求。

单位工程观感质量检查记录包括建筑与结构、给水排水与供暖、通风与空调、建筑电气、智能建筑和电梯 6 项组成。建筑与结构观感质量检查记录见表 12-5。对质量评价为差的项目应进行返修，观感质量现场检查原始记录应作为本表附件。

（2）单位（子单位）工程质量验收程序和组织

单位工程中的分包工程完工后，分包单位应对所承包的工程项目进行自检，并应按《建筑工程施工质量验收统一标准》GB 50300—2013 规定的程序进行验收。验收时，总包单位应派人参加。分包单位应将所分包工程的质量控制资料整理完整，并移交给总包单位。

单位工程观感质量检查记录 表12-5

工程名称			施工单位	
序号	项目		抽查质量状况	质量评价
1	建筑与结构	主体结构外观	共检查 点,好 点,一般 点,差 点	
2		室外墙面	共检查 点,好 点,一般 点,差 点	
3		变形缝、雨水管	共检查 点,好 点,一般 点,差 点	
4		屋面	共检查 点,好 点,一般 点,差 点	
5		室内墙面	共检查 点,好 点,一般 点,差 点	
6		室内顶棚	共检查 点,好 点,一般 点,差 点	
7		室内地面	共检查 点,好 点,一般 点,差 点	
8		楼梯、踏步、护栏	共检查 点,好 点,一般 点,差 点	
9		门窗	共检查 点,好 点,一般 点,差 点	
10		雨罩、台阶、坡道、散水	共检查 点,好 点,一般 点,差 点	
观感质量综合评价				

结论：

施工单位项目负责人： 年 月 日

总监理工程师： 年 月 日

单位工程完工后，施工单位应组织有关人员进行自检。总监理工程师应组织各专业监理工程师对工程质量进行竣工预验收，施工单位由项目经理、项目技术负责人等参加，其他各单位人员可不参加。存在施工质量问题时，应由施工单位整改。整改完毕后，由施工单位向建设单位提交工程竣工报告，申请工程竣工验收。

建设单位收到工程竣工报告后，应由建设单位项目负责人组织监理、施工、设计、勘察等单位项目负责人进行单位工程验收。考虑到施工单位对工程负有直接生产责任，而施工项目部不是法人单位，故施工单位的技术、质量负责人也应参加验收。同时，考虑到分包单位和总包单位就分包工程的质量向建设单位承担连带责任，故分包单位负责人也应参加质量验收。

2. 分部工程质量验收

(1) 分部（子分部）工程质量验收合格应符合下列规定：

1) 所含分项工程的质量均应验收合格。

分项工程质量验收记录见表12-6。

2) 质量控制资料应完整。

3) 有关安全、节能、环境保护和主要使用功能的抽样检验结果应符合相应规定。

4) 观感质量应符合要求。

(2) 验收程序

1) 分部工程（十大分部工程）应由总监理工程师组织施工单位项目负责人和项目技术负责人等进行验收。

分项工程质量验收记录 **表 12-6**

单位（子单位） 工程名称		分部（子分部） 工程名称			
分项工程数量		检验批容量			
施工单位		项目负责人		项目技 术负责人	
分包单位		分包单位 项目负责人		分包内容	

序号	检验批名称	检验批容量	部位/区段	施工单位检查结果	监理单 位验收结论
1					
2					
3					
4					
5					
6					
7					
8					
9					
10					
11					
12					
13					
14					
15					
说明：					
施工单位检查结果	项目专业技术负责人： 年 月 日				
监理单位验收结论	专业监理工程师： 年 月 日				

2）勘察、设计单位项目负责人和施工单位技术、质量部门负责人应参加地基与基础分部工程的验收。

地基与基础工程主要包括：地基、基础、基坑支护、地下水控制、土方、边坡、地下防水等子分部工程。

建设工程地基与基础工程验收按施工企业自评、设计认可、监理核定、业主验收、政府监督的程序进行。

地基与基础工程验收的结论：

① 由地基与基础工程验收小组组长主持验收会议；

② 建设、施工、监理、设计、勘察单位分别书面汇报工程合同履约状况和在工程建设各环节执行国家法律、法规和工程建设强制性标准情况；

③ 验收组听取各参验单位意见，形成经验收小组人员分别签字的验收意见；

④ 参建责任方签署的地基与基础工程质量验收记录，应在签字盖章后3个工作日内由项目监理人员报送质监站存档；

⑤ 当在验收过程参与工程结构验收的建设、施工、监理、设计、勘察单位各方不能形成一致意见时，应当协商提出解决的方法，待意见一致后，重新组织工程验收；

⑥ 地基与基础工程未经验收或验收不合格，责任方擅自进行上部施工的，应签发局部停工通知书责令整改，并按有关规定处理。

3）设计单位项目负责人和施工单位技术、质量部门负责人应参加主体结构、节能分部工程的验收。

主体结构主要包括：混凝土结构、砌体结构、钢结构、钢管混凝土结构、型钢混凝土结构、铝合金结构、木结构等子分部工程。

① 施工单位在主体工程完工之后对工程进行自检，确认工程质量符合有关法律、法规和工程建设强制性标准，提供主体结构施工质量自评报告，该报告应由项目经理和施工单位负责人审核、签字、盖章；

② 监理单位在主体结构工程完工后对工程全过程监理情况进行质量评价，提供主体工程质量评估报告，该报告应当由总监和监理单位有关负责人审核、签字、盖章；

③ 勘察、设计单位对勘察、设计文件及设计变更进行检查，对工程主体实体是否与设计图纸及变更一致，进行认可；

④ 有完整的主体结构工程档案资料，见证试验档案，监理资料；施工质量保证资料；管理资料和评定资料；

⑤ 主体工程验收通知书；

⑥ 工程规划许可证复印件（需加盖建设单位公章）；

⑦ 中标通知书复印件（需加盖建设单位公章）；

⑧ 工程施工许可证复印件（需加盖建设单位公章）；

⑨ 混凝土结构子分部工程结构实体混凝土强度验收记录；

⑩ 混凝土结构子分部工程结构实体钢筋保护层厚度验收记录。

结构实体检验组织：

① 对涉及混凝土结构安全的有代表性的部位应进行结构实体检验。结构实体检验应包括混凝土强度、钢筋保护层厚度、结构位置与尺寸偏差以及合同约定的项目；必要时可检验其他项目。

② 结构实体检验应由监理单位（专业监理工程师）组织施工单位（项目技术负责人）实施，并见证实施过程。施工单位应制定结构实体检验专项方案，并经监理单位审核批准后实施。除结构位置与尺寸偏差外的结构实体检验项目，应由具有相应资质的检测机构完成。

③ 结构实体混凝土强度检验宜采用同条件养护试件方法；当未取得同条件养护试件强度或同条件养护试件强度不符合要求时，可采用回弹-取芯法进行检验。

3. 分项工程质量验收

（1）分项工程质量验收合格应符合下列规定：

1）所含检验批的质量均应验收合格。

分项工程质量验收记录见表 12-7。

分项工程质量验收记录　　　　**表 12-7**

单位(子单位)工程名称		分部(子分部)工程名称			
分项工程数量		检验批容量			
施工单位		项目负责人		项目技术负责人	
分包单位		分包单位项目负责人		分包内容	

序号	检验批名称	检验批容量	部位/区段	施工单位检查结果	监理单位验收结论
1					
2					
3					
4					
5					
6					
7					
8					
9					
10					
11					
12					
13					
14					
15					

说明：	
施工单位检查结果	项目专业技术负责人： 年　月　日
监理单位验收结论	专业监理工程师： 年　月　日

2）所含检验批的质量验收记录应完整。

检验批质量验收记录见表 12-8。

检验批质量验收记录 **表 12-8**

单位(子单位)工程名称			分部(子分部)工程名称		分项工程名称	
施工单位			项目负责人		检验批容量	
分包单位			分包单位项目负责人		检验批部位	
施工依据				验收依据		
	验收项目		设计要求及规范规定	最小/实际抽样数量	检查记录	检查结果
主控项目	1					
	2					
	3					
	4					
	5					
	6					
	7					
	8					
	9					
	10					
一般项目	1					
	2					
	3					
	4					
	5					
施工单位检查结果			专业工长： 项目专业质量检查员： 年 月 日			
监理单位验收结论			专业监理工程师： 年 月 日			

（2）验收程序

分项工程应由专业监理工程师组织施工单位项目专业技术负责人等进行验收。

4. 检验批质量验收

（1）检验批质量验收合格应符合下列规定：

1）主控项目的质量经抽样检验均应合格；

2）一般项目的质量经抽样检验合格；

3）具有完整的施工操作依据、质量验收记录。

（2）程序

检验批应由专业监理工程师组织施工单位项目专业质量检查员、专业工长等进行验收。

5. 当建筑工程质量不符合要求时，应按下列规定进行处理：

（1）经返工或返修的检验批，应重新进行验收；

（2）经有资质的检测机构检测鉴定能够达到设计要求的检验批，应予以验收；

（3）经有资质的检测机构检测鉴定达不到设计要求的，但经原设计单位核算认可能够满足结构安全和使用功能的检验批，可予以验收；

（4）经返修或加固处理的分项、分部工程，满足安全使用功能要求时，可按技术处理方案和协商文件的要求予以验收。

任务 12.2 工程资料与档案

12.2.1 基本规定

（1）工程资料应与建筑工程建设过程同步形成，并应真实反映建筑工程的建设情况和实体质量。

（2）工程资料不得随意修改；当需修改时，应实行划改，并由划改人签署。

（3）工程资料应为原件；当为复印件时，提供单位应在复印件上加盖单位印章，并应有经办人签字及日期；提供单位应对资料的真实性负责。

12.2.2 工程资料分类

（1）工程资料可分为工程准备阶段文件、监理资料、施工资料、竣工图和工程竣工文件5类；

（2）施工资料可分为施工管理资料、施工技术资料、施工进度及造价资料、施工物资资料、施工记录、施工试验记录及检测报告、施工质量验收记录、竣工验收资料8类。

12.2.3 施工资料组卷要求

（1）专业承包工程形成的施工资料应由专业承包单位负责，并应单独组卷；

（2）电梯应按不同型号每台电梯单独组卷；

（3）室外工程应按室外建筑环境、室外安装工程单独组卷；

（4）当施工资料中部分内容不能按一个单位工程分类组卷时，可按建设项目组卷；

（5）施工资料目录应与其对应的施工资料一起组卷；

（6）应按单位工程进行组卷。

12.2.4 工程资料移交与归档

1. 工程资料移交

(1) 施工单位应向建设单位移交施工资料。

(2) 实行施工总承包的，各专业承包单位应向施工总承包单位移交施工资料。

(3) 监理单位应向建设单位移交监理资料。

(4) 工程资料移交时应及时办理相关移交手续，填写工程资料移交书、移交目录。

(5) 建设单位应按国家有关法规和标准的规定向城建档案管理部门移交工程档案，并办理相关手续。有条件时，向城建档案管理部门移交的工程档案应为原件。

2. 工程资料归档保存期限

(1) 工程资料归档保存期限应符合国家现行有关标准的规定。当无规定时，不宜少于5年；

(2) 建设单位工程资料归档保存期限应满足工程维护、修缮、改造、加固的需要；

(3) 施工单位工程资料归档保存期限应满足工程质量保修及质量追溯的需要。

任务 12.3 BIM 技术在验收管理中的运用

12.3.1 概述

传统工程竣工验收工作由建设单位负责组织实施，在完成工程设计和合同约定的各项内容后，先由施工单位对工程质量进行自检，确认工程质量符合有关法律、法规和工程建设强制性标准，符合设计文件及合同要求，然后提出竣工验收报告。建设单位收到工程竣工验收报告后，对符合竣工验收要求的工程，组织勘察、设计、施工、监理等单位和其他有关方面的专家组成验收组，制定验收方案。在各项资料齐全并通过检验后，方可完成竣工验收。

基于 BIM 的竣工验收与传统的竣工验收不同。基于 BIM 的工程管理注重工程信息的时效性，项目的各参与方均需根据施工现场的实际情况将工程信息实时录入到 BIM 模型中，并且信息录入人员须对自己录入的数据进行检查并负责到底。在施工过程中，分部、分项工程的质量验收资料，工程洽商、设计变更文件等都要以数据的形式存储并关联到 BIM 模型中，竣工验收时信息的提供方须根据交付规定对工程信息进行过滤筛选，筛除冗余信息。竣工 BIM 模型与工程资料的关联关系：通过分析施工过程中形成的各类工程资料，结合 BIM 模型的特点与工程实际施工情况、工程资料与模型的关联关系，将工程资料分为三种：

(1) 一份资料信息与模型多个部位关联；

(2) 多份资料信息与模型一个部位发生关联；

(3) 工程综合信息的资料，与模型部位不关联。

将上述三种类型资料与 BIM 模型链接在一起，形成蕴含完整工程资料并便于检索的竣工 BIM 模型。

基于 BIM 的竣工验收管理模式的各种模型与文件、成果交付应当遵循项目各方预先规定的合约要求。

12.3.2　BIM 成果形式

1. 模型文件

模型成果主要包括地质、测绘、桥梁、隧道、路基、房建等专业所构建的模型文件，以及各专业整合后的整合模型。

2. 文档格式

在 BIM 技术应用过程中所产生的各种分析报告等由 Word、Excel、PowerPoint 等办公软件生成的相应格式的文件，在交付时统一转换为 pdf 格式。

3. 图形文件

主要是指按照施工项目要求，对指定部位由 BIM 软件渲染生成的图片，格式为 pdf。

4. 动画文件

BIM 技术应用过程中基于 BIM 软件按照施工项目要求进行漫游、模拟，通过录屏软件录制生成的 avi 格式视频文件。

随着 BIM 应用程度的加深，通过“构件化结构物、标准化构件生产工序、精细化匹配工序与验收项目”等方式，让基于构件的质量验收管理探索成为可能。

基础设施行业中的交通运输、机场、港口、桥梁等，多以钢筋混凝土为主要构筑材料，虽有部分采用“工厂预制、现场安装”工艺施工，但主体仍采用“现场浇筑”工艺施工。使用预制装配化的质量验收管理方法，提高现浇浇筑工艺生产的结构物质量，具有极大的现实意义。基础设施是社会赖以生存发展的物质条件，基础设施行业工业化进程如火如荼，信息技术发展日新月异，正不断改变着基础设施行业质量验收管理的模式。

12.3.3　BIM 技术在资料管理中的具体应用

1. 简化验收程序，实现资料的简易验收

基于 BIM5D 平台，针对项目各种技术资料、各个专业版本图纸等资料进行收集和存储，并与模型关联，不仅可以提高检索速度，还可以在移动端随时随地查阅和调用，为现场管理人员提供了极大便利。将日常生成的各阶段验收资料上传至云平台，并与建设主管部门、城建档案馆的资料验收系统对接，只要项目实施期间验收全部符合规范要求，系统正常运行，项目竣工后即可直接移交电子验收资料，简化最终的验收程序。

2. 生产工序标准化

当建筑物构件化后，针对每类构件，施工生产时总有一定的生产工序流程，按照工业化的理念，每道生产工序又具有一定的前置条件，工序完成后会记录工序过程数据，形成质量证明资料。

将一类构件的生产工序按照企业施工生产组织模式、国家质量验收标准要求进行行为分析和组织角色分析，便可得到标准化的施工工序模块。将这些工序按一定逻辑串联，便形成了标准化的构件生产工序模块。生产工序标准化不仅让构件施工生产按规范工序进行，还可明确每道工序相关的质量验收要求，使构件质量验收管理有的放矢。

3. 工序验收精细化

将生产工序标准化成模块后，每道生产工序会产生工序过程数据，按质量验收标准要求，将数据及时、准确、完整记录，形成检验批资料，是基于构件质量验收的核心内容，也是国家质量验收标准的要求。

按质量验收标准要求，将每项验收标准按构件生产工序分解，并对应匹配到相应工序。精细化匹配验收项目后，在构件生产时，每道工序过程数据均能及时准确记录并保存。对于每个构件生产过程，一道工序经质量验收合格后，才能进行下一道，而验收数据又会作为下一道工序施工的前提。质量验收数据通过工序模块一直延伸至分项工程建筑物施工结束。基于构件的质量验收管理，施工过程质量管理和验收的内容不再是单一、静态的数据，而是多维、动态的管理体现。

4. 质量验收管理流程动态化

单个分部工程建筑产品一般包含多个构配件，因此其生产流程由多个标准化的构件工序模块组成。随着施工的开展，这些标准化的工序模块按一定逻辑和时间顺序依次进行，形成了一条连续的质量验收管理流程。

每道工序的完成，无论是工序本身，还是与工序相关的前后置数据，总是涉及建筑产品生产组织中的多个人员角色。根据企业生产组织模式，可动态调整构件生产标准化工序模块的顺序，就形成了一个个基于建筑产品的动态质量验收流程。

这种动态的建筑产品质量验收流程，很好地适应了构件生产工厂化的要求，同时又可将各构件间数据统一进行传递和管理，与BIM的全生命周期管理理念契合。

5. GIS+BIM融合，为构件的质量验收管理提供了数据载体和管理对象。

BIM技术在基础设施行业应用日益广泛，GIS+BIM技术越来越多应用到质量管理方面，为基于构件的质量验收管理提供了数据载体和管理对象。

通过先进的前端感知技术：激光测绘技术、RFID射频识别技术、智能测量与传输、数码摄像探头、增强现实等，对现场施工作业进行追踪、记录、分析，第一时间掌握现场施工动态，及时发现潜在不确定性因素，避免不良后果，监控施工质量。

基于构件的质量验收管理，通过建筑工业化理念，结合GIS、BIM技术，通过建筑物构件化、生产工序标准化及精细化匹配质量验收项目，严格落实过程质量控制；利用前端感知技术，有效追踪建筑物各构配件在施工工序中的质量情况及参与人员的行为，一定程度上实现了质量管理的可追溯性。通过模型关联信息及构件生产时间，还可将分散的施工质量、进度、成本管理，以构件为载体、时间为唯一驱动要素，建立业务间数据关系，建立健全施工阶段信息模型，推动BIM技术在施工质量验收管理上的应用。

习　题

一、多项选择题（每题的备选项中，有2个或2个以上符合题意，至少有1个错项）

1. 关于单位工程竣工验收的说法，不正确的有（　　）。

A. 单位工程完工后，监理单位应组织施工单位进行自检

B. 总监理工程师应组织各专业监理工程师对工程质量进行竣工预验收

C. 施工单位项目负责人、项目技术负责人应参加预验收

D. 预验收通过后，由监理单位向建设单位提交工程竣工报告，申请工程竣工验收

E. 由监理单位组织建设、施工、设计、勘察等单位项目负责人进行单位工程验收

2. 单位工程质量验收合格标准有（　　）。

A. 所含分部工程的质量均应验收合格

B. 质量控制资料应完整

C. 所含分部工程中有关安全、节能、环境保护和主要使用功能的检验资料应完整

D. 主要使用功能的抽查结果应符合相关专业验收规范的规定

E. 观感质量应合格

二、案例分析题

（一）

背景：

施工前，项目部根据工程施工管理和质量控制要求，对分项工程按照工种等条件、检验批按照楼层等条件，制定了分项工程和检验批划分方案，报监理单位审核。

问题：分别指出分项工程和检验批划分的条件还有哪些？

（二）

背景：

工程完工后，施工单位自检合格，随后参建各方按程序进行了竣工预验收和竣工验收。工程资料归档保存期限符合国家现行有关标准的规定。

问题：写出竣工预验收和竣工验收的程序，并说明建设单位和施工单位的工程资料归档保存期限应满足哪些要求。

习题参考答案：

参考文献

[1] 全国一级建造师执业资格考试用书编写委员会．建筑工程管理与实务［M］．北京：中国建筑工业出版社，2019.

[2] 全国一级建造师执业资格考试用书编写委员会．建设工程项目管理［M］．北京：中国建筑工业出版社，2019.

[3] 全国二级建造师执业资格考试用书编写委员会．建筑工程管理与实务［M］．北京：中国建筑工业出版社，2020.

[4] 全国二级建造师执业资格考试用书编写委员会．建设工程施工管理［M］．北京：中国建筑工业出版社，2020.

[5] 吴涛．建设工程项目管理规范实施指南［M］．北京：中国建筑工业出版社，2017.

[6] 全国造价工程师执业资格考试培训教材编审委员会．建设工程造价管理［M］．北京：中国计划出版社，2019.

[7] T. M. Froese. The impact of emerging information technology on project management for construction [J]. Automation in Construction，2010，19 (5)：531-538.

[8] F. K. T. Cheung，J. Rihan，J. Tah，D. Duce，and E. Kurul. Early stage multi-level cost estimation for schematic BIM models [J]. Automation in Construction，2012，27：67-77.

[9] A. A. Costa，A. Arantes，and L. V. Tavares. Evidence of the impacts of public e-procurement：the Portuguese experience [J]. Journal of Purchasing and Supply Management，2013，19 (4)：238-246.

[10] R. Volk，J. Stengel，and F. Schultmann. Building Information Modeling (BIM) for existing buildings—literature review and future needs [J]. Automation in Construction，2014，38：109-127.